科学技术学术著作丛书

现代生物特征识别技术

曹志诚　庞辽军　编著

西安电子科技大学出版社

内 容 简 介

本书主要介绍生物特征识别技术的基本概念、现状和发展趋势，以及指纹识别、人脸识别和其他常见生物特征识别(如虹膜识别、声纹识别、步态识别、掌纹识别、生物电身份识别等)的具体方法和算法，并探讨了生物信息安全问题。另外，为了反映生物特征识别领域近年来的最新发展，本书还以指纹识别、人脸识别、声纹识别和人脸反欺骗为例介绍了深度学习理论在该领域的新应用。最后，本书用实际案例讲解了生物特征识别技术的应用，以加强读者对生物特征识别技术的理解，培养读者的工程实践能力。

本书可以作为高等院校电子信息、计算机、自动化、人工智能等相关专业的本科生及研究生教材，也可以作为生物特征识别领域研究人员、工程技术人员的参考书。

图书在版编目(CIP)数据

现代生物特征识别技术 / 曹志诚，庞辽军编著. -- 西安：西安电子科技大学出版社，2024.9
ISBN 978 - 7 - 5606 - 7083 - 6

Ⅰ. ①现…　Ⅱ. ①曹… ②庞…　Ⅲ. ①特征识别—研究　Ⅳ. ①O438

中国国家版本馆 CIP 数据核字(2023)第 191495 号

策　　划　张紫薇
责任编辑　张紫薇　秦志峰
出版发行　西安电子科技大学出版社(西安市太白南路 2 号)
电　　话　(029)88202421　88201467　　　邮　　编　710071
网　　址　www.xduph.com　　　电子邮箱　xdupfxb001@163.com
经　　销　新华书店
印刷单位　陕西博文印务有限责任公司
版　　次　2024 年 9 月第 1 版　2024 年 9 月第 1 次印刷
开　　本　787 毫米×1092 毫米　1/16　印张　15
字　　数　353 千字
定　　价　49.00 元
ISBN 978 - 7 - 5606 - 7083 - 6 / O

XDUP 7385001 - 1

前言

随着机器学习、大数据、集成电路等相关技术的不断发展和突破，人工智能也迎来了新的发展，人工智能时代已经悄然到来。人工智能不仅正在影响人们的工作、生活方式，也必将成为未来新的生产力。生物特征识别技术作为人工智能领域最受关注的技术之一，具有自动身份认证的功能与用途。从企业的考勤打卡、手机的解锁、小区的门禁系统，到智能监控、超市收银、机场安检，再到人机互动、智慧客服、政商服务等，无不活跃着生物特征识别技术的身影。各工业强国纷纷将生物特征识别技术纳入其未来科技发展战略的重点之一。

生物特征识别领域的教育和人才培育具有重要意义。然而，目前国内外专门针对生物特征识别技术编写的教材数量有限。而且，该技术日新月异、知识更新迅速，能够及时反映生物特征识别领域近年来重要突破，特别是深度学习新方法和前沿研究问题的教材更是凤毛麟角。为此，作者系统调研并分析了生物特征识别领域的国内外专著，借鉴其优点并反思其缺点，同时结合自己多年来在生物特征识别等相关专业的科研经验以及在培养本科生和研究生过程中的教学心得编写了本书。

在本书编写过程中，作者既注重基础概念的介绍，也注重典型算法的深入学习和具体应用案例的实践培训。书中内容既涵盖了深度学习的最新方法、模型，也特别针对当前备受关注的信息安全因素加入了生物信息安全和加密等内容，同时还介绍了生物特征识别领域的若干前沿问题。

全书共 8 章。其中，第 1 章介绍生物特征识别的基础概念和发展历史。第 2 章介绍指纹识别技术，包括指纹图像采集、指纹图像预处理、指纹特征提取及指纹匹配。第 3 章介绍人脸识别技术，包括人脸识别的起源与发展、人脸识别的常见难点、人脸图像预处理、人脸检测常见算法、人脸识别典型算法(如几何测量法、特征脸法和局部特征法等)。第 4 章介绍其他生物特征识别技术，如虹膜识别、声纹识别、步态识别、掌纹识别、生物电身份识别等，包括虹膜图像采集、虹膜分割、虹膜归一化与增强、虹膜特征提取及匹配，声纹特征提取和声纹模型，步态图像背景去除、步态特征提取、步态特征降维、步态特征匹配与分类，掌纹分割、掌纹 ROI 提取、掌纹特征提取和匹配，脑电的产生与采集、脑电信号的预处理和脑电特征提取等。第 5 章介绍生物特征识别信息安全技术，包括生物特征变换、生物特征加密、人脸反欺骗等常见的生物特征识别信息安全技术。第 6 章介绍深度学习的基础理论，包括深度学习简史、感知机、神经网络、卷积神经网络、其他深度神经网络模型等。第

7 章介绍深度学习在生物特征识别问题上的最新应用，包括 FingerNet、MTCNN、FaceNet、x-vector、LSTM-CNN 等若干具有代表性的深度学习模型。第 8 章介绍典型的生物特征识别技术应用案例，包括生物特征识别技术在电子政务、门禁系统、移动终端、指纹加密系统中的应用。

本书建议的课程学习时长为 32 至 48 学时。在实际教学中，教师可根据学时的多少灵活调整教学内容。对于次要内容，如第 4 章其他生物特征识别技术、第 5 章生物特征识别信息安全等，可进行适当的简略讲解。

本书得到了西安电子科技大学科技专著出版基金(No. QTZX21104)的大力资助，研究生李文龙、钟宇超等也为本书的出版提供了帮助，Schmid 教授和赵恒教授对书稿提出了建议在此向他们表示感谢。还要特别感谢我的家人，他们在整个书稿撰写过程中给予了我极大的支持，他们的默默付出是我不断前行的动力。最后向所有为本书提供过帮助的人们表示最诚挚的感谢。

由于作者水平有限，书中难免存在不妥之处，敬请广大读者批评指正。来信请寄陕西省西安市长安区西沣路兴隆段 266 号 0528 信箱或发电子邮件至 zhichengtcao@hotmail.com。

曹志诚

2024 年 1 月

于古城西安

CONTENTS 目　录

第1章 绪 论

生物特征识别技术是信息科技领域的新兴技术，该技术以人工智能和计算机等学科为基础，实现自动化的个体身份识别与认证，已广泛应用于人们的工作与生活中。本章介绍生物特征识别技术的应用和现状、生物特征识别的基本定义、生物特征识别的构成、生物特征识别算法的性能评价、生物特征识别技术的发展趋势。本章是后续章节学习的基础。

1.1 生物特征识别技术概况

在当今信息化时代，如何准确且可靠地鉴别个体身份(即身份认证)及保护信息安全，已成为一个亟待解决的社会问题，涉及政府、金融、执法和民用监控等诸多方面。简单来说，身份认证旨在解决一个问题——某人是否为他或她所声称的那个人。传统的身份认证方式主要有两类：第一类为基于知识(Knowledge)的方式，如密码或口令，但是密码或口令容易被遗忘和混淆；第二类为基于持有物(Possession)的方式，如钥匙、证件、卡片等，但这些物品容易丢失、不便携带。随着社会的发展，人们面临的认证场合日益增多，需要管理的个人账户信息也不断增加，导致了“一口袋卡，一脑袋密码”的现象。

生物特征识别技术是一种新兴的身份认证技术，它通过分析用户自身的生理或行为特征来确认个人身份，弥补了传统身份认证方式的不足，并具有便捷、智能和安全等优势，因而获得了社会的普遍认可。各国政府、企业和机构纷纷将生物特征识别技术作为主要的身份识别手段。例如，美国政府自2004年起在所有出入境口岸部署了美国访客暨移民身份显示技术(United States Visitor and Immigrant Status Indicator Technology，US-VISIT)系统，用以管理外籍人士的出入境；印度于2009年启动的Aadhaar项目已覆盖了印度95%

的人口，其建立的数据库成为全球最大的生物识别数据库；我国自 2013 年起，在公民申领居民身份证时采集指纹信息。

生物特征识别技术的应用场景根据其功能主要可以分为三大类：进出控制、考勤管理、监控。其中，进出控制应用最为广泛，例如个人设备(如笔记本电脑和手机等)的解锁和登陆、家居和办公场所等的门禁控制以及机场、火车站等公共场所的过闸和检票。考勤管理在现代企业的规范化管理中得到了广泛应用。考勤管理系统通过自动记录员工的出勤情况，显著提升了企业管理的效率。此外，采用生物特征识别技术的考勤管理系统还能够防止传统刷卡方式中可能出现的员工代打卡等不当行为。

生物特征识别技术在人群监控方面的应用同样广泛，涵盖了公共区域和私人住宅的安防监控。与传统的人力监控相比，基于生物特征识别的安防监控能够显著减少人力和物力资源的消耗，展现出不易疲劳、减少错误、提高效率以及环保等明显优势。

图 1－1 列举了若干常见的不同种类的生物特征识别技术的应用场景。

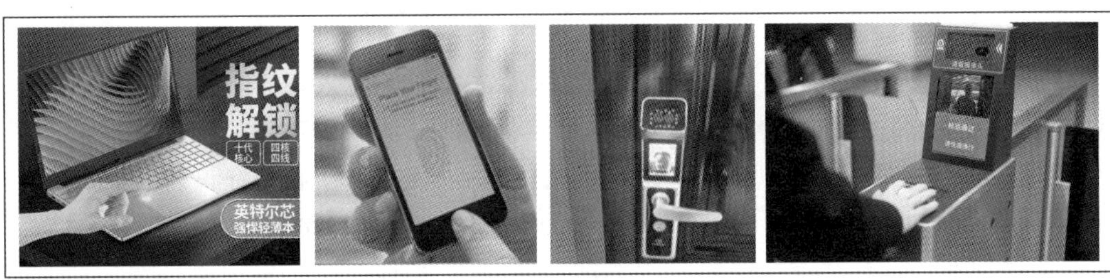

(a) 进出控制

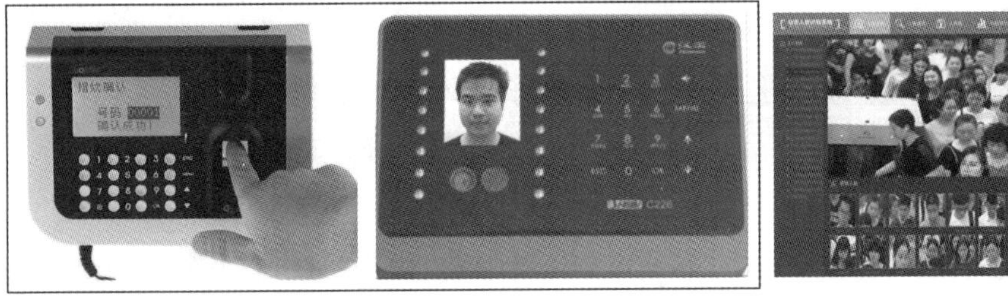

(b) 考勤管理　　(c) 监控

图 1－1　生物特征识别技术的常见应用场景

生物特征识别技术得益于其独特的特性，吸引了科研人员的深入研究。目前，这项技术已经成熟，并在刑侦鉴定、企业管理、出入境管理、金融服务、电子商务、信息安全和个人隐私保护等多个领域得到了广泛应用，其市场规模持续扩大。根据市场情报研究公司 Tractica 的预测，到 2024 年年底，全球生物特征识别技术的市场规模预计将增长至 149 亿美元，如图 1－2 所示。从图 1－2 可看出，在国际市场中，亚太地区占有最大的市场份额，其次是欧洲、北美洲、中东和非洲，而拉丁美洲的市场份额相对较小。生物特征识别技术的未来发展十分乐观，预计其应用市场将继续保持增长态势。

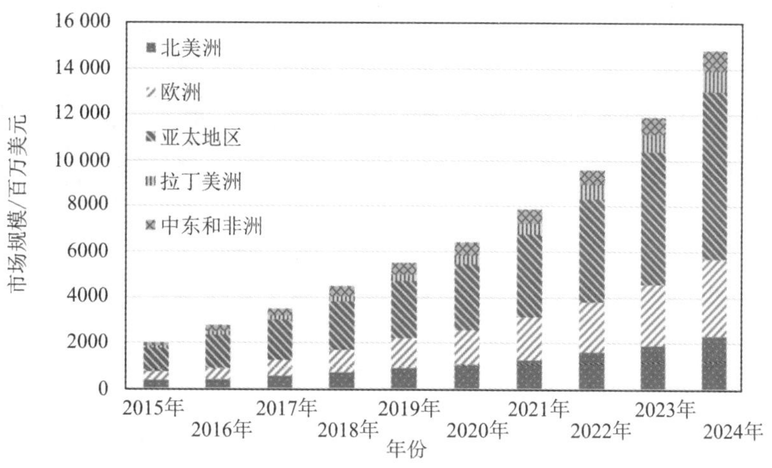

图 1-2　全球生物特征识别技术的市场规模

1.2　生物特征识别的定义与模态

生物特征识别(Biometrics)是一种基于人类生物特征进行身份识别的技术。"Biometrics"一词源自希腊词根 βιos 和 μετρον(即 Bios 和 Metron)的组合，前者意为生命，而后者意为测量。随着自动化技术的发展，现代生物特征识别技术一般被定义为利用计算机等工具自动地测量与分析个体生物特征并实现身份鉴别的技术。

生物特征根据其性质可以被进一步划分为生理特征和行为特征两大类。其中，生理特征是先天就拥有的，一般表现为静态生物信号，如指纹、人脸、虹膜、DNA 等特征(见图 1-3)；而行为特征通过动作表现出来，往往需要通过后天学习或模仿来获得，一般表现为动态生物信号，例如笔迹、声音、步态、键盘敲击习惯等特征(见图 1-4)。

(a) 指纹

(b) 人脸

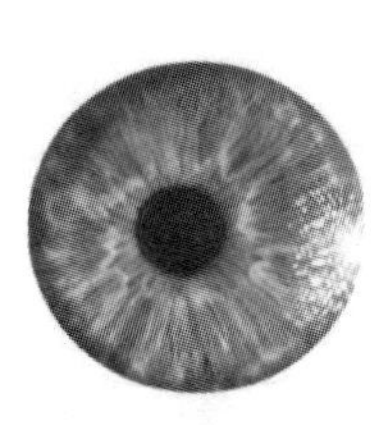

(c) 虹膜

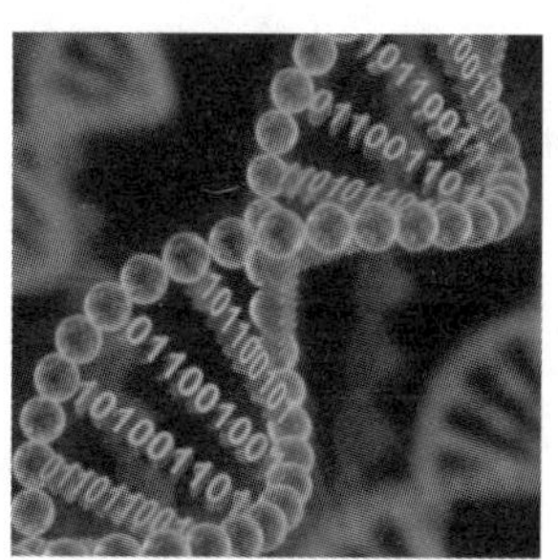

(d) DNA

图 1-3　生理特征举例

(a) 笔迹 (b) 声音 (c) 步态 (d) 键盘敲击习惯

图 1-4 行为特征举例

生物特征识别所使用的生物特征也称为生物模态(Modality)或性状(Trait)。虽然理论上可以开发的生物模态多种多样(事实上，如何开发新的生物模态一直是本领域的研究热点之一)，但实际中能够成功得到认可的生物模态需满足较高要求。一般来说，一个成功的生物模态需要具有以下七大特性。

(1) 普遍性(Universality)：要求该模态是每个人都拥有的。

(2) 唯一性(Uniqueness)：要求该模态因人而异，在个体间应具有差异性。

(3) 持久性(Permanence)：要求该模态较为稳定，不随时间而改变。

(4) 易采集性(Collectability)：要求该模态易于采集，并且容易数字化。

(5) 性能(Performance)：要求该模态的性能合理、可靠，正确率满足需求。

(6) 可接受性(Acceptability)：要求该模态被大众接受的程度较高，大众不排斥应用该模态。

(7) 安全性(Security)：要求该模态具有防止伪造和攻击的能力。

理想的生物特征识别所使用的模态均很好地满足了以上七大特性，但是在现实中，没有任何一种生物模态能完全满足以上七大特性。具体来说，每一种生物模态都有其优缺点。表 1-1 总结了不同生物模态在不同特性上的比较。

表 1-1 不同生物模态的特性比较

生物模态	普遍性	唯一性	持久性	易采集性	性能	可接受性	安全性
理想模态	高	高	高	高	高	高	高
指纹	中	高	高	中	高	中	高
人脸	高	中	中	高	中	高	低
虹膜	高	高	高	中	高	低	中
视网膜	高	高	中	低	高	低	高
掌纹	中	高	高	中	高	中	中
DNA	高	高	高	低	高	低	低
耳廓	中	低	高	中	中	高	中
声音	中	低	低	中	低	高	高
笔迹	低	中	低	高	低	高	低
步态	中	中	低	高	低	高	中

观察表1-1可以得出，没有一种生物模态是完全优于其他模态的，这些模态在不同特性上各有千秋。尽管如此，综合来说，相对于其他模态，指纹、人脸和虹膜的特性更好，更能满足实际需求，从而被更广泛地应用在各个领域。这也是这三大模态在生物特征识别市场中占有更大份额(见图1-5)的原因。值得注意的是，由于技术的不断发展变革，各模态的占比会随着时间的变化而发生变化。例如，近年来人脸识别技术越来越受到市场的关注，其占比在持续增加中。

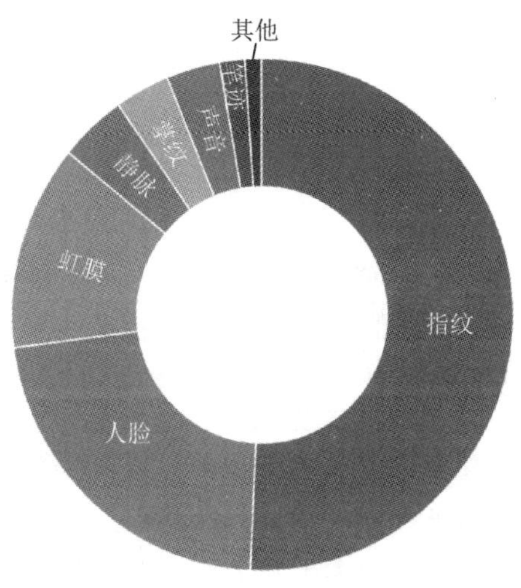

图1-5 2020年全球生物特征识别市场中各模态的占比

1.3 生物特征识别系统

1.3.1 系统的组成

一个完整的生物特征识别系统可以大致分解为四个主要模块：生物信号采集、信号预处理、特征提取、匹配识别，如图1-6所示。

生物信号采集模块用于采集未知身份对象的生物信号，为系统提供输入。该模块所采集的生物信号可以是一维时间信号(如语音)，也可以是二维空间信号(如人脸图像)。由于后续的信号处理常常借助计算机实现，因此所采集的模拟生物信号需要进行数字化处理。

现实中，由于采集仪器的设计所限或者操作者的经验不足，导致采集到的生物信号往往不够理想，存在各种噪声和干扰。因此，引入信号预处理模块，以在信号被进一步处理之前进行必要的降噪和增强等操作。此外，很多生物模态对应的生物信号还需要进行其他特殊的预处理操作。例如，指纹图像需进行分割处理以去除无关的背景区域，人脸图像需进行人脸检测和人脸对齐处理等。

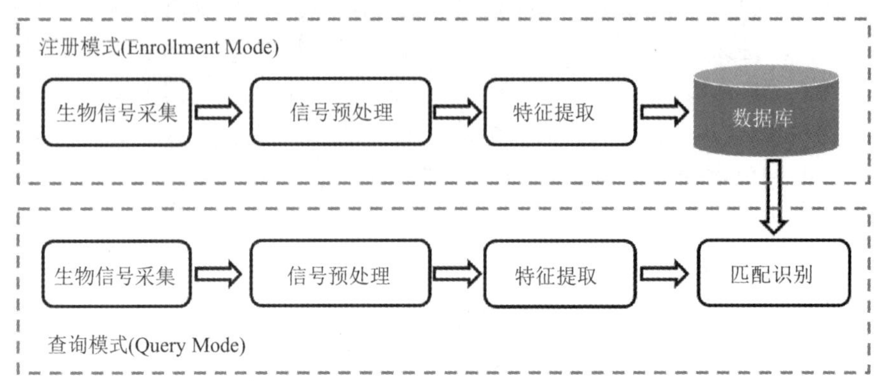

图 1-6　生物特征识别系统的组成与工作模式

特征提取模块是生物特征识别系统的核心模块之一，用于提供后续识别任务中可以区分个体身份的信息，这些信息也称作特征表征。该模块提取的特征往往可用一个向量(即特征向量)表示。为了提升识别性能，特征提取模块应尽可能提取对不同个体来说区分度高且稳定的特征，例如指纹识别所使用的细节点特征。

生物特征识别系统的最后一个模块为匹配识别模块。该模块通常使用某种特定方法生成某种度量测试对象和数据库中已知身份对象间相似程度的量，这个生成的量称作匹配分数(Matching Score，MS)。当匹配分数大于某个预设的阈值时，系统认为测试对象与已知身份对象为同一人(即真匹配)；当匹配分数小于某个预设的阈值时，系统认为二者不是同一人(即假匹配)。在生成匹配分数时，需要尽量使真匹配和假匹配对应的分布函数互相分离，即满足类间距离大而类内距离小的要求。

1.3.2　系统的工作模式

生物特征识别系统按照其工作状态和目的的不同，具有不同的工作模式(Working Mode)。完成生物特征识别系统设计之后，并不能将其直接用于未知身份对象的识别，还需要预先进行对应生物模态的注册工作，即系统进入注册模式(Enrollment Mode)。当系统处在注册模式时，其对所采集的生物信号进行预处理，并进行特征提取，然后将大量已知对象的身份标签和其生物特征同时保存在数据库中。注册模式的流程如图 1-6 所示。

当系统进行身份认证时，称其进入查询模式(Query Mode)。此时系统同样需要先对采集到的某未知身份对象的生物信号进行预处理，经过与注册模式下相同的特征提取后，与数据库中已知身份对象的各生物特征实例进行逐一比对。当寻找到符合判断条件的生物特征实例时，即可做出识别结果的判断。查询模式的流程如图 1-6 所示。

系统的工作模式除了可以从训练与测试的角度来划分，还可以从匹配对象数量的角度划分为验证(Verification)模式和辨识(Identification)模式。其中，验证模式也称作 1∶1 问题，在该模式下，系统需要判断某人是否确实为其所声称的身份，其输出结果为“是”或“否”，如图 1-7(a)所示。当系统在该工作模式下进行实际处理时，其计算特征模板 A 和特征模板 B 的相似度，并与某阈值进行比较。辨识模式相对来说更复杂，系统需要判断某人属于一群对象中的哪个，其输出结果为“哪个?”，如图 1-7(b)所示。当系统在该工作模式下进行实际处理时，计算待识别特征模板 A 和特征模板集合$\{A_i\}(i=1, 2, \cdots, N)$的相似度，并寻找其最小值。辨识模式也称作 1∶$N$ 问题。

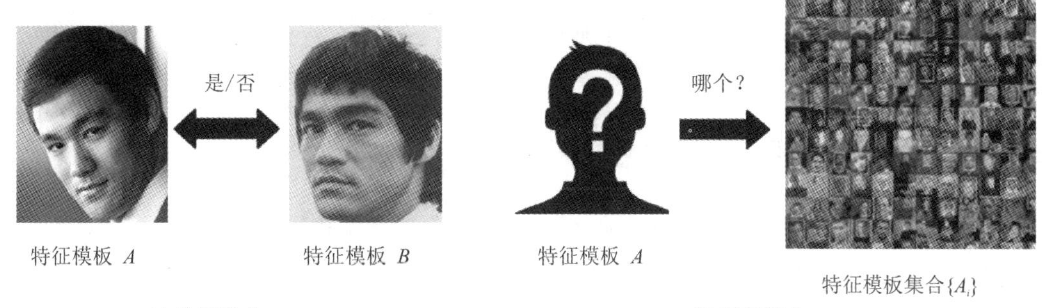

图 1-7 生物特征识别系统的验证模式与辨识模式(以人脸为例)

对于辨识模式，还需要说明的是，根据需求的不同，有时允许某生物特征识别系统经过模板遍历搜索后输出“未找到/未知”的结论，即待识别特征模板在数据库中未能找到相同身份的对象。此时，该模式识别问题为开集(Open Set)问题。如果生物特征识别系统总是输出最相似的对象而不论其相似程度有多大(即系统总是输出可确定身份的结论)，则该模式识别问题为闭集(Close Set)问题。

1.4 性能评价

在设计完成一个具体的生物特征识别系统之后，设计者或用户往往需要考虑如何评价该系统的实际性能，即考虑其对实际样本的准确判断能力，该过程称作性能评价(Performance Evaluation)。性能评价对于比较不同的识别系统或算法是不可或缺的。通过性能评价，可以筛选出性能更优的系统或算法。由于生物特征识别系统是模式识别系统的一种，因此可以使用模式识别的评价方法对生物特征识别系统进行评价。

理想的生物特征识别系统可以完全正确地判断所有样本，即所有输入的样本会得到一个正确的决策，如是否匹配或是否通过等。此时该系统的判断准确率为百分之百，错误率为零。然而现实中的生物特征识别系统总是不可避免地做出一些错误的判断，使得判断准确率不会达到百分之百。

造成系统错误判断的原因主要包括如下几个方面。

(1) 信息获取。系统可以从生物特征中获取的信息总是受到限制的，比如使用者采集时的操作不当，或者系统受传感器设计所限导致样本采集质量不高。

(2) 特征表征。理想状态下，一个生物特征的表征可以最大程度地保留其区分能力。但在实际情况中，我们往往无法获得足够丰富的特征信息，会有部分信息丢失，从而使得识别率降低。

(3) 其他外界影响。其他导致生物特征识别系统性能下降的因素包括生物特征的不稳定性、外界采集条件(如光照等)的影响等。

虽然模板创建过程中也可能出现注册失败等错误，但匹配或识别过程中出现的错误更为常见。因此后续讨论中我们将着重考虑后者。

1.4.1 混淆矩阵与错误率

对于验证模式，系统会预设一个匹配分数的阈值。当两个生物特征样本的匹配分数大于这个阈值时，系统判断两者匹配；反之，则判断两者不匹配，该过程会产生如下四种匹配结果：

(1) 真阳(True Positive，TP)——实际匹配且判断匹配；

(2) 真阴(True Negative，TN)——实际不匹配且判断不匹配；

(3) 假阳(False Positive，FP)——实际不匹配但判断匹配；

(4) 假阴(False Negative，FN)——实际匹配但判断不匹配。

这四种结果按照真实情况与预测结果进行组合，可以用一个矩阵表示，该矩阵称作混淆矩阵(Confusion Matrix)，如表 1－2 所示。

表 1－2 混淆矩阵定义

预测结果	真实情况	
	Positive (阳)	Negative (阴)
Positive (阳)	True Positive (TP/真阳)	False Positive (FP/假阳)
Negative (阴)	False Negative (FN/假阴)	True Negative (TN/真阴)

相应地，以混淆矩阵为基础可以定义不同的正确率和错误率。常见的正确率为识别率(Genuine Acceptance Rate，GAR)，常见的错误率包括误识率(False Acceptance Rate，FAR)和拒识率(False Rejection Rate，FRR)。

识别率(GAR)：所有真实情况为阳性的实例中预测结果也为阳性的比例，GAR＝TP/(TP＋FN)。识别率也称为真阳率(True Positive Rate，TPR)。该指标描述了生物特征识别系统的识别性能。一般情况下，GAR 越高，说明有更多的阳性样本被系统正确预测，系统的识别效果越好。

误识率(FAR)：所有真实情况为阴性的实例中预测结果为阳性的比例，FAR＝FP/(FP＋TN)。简单地说就是“把不应该匹配的指纹当成匹配的指纹”的比例。

拒识率(FRR)：所有真实情况为阳性的实例中预测结果为阴性的比例，FRR＝FN/(TP＋FN)。简单地说就是“把应该匹配成功的指纹当成不能匹配的指纹”的比例。

需要注意的，根据定义很容易看出拒识率与识别率的和为 1，即 FRR＝1－GAR，因此，二者为等价关系，在实际中只需选择任意一个进行评价即可。

1.4.2　ROC 曲线

计算出误识率(FAR)和拒识率(FRR)后，我们可以进一步引入 ROC(Receiver Operating Characteristic，接收器工作特性)曲线和等错误率(Equal Error Rate，EER)，这两个指标可以更直观地展现生物特征识别系统的性能。由于不同系统间的 FAR 和 FRR 不易进行简单对比，如甲系统的 FAR 低但 FRR 高，而乙系统的 FAR 高但 FRR 低，因此，在评估生物特征识别系统时，我们更需要考虑这两种错误率之间的平衡关系。

ROC 曲线是一种被人们广泛接受的描述生物特征识别系统综合性能的曲线，它反映了系统在不同阈值下拒识率和误识率之间的平衡关系。图 1-8 给出了 ROC 曲线的一个实例，其中横坐标是误识率(FAR)，纵坐标是拒识率(FRR)。通过 ROC 曲线，我们可以总体评价两个不同系统的性能优劣。当纵坐标选为 FRR 时，曲线总体越低，表明系统的性能越好。需要注意的是，由于 GAR 和 FRR 是等价关系，因此有时候纵坐标也可以选为 GAR，此时曲线越高，表明系统的性能越好。

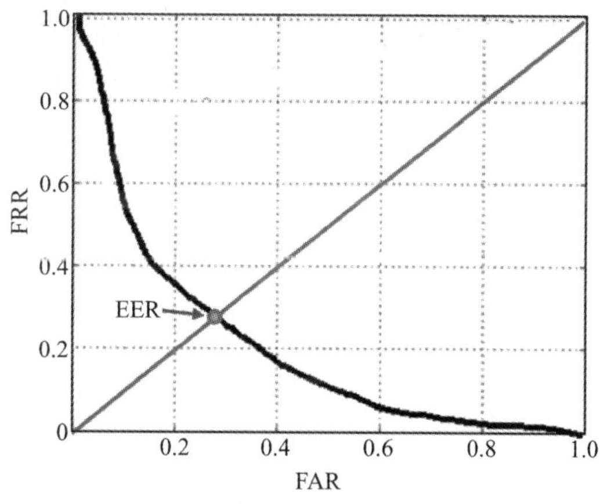

图 1-8　ROC 曲线和等错误率(EER)示意图

我们也可以选取曲线下面积(Area Under Curve，AUC)值，即通过对 ROC 曲线下方所围面积进行积分，来更精确地评估系统的识别性能。AUC 的计算公式如下：

$$\mathrm{AUC}=\int_0^1 \mathrm{GAR}(s)\,\mathrm{d}s \tag{1-1}$$

式中，s 代表 FRR 值或 GAR 值，当 s 为 FRR 值时，AUC 越小越好；当 s 为 GAR 值时，AUC 越大越好。

我们可以进一步引入等错误率(EER)来对系统的性能进行评价。等错误率是拒识率和误识率之间的一个平衡点，指的是 ROC 曲线上 FAR 等于 FRR 的点。如图 1-8 所示，EER 点可以通过 ROC 曲线与 ROC 曲线图的对角线相交求得。一般来说，等错误率的值越小，表明该生物特征识别系统及其算法的性能越好。

需要注意的是，拒识率和误识率无法同时达到最低，因此 ROC 曲线上不同的区间适用不同的使用环境。例如，在司法和刑侦应用中，可以接受较高的误识率但要求拒识率低，即允许锁定大范围的可疑指纹或人脸进行排查，但不能接受可疑指纹的遗漏；而在金融系统

(如刷脸支付)应用中，可以接受较高的拒识率但要求误识率低，即宁可让合法用户被拒绝后再次录入予以确认，也不允许非法用户能够轻松通过认证。

此外，如果已知真、假匹配各自的分布函数，那么也可以从理论的角度对系统的性能进行分析。如图 1-9(a)所示，若已知真匹配和假匹配的分布函数分别为 $p(x|H_1)$ 和 $p(x|H_0)$，则对应的 FAR 和 FRR 值可由下式算得：

$$\begin{cases} \mathrm{FAR}(t)=\int_{t}^{\infty} p(x \mid H_0)\,\mathrm{d}x \\ \mathrm{FRR}(t)=\int_{-\infty}^{t} p(x \mid H_1)\,\mathrm{d}x \end{cases} \tag{1-2}$$

式中，t 表示给定阈值，H_1 和 H_0 分别表示真匹配条件和假匹配条件。

分布函数的几何意义是：FAR 和 FRR 的积分值分别对应假匹配的分布函数位于阈值线右侧的尾部区域面积和真匹配的分布函数位于阈值线左侧的尾部区域面积(如图 1-9(a)中箭头所指)。真、假匹配的分布函数对应的 ROC 曲线如图 1-9(b)所示。

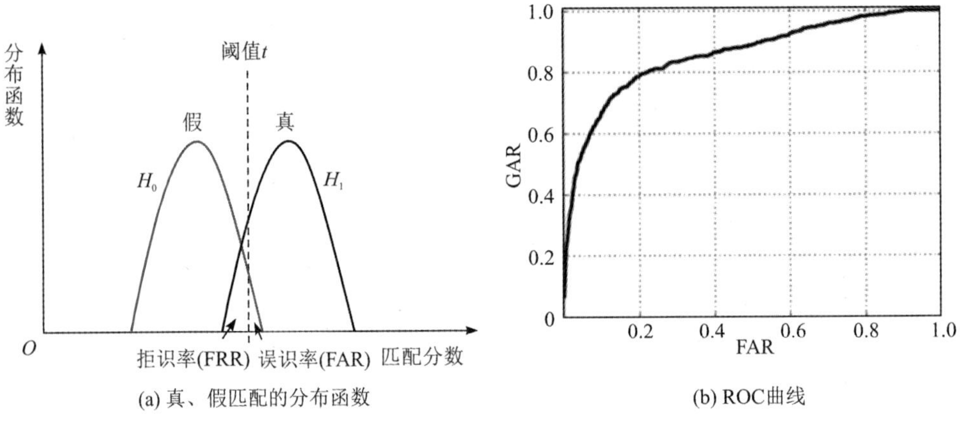

图 1-9 已知真、假匹配的分布函数画 ROC 曲线

相应地，系统的性能也可以通过真、假匹配分布函数间的规范距离(d_{prime})来评价，如图 1-10 所示。

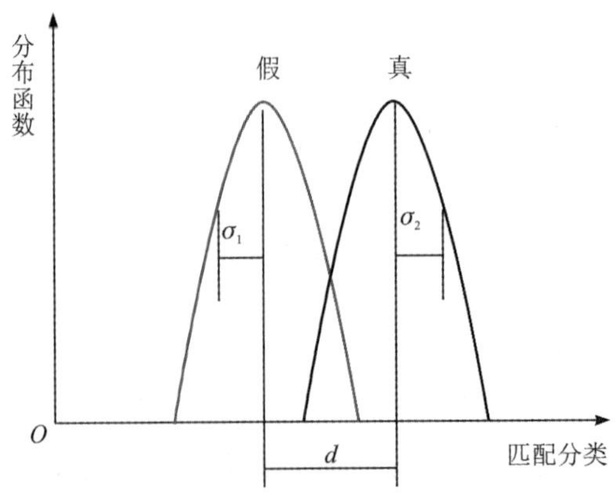

图 1-10 规范距离(d_{prime})示意图

规范函数的定义为

$$d_{\text{prime}}=\frac{d}{\sqrt{\sigma_1\cdot\sigma_2}} \tag{1-3}$$

式中，d 表示两个分布函数中心点间的距离，σ_1 和 σ_2 分别为两个分布函数的标准差。显然，σ_1 和 σ_2 越小，d 越大，d_{prime} 值越大，表示系统的区分能力越强，其识别性能也越好。

1.4.3 CMC 曲线

用于评价生物特征识别系统的性能的另一种常见曲线是累积匹配特征(Cumulative Matching Characteristics，CMC)曲线。CMC 曲线与 ROC 曲线之间存在等价关系，但 CMC 曲线更适合描述辨识模式，而 ROC 曲线更适合于验证模式。

如图 1-11 所示，CMC 曲线的横坐标为 Rank 值，纵坐标为正确辨识率(True Positive Identification Rate，TPIR)。Rank＝n 表示识别结果按相似度降序排列时，前 n 个结果中包含目标对象。而正确辨识率则为 Rank＝n 的样本数占总的测试样本数的比例。例如，Rank＝1 的正确辨识率表示按照某种相似度匹配规则进行匹配后，第一次就能正确判断出目标的样本数与总的测试样本数之比。显然，Rank 值越大，对应的正确辨识率越高，因此 CMC 曲线是严格单调递增的，且 Rank 取最大可能值时正确辨识率达到 100%。

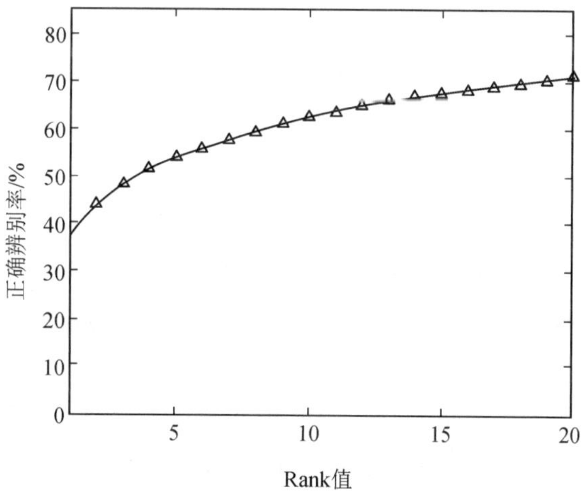

图 1-11 CMC 曲线示意图

具体来说，CMC 曲线的绘制可按以下步骤进行：

(1) 将测试集中所有样本按照相似度(即匹配分数)进行由大到小的排序；

(2) 确定每个样本发生正确身份判断所对应的 Rank 值；

(3) 计算正确辨识率。正确辨识率(TPIR)即为在前 n 个 Rank 值中能正确判断出样本身份的概率，据此可得 CMC 值的计算公式为

$$\text{CMC}(n)=\frac{1}{N}\sum_{i=1}^{N}\begin{cases}1, & r_i\leqslant n\\0, & r_i>n\end{cases} \tag{1-4}$$

式中，N 为目标的总类别数，r_1，r_2，…，r_N 为一次排序结果。

1.5 生物特征识别的发展趋势

生物特征识别技术从设想到早期探索，再到最终实现并广泛应用，经历了漫长的时间。早期的生物特征识别系统依赖人工手动的方式来实现，随着计算机的诞生与发展，这些系统逐步过渡到半自动系统乃至全自动系统。生物特征识别领域持续吸引着大量学术界及工业界的广泛关注和研究投入，其技术发展日新月异，新的应用场景不断涌现，世界范围内采用该技术的人群规模已达数十亿，且仍在迅速扩大中。当前和未来生物特征识别技术的关注点包括以下几个方面。

1. 新采集仪的研发

设计生物特征识别系统时的首要任务是确定信号采集方法，即选定采集仪技术。一般来说，随着新传感器理论和制造技术的发展，各种生物特征识别传感器都在朝着轻便化、集成化、智能化、高效化、安全化的方向发展。

高性能的生物特征识别系统要求采集仪所采集到的生物信号具有高质量、低噪声的特点。例如，人脸识别时使用的相机的像素和清晰度一直在不断提升中，指纹识别时使用的超声传感器相比于之前的半导体传感器具有更好的抗噪声能力、更高的成像质量。而生物特征识别技术的易采集性和易接受性等都要求采集仪的造价尽可能低且在使用过程中无侵入。例如，早期虹膜识别采集图像时要求用户将眼睛贴近摄像头，而新的虹膜识别采集图像可以在远距离下进行。又例如，掌纹识别技术已经从接触式采集方式发展到非接触式采集方式。出于对公共卫生的考虑，指纹识别采集技术已经从传统的贴近按压方式发展到采用相机在保持一定距离下进行拍照的采集方式。

为了获取更丰富的信息，生物特征传感器也在突破常规成像手段的限制。例如，指纹采集中出现了分子指纹成像技术，采用该技术可以获得常规光学指纹成像等手段无法获取的信息；在人脸识别方面，三维人脸成像技术、多光谱和红外成像技术等相比于常规的二维图像识别，在相同的可见光条件下，可以额外获取场深信息和宽光谱信息，这对于提升人脸识别系统的识别准确度和反欺骗能力十分有利。

2. 非可控条件下性能的提升

早期的生物特征识别技术及生物特征识别系统普遍基于可控条件(Controlled Condition)的预设前提进行设计。例如，指纹识别时假设图像采集者配合度高、指纹图像质量高；人脸识别时假设图像采集者处于稳定光照、正面姿态、中性表情等理想条件下。这些方法或系统在可控环境下往往表现出较好的性能。但在实际工作环境中，由于无法满足假设的理想条件，系统的性能会下降得较为明显，有时甚至完全失效。因此，非可控条件下的生物特征识别技术要求算法具有很好的鲁棒性，这一直属于研究的热点和难点。

不同非可控条件需分别对待和处理，不能一概而论。一般的思路是通过图像处理的手段削弱该非可控条件带来的成像差异，或者针对某个非可控因素设计鲁棒性高的算子，以提取具有抗干扰能力的特征，或者设计分类性能更高的分类器。需要注意的是，随着深度学习的广泛运用，非可控条件问题已经得到了缓解，尤其是在人脸识别问题上，因为用大量数据对深度神经网络进行训练可使人脸识别的性能和鲁棒性大大提升。

3. 新模态的探索

最早被研究且最成熟的生物特征识别模态为指纹识别、人脸识别和虹膜识别。这三种生物特征识别模态均属于基于生理特征和图像信号的生物特征识别模态。除了这些模态，基于行为的生物特征识别模态也不断发展和涌现，如被广泛研究的步态识别和仍处于初步研究阶段的基于键盘敲击行为的身份识别。此外，基于时间信号的语音识别/说话人识别也得到了很好的发展。

除了基于光电信号的生物特征识别模态，一些基于化学信号的生物特征识别模态也被提了出来，如体味识别。同时，一些常规模态的替代模态也开始得到发展，如掌静脉识别、指静脉识别、手形识别、人耳识别、视网膜识别等。此外，一些基于生理电信号的模态也正在开发中，如脑电识别和心电识别等。尽管这些基于生理电信号的模态具有独特的潜力（尤其是其反欺骗能力），但目前其性能仍无法满足实际需求。

4. 新算法的研发

早期的生物特征识别算法（如生物信号预处理、特征提取、特征匹配和分类等）往往基于各种手工设计的算子或算法来实现，其设计过程较复杂，通用性和鲁棒性也较低。而近年来，随着深度学习等新机器学习和人工智能领域理论与技术的突破，生物特征识别领域内的大量问题开始使用深度学习方法且得到了解决或改善，对于人脸识别来说尤其如此。例如，FaceNet 和 DeepFace 等著名的深度学习模型已经取代了早期的人工算法，如主成分分析（PCA）和局部二值模式（LBP）等，开始大量部署在很多实际应用场合。又例如，针对指纹识别细节点提取问题提出的 FingerNet 等深度学习模型相较于传统模型具有更好的性能；在语音识别问题上，也出现了性能优越的深度神经网络身份向量（DNN/i-vector）等深度学习模型。

当前，深度学习技术仍处在迅速发展中，新的神经网络模型不断被提出。同时，深度学习技术在生物特征识别领域的应用也在不断开发之中，如生物信号去噪和增强、生物信号模拟生成、生物反欺骗等。生物特征识别技术正在随着大数据数字化以及行业智能化的迅猛发展进入其发展的黄金时代，并不断结合行业细分领域的特点走向深度的应用阶段。

5. 多模态与信息融合

多模态（Multimodal Biometrics）是指将多个生物特征模态联合起来以达到性能提升及优势互补的方法，它是一种信息融合方法。例如，可以将指纹识别与人脸识别进行融合，融合之后的模态的性能得到提高，而且其安全性比单一模态的更好。

信息融合是一个多层次的过程，通常可划分为：信号层融合、特征层融合、决策层融合。信号层融合是指在信号采集之后，直接针对不同来源的生物信号进行的融合。此过程要求信号具有相同的性质，如均为时间信号或图像信号，否则需要进行信号域间的转换。信号层融合有时也发生在同一个模态内部，如人脸识别时将可见光图像与红外图像融合起来。特征层融合是指在不同生物信号的特征提取完成之后，针对两个或多个特征向量之间的融合。更丰富的特征能够提升区分度，从而明显提高识别性能。但是需要注意的是，过多的特征有时也会造成信息冗余，但可以通过特征筛选和特征降维等方法来处理。决策层融合是指在单个模态实现匹配或分类之后，针对所得到的匹配分数或分类结果进行的融合。例如，可以对人脸匹配分数和指纹匹配分数进行最大值选取、均值计算等操作来实现决策层融合。

6. 移动端应用的拓展

随着手机、掌上电脑、穿戴式设备（如 Google Glass 智能眼镜）等移动端设备的普及，生物特征识别系统越来越小型化、移动化，生物特征识别技术的移动端应用也越来越受到重视，如基于指纹识别的手机解锁功能和基于人脸识别的小区门禁应用等。而相对于 PC 端，移动端的处理器和内存等运算资源较为有限。因此，很多生物特征识别算法和模型需要进行相应的适配和修整。

随着深度学习技术的出现，如何将成熟的深度学习模型应用到移动端成了当前业界的研究热点。由于大多数深度学习方法的网络结构复杂、计算量大以及训练模型参数较多，因此它们难以满足移动端应用的要求。解决的思路在于如何设计面向移动端的轻量级神经网络。由于轻量级神经网络对卷积等运算进行了精简设计，其计算速度更快、系统响应速度较快、参数量小、存储需要更小，且识别准确率较高，因此能够满足移动端的实际需求。

7. 生物特征安全

随着生物特征识别技术应用需求的日益增长，其安全性也引起了人们的重视。生物特征是每个人所固有的，它所涉及的个人隐私以及由此而带来的安全性问题不容忽视。因此，追求生物特征识别技术便捷应用的同时，确保生物特征的安全尤为重要。例如，生物特征及其模板通常无法再生或再发布，因此需要对其进行保护。一种保护方案是对生物特征模板进行加密，即利用生物特征加密技术。生物特征加密技术结合了生物特征识别技术和密码学技术，将生物特征和密钥以某种方式结合起来，实现了基于密钥和生物特征的双重保护，使得攻击者既无法获取密钥，也无法获取生物特征信息。

此外，人脸等生物特征容易被伪造，因此对应的生物特征识别系统容易受到攻击和入侵。如何对伪造生物信号进行真伪判断是生物反欺骗技术的核心。反欺骗方法多种多样，且每种方法一般针对某种特定的伪造手段进行设计。随着伪造手段的不断发展，反欺骗方法也在不停地更新。伪造手段和反欺骗方法属于“矛和盾”的关系。

8. 云端生物特征识别方案

生物特征识别的发展与云服务的发展并行不悖。现代技术解决方案旨在将各个细分情景集成到复杂的解决方案中，以满足客户的所有需求，而不仅仅是确保物理安全。因此，将云服务和生物特征识别技术融入多特征身份验证设备，是完全符合时代精神与未来技术发展方向的。

本章小结

本章对生物特征识别技术进行了概况性的介绍，目的在于让读者对生物特征识别技术有总体性的认识，掌握生物特征识别的基本定义和概念、发展历史、系统构成、工作模式、性能评价、未来趋势等基础性知识。其中涉及历史和发展趋势的内容具有一定主观性和时效性。

思考题

1. 生物特征识别技术的定义是什么？其采用的特征分为哪两类？

2. 生物特征识别最常见的模态包括哪些？除了本书中列举的模态，请调查和探讨一些其他可能的模态并加以分析。

3. 生物特征识别系统的典型构成是什么？有哪些工作模式？

4. 你认为指纹特征在生物特征识别中会继续独占鳌头吗？为什么？

5. 生物特征识别系统的性能评价指标有哪些？

6. 对于某个特定的生物特征识别系统，FAR 和 FRR 可否同时取得最小？

7. ROC 曲线和 CMC 曲线有何联系？

8. 谈谈你对生物特征识别发展趋势的认识。

第2章 指纹识别

指纹识别是最为广泛使用的生物特征识别模态之一。指纹经采集仪转化为数字图像，再经过适当的分割、增强等预处理后，可利用特征提取算法提取其独特的结构和特征，正是这些结构和特征才使指纹具有了辨别人的功能。这些结构和特征经过特征描述和匹配算子后生成匹配分数，从而实现指纹识别的最终目标。

本章将介绍指纹识别的发展史、指纹图像采集、指纹图像预处理、指纹特征提取和指纹匹配等指纹识别技术的重点内容。

2.1 指纹识别的发展史

指纹识别技术起源于中国，据考古实物和史料记载，其历史可追溯至数千年前。德国指纹学家 Robert Heindl 提出，中国唐朝儒学家贾公彦是世界上第一个提出用指纹识别人身份的学者。

但是指纹学真正作为一门科学被研究始于欧洲。自 17 世纪开始，西方的一些医生和学者就对指纹进行了长期的潜心探索。1684 年，英国生理学家 Nehemiah Grue 在《哲学公报》上精确地描述了指纹的汗孔、皮肤脊线及排列方式，成为世界上第一个描写微观指纹的人。

1880 年，英国医生 Henry Fauld 在 *Nature* 杂志上发表了第一篇有关指纹研究的论文，把指纹学从经验转移到以实验技术、解剖学、胚胎学等为基础的科学轨道上。因此，Henry Fauld 被公认为现代指纹学的开创者。

指纹学形成后，世界各地警方开始逐渐将指纹识别技术应用到案件侦破工作中。1891 年，Francis Galton 提出了著名的高尔顿分类系统。随后，欧美发达国家的警察部门先后采用指纹鉴别法作为身份鉴定的主要方法。例如，1901 年，英国警局苏格兰场正式摒弃人体测量法，全面采用指纹鉴定法，并在警察机构成立专门的指纹部门；1939 年，美国联邦调查局(Federal Bureau of Investigation，FBI)改制之后的第一任局长 Edgar Hoover 对鉴识部的指纹档案进行了扩充及合并，建成了当时世界上规模最大的手动指纹识别数据库。

20 世纪 60 年代，由于计算机可以有效地处理图像，人们开始着手研究利用计算机来自动处理指纹。1963 年，Trauring 等人在 *Nature* 杂志上发表了关于自动化指纹模式比对技术的文章。同年，美国联邦调查局和法国巴黎警察局也开始研究将自动指纹识别系统用于刑事案件侦破。此后，自动指纹识别系统在司法和执法方面的研究和应用开始在世界许多国家展开。

20 世纪 80 年代，随着个人电脑、光学扫描等技术的发展与突破，指纹的获取变得更为便捷和高效，指纹识别系统得到了快速的发展。更新的电子化、集成化的指纹采集仪开始出现，越来越多的高性能指纹识别算法被提出。西方各国逐渐淘汰了自动化水平较低的半自动指纹管理系统，开始使用全自动指纹识别系统。全自动化的指纹识别技术开始进入大众视野，并开始影响我们的生活方式。

20 世纪 90 年代以来，随着计算机技术、模式识别理论和刑事科学技术的进一步发展，业内成功研发了多套自动指纹识别系统。指纹识别应用市场大范围扩充，自动指纹识别系统的价格也开始大幅下降。国际上比较具有代表性的指纹识别系统有美国的 COGENT、日本的 NEC、法国的 Morpho 等。国内比较知名的指纹识别系统有北京大学的 Delta-S 系统、清华大学的 CAFIS 系统等。

进入 21 世纪以来，指纹识别技术得到进一步突破，如手机等移动端设备广泛采用的指纹识别系统(苹果手机的 Touch ID)、指纹识别门禁系统、屏下超声指纹采集方式、非接触式 3D 指纹采集技术等。同时，指纹识别技术开始得到广泛应用。例如，指纹识别技术在美国国土安全部部署的 US-VISIT 系统、印度的 Aadhaar 全民身份项目等中得到广泛应用。

2.2 认识指纹图像

在设计算法进行指纹识别之前，首先需要对被处理的信号(即指纹图像本身)进行充分的认识，从而针对性地设计区分力强的特征。

2.2.1 指纹的形成

人类指纹的产生时间很早，在胎儿第三、四个月便开始生成，到第六个月左右就完全成形了。而婴儿长大成人后，指纹也只是放大增粗，其纹样保持不变。不同人的指纹纹样不同，甚至双胞胎的指纹纹样也有差异。指纹的形成机制在于皮肤不同层间的生长速度不同。如图 2-1 所示，手指皮肤可细分为表皮和真皮等不同层。在手指皮肤发育过程中，虽然表皮、真皮以及皮下组织都在共同成长，但柔软的皮下组织比相对坚硬的表皮长得快，因此会对表皮产生源源不断的上顶压力，迫使长得较慢的表皮向内层收缩塌陷，逐渐变弯打皱，以减轻皮下组织施加给它的压力。如此一来，表皮一方面使劲向上“攻”，一方面被迫往下“撤”，导致表皮长得弯弯曲曲、坑洼不平，形成纹路，直至发育过程终止，最终定型为至死不变的指纹纹样。

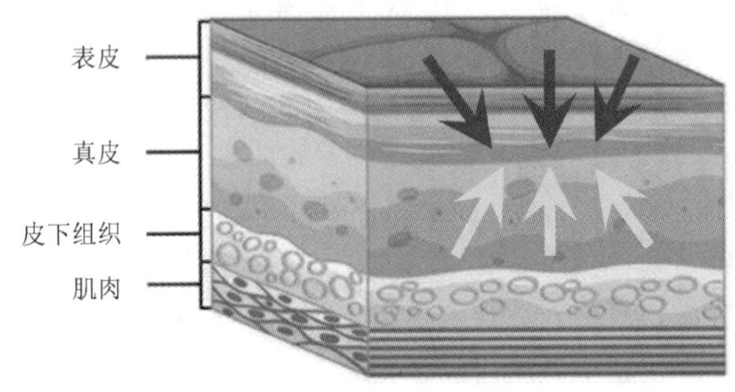

图 2-1　手指皮肤的分层与指纹形成机制

需要指出的是，虽然指纹是绝大多数人都具有的生物特征，但也存在极少数人因基因突变或罹患特殊疾病而天生没有指纹，如图 2-2(a)所示黑色方框内。很显然，此时生物特征识别系统对该患者失效，需要使用其他生物特征识别模态对其进行身份识别。

除了天生无指纹的人，正常人的指纹也可能因为遭受物理割伤(如图 2-2(b)所示的椭圆形框中)或化学烧伤等而遭到损坏(如图 2-2(c)所示的指尖处)。这些指纹损坏可能是无意被动的，如意外受伤；也可能是有意主动的，如犯罪分子有意掩盖犯罪痕迹。当指纹损坏程度较大时，指纹识别系统无法正确进行身份验证。

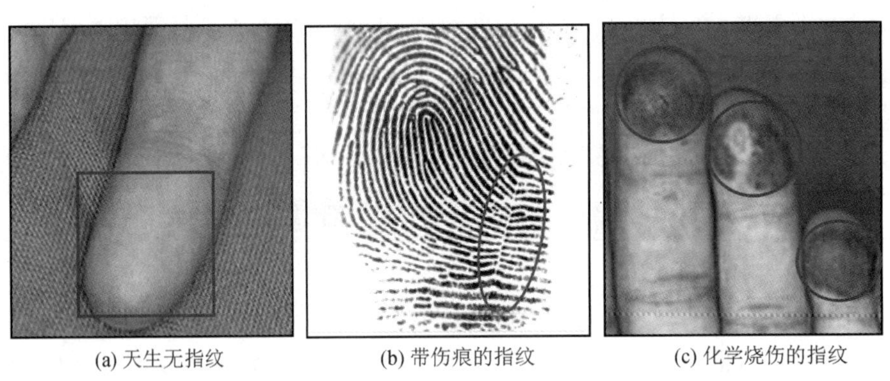

(a) 天生无指纹　(b) 带伤痕的指纹　(c) 化学烧伤的指纹

图 2-2　指纹异常情形

2.2.2　指纹特征

了解了指纹图像的形成机制之后，下面我们对指纹图像上的有用特征进行详细的介绍。指纹图像由多条黑白相间的纹线构成，较暗的线和较亮的线分别称为脊线(Ridge)和谷线(Valley)。指纹特征一般可以根据信息的丰富程度由粗到细分为一级特征、二级特征和三级特征。一级特征是指纹的全局脊线流形，二级特征是细节点，三级特征是包含气象气孔、纹线边缘、疤痕、细点线、汗孔等的更加细节的特征信息。

1. 一级特征

具体来说，一级特征包括纹线流向、纹线类型、指纹纹型和奇异区等。如图2-3所示(该图来源于指纹公开数据集 Fingerprint Verification Competition 2002 DB1)，整个指纹图像是由脊线和谷线构成的一个具有很强纹理性的结构，且这个结构具有一定的规律和特点。

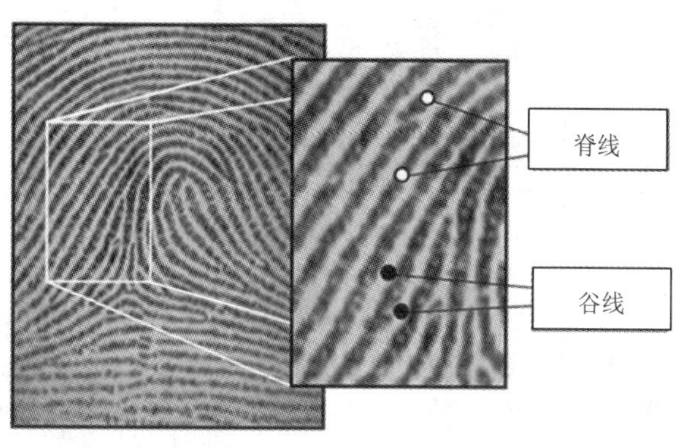

图2-3　指纹脊线、谷线及其流向

作为指纹的一级特征，纹线类型有七种：直形线、波形线、弓形线、箕形线、环形线、螺形线和曲形线，如图2-4所示。

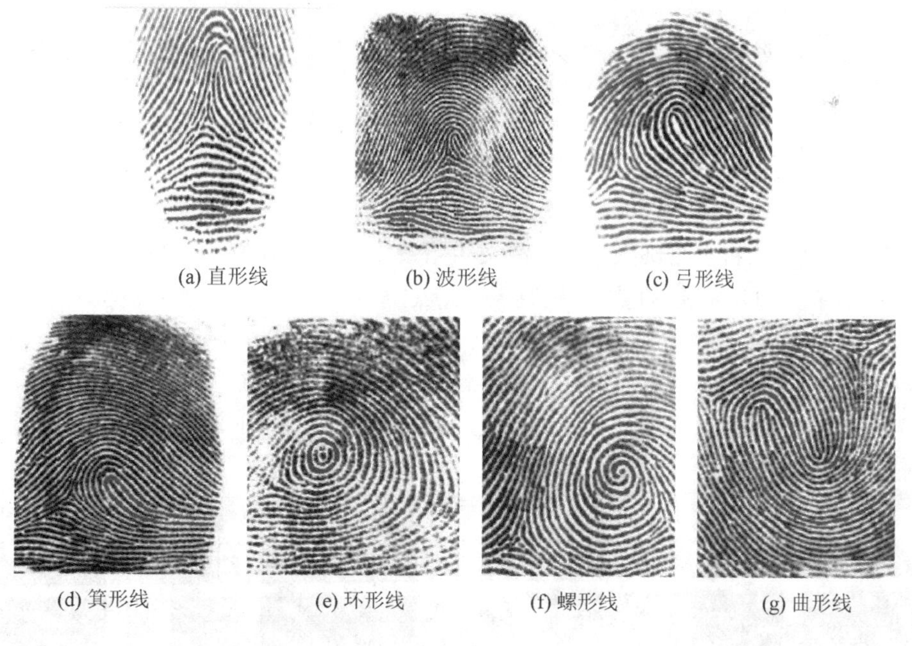

图2-4　纹线类型

指纹纹型也属于一级特征，但与纹线类型不同，它刻画指纹的整幅图像的形状。最常见的指纹纹型分为弓形纹、箕形纹、斗形纹等三类，如图2-5所示。需要说明的是，根据翻译习惯的不同，弓形纹也称为拱形纹，斗形纹也称为螺形纹。另外，在一些特定场合，根据具体需要可以将指纹纹型分为更多子类。

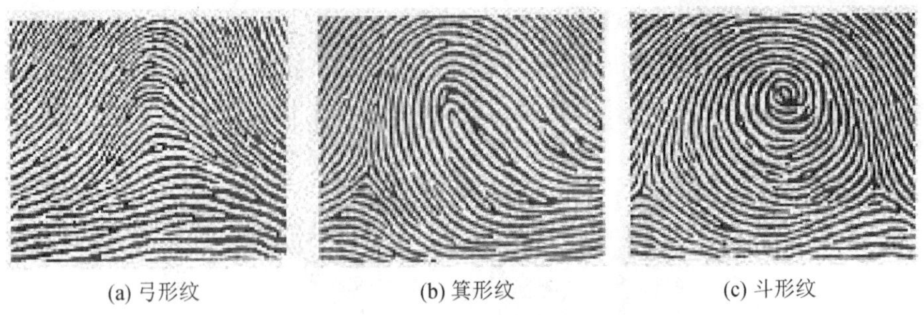

图 2－5 指纹纹型

奇异区(Singular Regions)是脊线中存在的一个或者多个形状不同的区域，如三角点、环和螺纹，环和螺纹也统称为中心点，如图 2－6 所示。

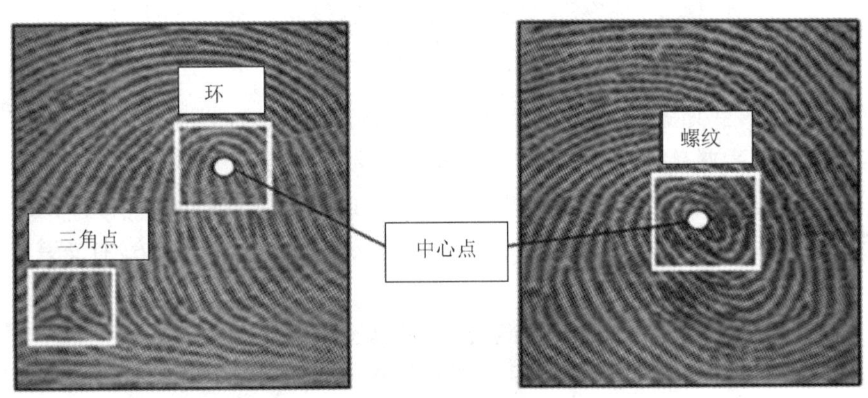

图 2－6 指纹奇异区

2. 二级特征

二级特征比一级特征更细微，通常定义为指纹中脊线不连续的小的细节点(Minutia)。指纹细节点有多种，常见的类型包括终结点(Termination)、分叉点(Bifurcation)、湖(Lake)、独立脊线(Independent Ridge)、岛或点(Island or Point)、毛刺(Spur)和桥(Crossover)等，如图 2－7 所示。其中，终结点在一条脊线突然中断之处，分叉点在一条脊线分成两条脊线之处。终结点和分叉点最重要且受到最多关注，在后续的章节中我们会集中讨论。

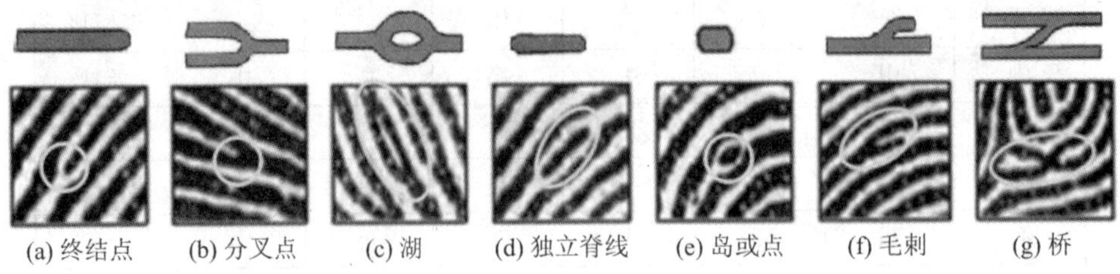

图 2－7 细节点类型

在一个全指纹中，细节点个数一般多于 100 个，即在奇异区内和奇异区外的细节点密度分别为每平方毫米平均有0.49个细节点和0.18个细节点。但是，利用一些细节点在空域和角频域的一致性或相关性就能够充分地证明两个指纹图像是否来源于同一个手指。

3. 三级特征

使用高分辨率采集仪放大观察指纹可以看到更细微的指纹三级特征，如纹线上存在的汗孔、脊线轮廓、细点线、皱纹、疣、伤痕等(见图2-8)。

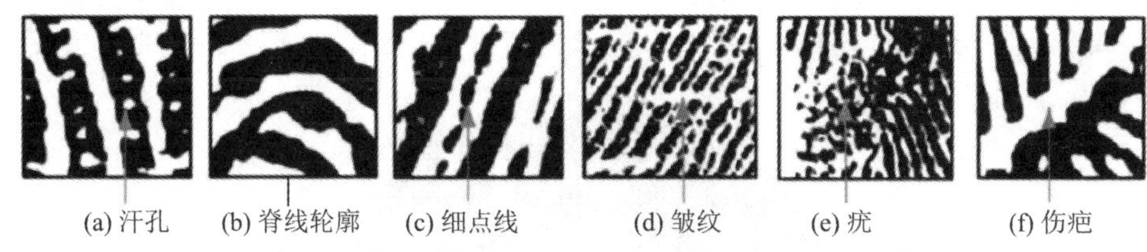

图2-8　指纹三级特征举例

三级特征中最常用的为汗孔(Pore)。指纹的每条纹线上均存在汗孔，其大小通常为60～250 μm。如图2-9所示，汗孔有两类，一类是闭合的，分布在脊线上；一类是开启的，与谷线相交。在像素值上，脊线比汗孔和谷线暗。每厘米脊线上大约有十几个汗孔。已经证实，20～40个汗孔就足以确定指纹所属人的身份。

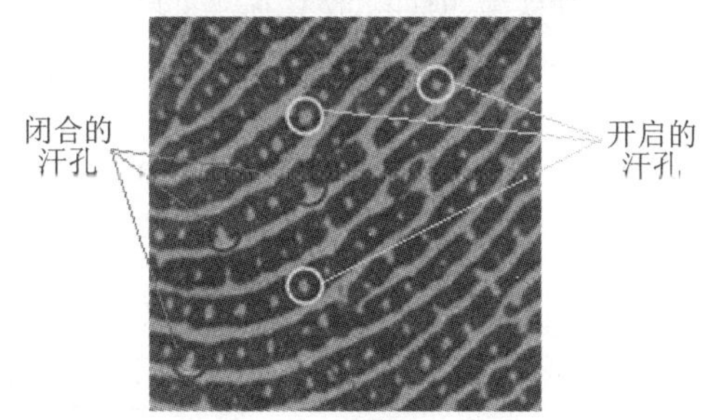

图2-9　高分辨率指纹图像中的汗孔

以上指纹的三个不同级别的特征具有不同的信息含量，也对应不同的功能。一级特征往往不具有唯一性，即它不足以区分不同人的身份，但它可以用于指纹图像分类。在实践中，如果某些场合只需要做指纹检索，那么通过一级特征进行指纹分类，可以大大提高检索效率和速度。例如，亨利系统把人类指纹分为三大类，二十多个子类。后来美国联邦调查局在该系统的基础上，将人类指纹分为八种类型。但是在这八种指纹类型中，部分类型之间的差别较小，很难用计算机程序将它们准确地区分开来。因此，自动指纹分类算法中一般将这八种类型合并为如图2-10所示的五种基本纹型。

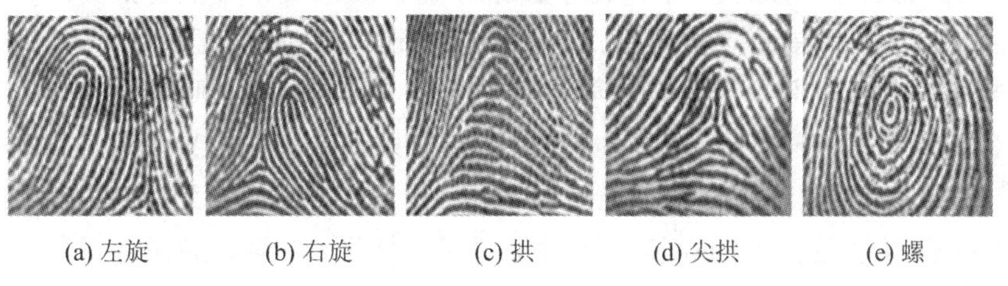

图2-10　五种基本的纹型

二级特征相较于一级特征具有更强的个人身份区分力。细节点的位置和类型等信息可作为两幅指纹图像是否匹配的判断依据。通常使用分叉点和终结点即可进行身份认证，少数情况下可以使用更多类型细节点进行个人身份识别。三级特征相较于二级特征具有更强的区分力，其既可以作为判断两幅高质量指纹图像是否匹配的依据，也可以用于一些指纹识别困难的场景，例如在指纹质量低或残缺的潜指纹识别任务中或者成像面积小的小面积指纹情形中应用。但是目前很少有实际的自动指纹识别系统采用三级特征，因为三级特征的提取需要依赖高分辨率(往往 1000 dpi 以上)的扫描仪，而这种设备高昂的造价使得这一技术在实际应用中并不实用。

2.3 指纹图像采集

指纹图像采集是指纹识别的第一步，采集仪所采集到的指纹图像的质量将直接影响指纹识别的准确率，其重要性不容忽视。如何获取高质量的指纹图像是提高自动指纹识别系统性能首要解决的问题。

2.3.1 采集方法分类

指纹采集方法按照其性质和原理可粗分为物理法、化学法和电子法三大类。早期指纹图像的获取方法为物理法。例如，将手指蘸上油墨后按压白纸，即可获得指纹图像，该方法称为油墨法，如图 2-11(a)所示。该种方法的成本较低，但油墨或纸张的质量、按压的位置、压力不均、变形、方向差异、手指损伤等都会导致采集到的指纹图像的质量不理想，进而影响指纹识别效果。其他常见的物理法还包括粉末法、磁粉法。粉末法是将颜色对比较大的粉末撒在指纹遗留处，使得指纹显现并进行提取；磁粉法(如图 2-11(b)所示)是用磁铁作为刷子，来回刷扫预先撒在物体表面的细微铁粉颗粒，从而显示出指纹图像。

(a) 油墨法　　(b) 磁粉法

图 2-11　指纹采集的物理法

与物理法不同，化学法是利用化学试剂与指纹皮肤上的分泌物进行化学反应，从而产生指纹图像。常见的化学法包括碘熏法(如图 2-12(a)所示)、宁海得林(Ninhydrin)法(如

图 2-12(b))、硝酸银法(如图 2-12(c)所示)和荧光试剂法(如图 2-12(d)所示)。碘熏法是利用碘晶体加温产生的蒸汽与指纹残留物中的油脂产生反应，出现黄棕色指纹后必须立即拍照或者用化学方法固定。宁海得林法是指将试剂喷在检体上，与皮肤分泌的氨基酸产生反应，呈现紫色指纹。硝酸银法是利用硝酸银溶液与潜指纹中的氨化钠发生反应，呈现黑色指纹。荧光试剂法是利用荧光氨等与指纹残留物中的蛋白质或氨基酸作用，产生强荧光性指纹。

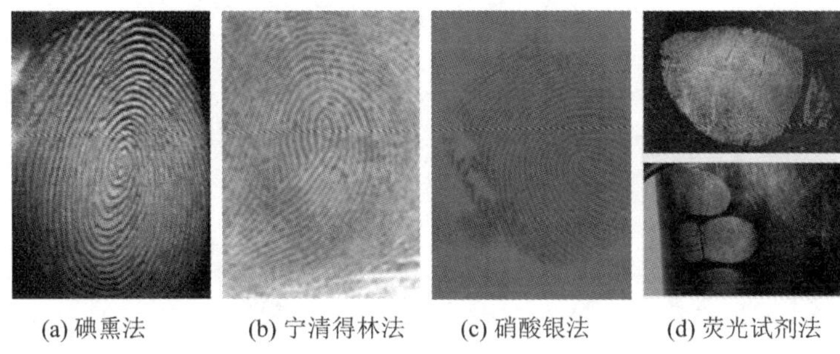

(a) 碘熏法　(b) 宁清得林法　(c) 硝酸银法　(d) 荧光试剂法

图 2-12 指纹采集的化学法

物理法和化学法均具有明显的缺点，如需要用户的配合而无法实现自动化，此外其环保性也较差。随着计算机技术、光学技术和半导体技术的发展，逐渐出现了基于电子技术的采集方法，发展出了光学指纹采集仪、半导体指纹采集仪、超声波指纹采集仪。其中光学指纹采集仪和半导体指纹采集仪是现在应用最多的指纹采集仪。

2.3.2 光学指纹采集仪

光学指纹采集仪诞生于二十世纪七八十年代，其核心是光学传感器，该类型采集仪利用了光的全反射原理。光学指纹采集仪由光源、三棱镜、凸透镜、电荷耦合器件(Charge-Coupled Device, CCD)和图像采集卡等构成，其实物图如图 2-13 所示。

图 2-13 光学指纹采集仪的实物图

光学指纹采集仪的采集原理与图像生成过程如图 2-14 所示。当手指按压在三棱镜底部的倾斜面上时，内置光源发出的光线从左侧射向三棱镜，并经三棱镜底侧射出，最终由 CCD 捕获反射回来的光线。由于手指表面指纹的纹线凹凸不平，光线在纹线上折射的角度不同，故反射回来的光线明暗不一样。由于三棱镜与空气之间的介质性质存在差异，光线经三棱镜反射到谷线后，在三棱镜与空气的界面上发生全反射，使得反射到 CCD 的光线强度较大；而反射到脊线的光线不发生全反射，会被接触面吸收或者漫反射到别的地方，CCD 采集到的光线强度较弱。如此即在 CCD 上形成了脊线呈较暗、谷线呈较亮的指纹灰度图像。

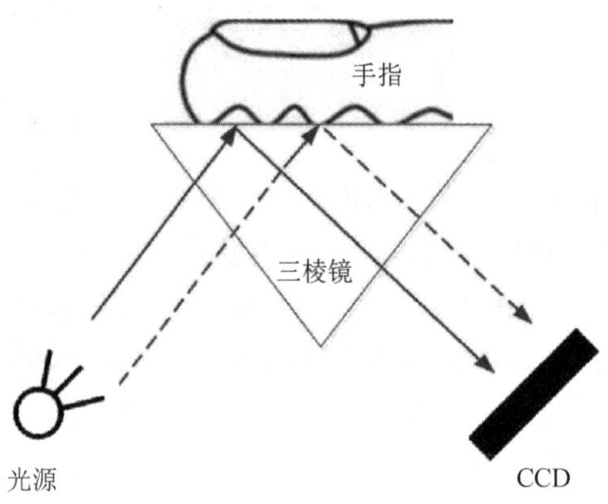

图 2-14　光学指纹采集仪的采集原理与图像生成过程

光学指纹采集仪具有坚固耐用的优势，成本也较低，且对温度、湿度、静电都有很强的适应能力。因此，光学指纹采集仪自问世至今一直应用广泛，市场占有比例较高。但是光学指纹采集仪的体积较大、较笨重、功耗较大，不太适用于最新的便携式设备，如手机、移动终端等。此外，光学指纹采集仪存在“干手指”现象，即当手指干燥时其识别率不高，这在干燥气候地区和干性皮肤用户中尤为明显。根据以上特点，光学指纹采集仪比较适合用于考勤机、门锁、门禁、保险柜、公安刑侦等。

2.3.3　半导体指纹采集仪

自 20 世纪 90 年代末电容传感器面世以来，各种基于半导体传感器的指纹采集仪相继出现。由于其具有明显优势，这类采集仪迅速受到市场欢迎，成为继光学指纹采集仪之后另一类广泛应用的指纹采集仪，其实物图如图 2-15 所示。半导体指纹传感器可以细分为电容、电感、压感和热敏等指纹传感器。其中电容指纹传感器也是半导体指纹传感器中应用最多的传感器。下面主要介绍电感指纹传感器、压感指纹传感器和热敏指纹传感器。

图 2-15　半导体指纹采集仪的实物图

1. 电容指纹传感器

电容指纹传感器是通过在半导体硅片表面集成成千上万个电容来实现的，传感器上方为绝缘面。当用户将手指按压在该传感器表面上时，皮肤成了电容阵列的另一极。由于手指皮肤表面存在凸凹不平的脊线和谷线，因此出现了凸点和凹点，使得皮肤与平板之间的距离大小不一(脊线对应距离小，谷线对应距离大)，导致硅表面电容阵列中各个电容的电压不同，如图 2-16 所示。通过测量并记录各点的电压值就可以获得具有灰度级的指纹图像。

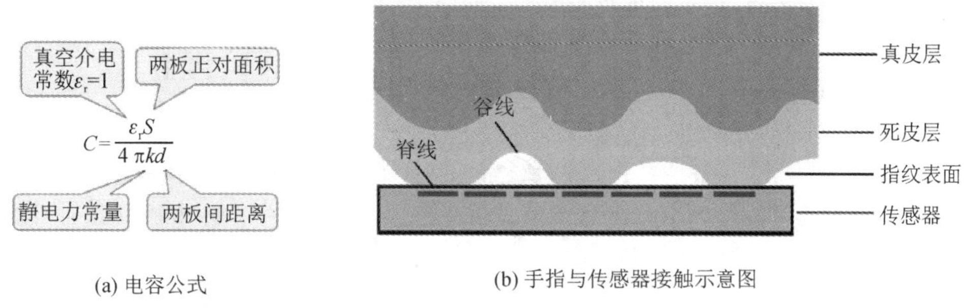

图 2-16　电容指纹传感器原理图

2. 压感指纹传感器

依据电介质的压电效应研制的一类传感器称为压感传感器。压电效应是指某些电介质在受到外力作用而变形时，其内部会产生极化现象，即在其表面出现正负相反的电荷。当作用力的方向改变时，电荷的极性也随之改变。

压感指纹传感器表面的顶层是具有弹性的压感介质。当用户将手指按压在该传感器表面时，这些压感介质将指纹脊线和谷线的不同压力转化为相应的电信号，并进一步产生具有灰度级的指纹图像，如图 2-17 所示。

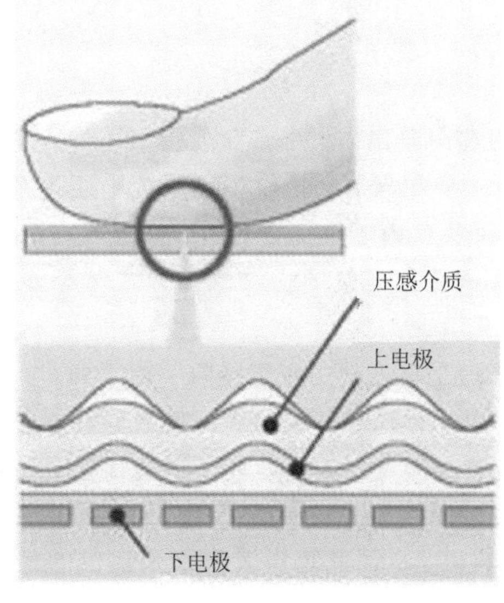

图 2-17　压感指纹传感器原理图

3. 热敏指纹传感器

某些半导体材料具有热敏效应，即其电阻率随温度的变化而发生较明显改变。热敏指纹传感器便是应用热敏效应来获取指纹图像的传感器。热敏指纹传感器通过感应按压在半导体表面上的指纹脊线和远离半导体表面的谷线之间的温度差来生成指纹图像。

具体来说，由于热敏指纹传感器的表面为具有热敏效应的介质(称为热敏介质)，而手指相对于热敏介质具有较高的温度，因此当手指按压在介质表面时，热传导作用会改变热敏介质的温度，其中，脊线因与热敏介质直接接触而致使其温度升高得多；而谷线因相对远离热敏介质，故对应的介质温度改变较小，如图 2-18 所示。温度改变的差异使得介质电阻率的改变也存在差异，进而在脊线和谷线处得到不同的电信号。

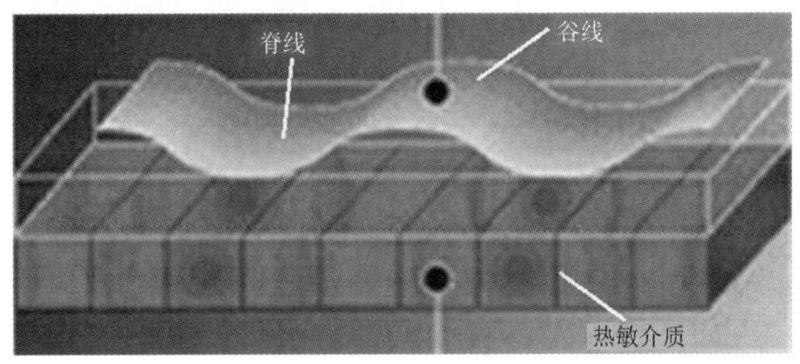

图 2-18 热敏指纹传感器原理图

半导体指纹采集仪的优点是体积小、功耗低，从图像获取能力上讲，普遍对于手指的识别效果较理想。该类采集仪的缺点包括抗静电能力较弱，容易受静电影响而损坏，抗磨损和抗破坏能力也远远不如光学指纹采集仪。此外，半导体指纹采集仪大多在手指潮湿的条件下进行指纹采集的效果较差，即存在“湿手指”现象。因此，基于以上特点，半导体指纹采集仪的适用场所主要包括小型、便携式设备，如手机、U 盘、移动认证终端等。

2.3.4 超声波指纹采集仪

超声波指纹采集仪利用超声波扫描技术来获取指纹图像。超声波扫描技术被认为是最好的一种指纹图像采集技术，但在当前的指纹识别系统中还不多见，仍处于实验室研发阶段。尽管如此，超声波指纹采集仪由于其优势得到越来越多的推广。例如，随着“全面屏”手机的出现，传统使用半导体指纹采集仪的指纹解锁方式已经逐渐被超声波指纹采集仪所替代。

超声波指纹采集仪的原理是首先利用传感器向手指表面发射超声波，紧接着传感器接收反射回来的超声波信号。由于脊线和谷线的声阻抗之间存在差异，因此导致反射回传感器的超声波能量不同，通过测量能量的大小即可产生具有灰度级的指纹图像。

超声波指纹传感器获取的是指纹真皮层的纹理信息，积累在皮肤表面的脏物(如油脂、水汽等)对超声波成像的影响很小。因此超声波指纹采集仪的成像质量比光学和半导体指纹采集仪的更高。但是目前超声波指纹采集仪的造价仍然较高。

2.4 指纹图像预处理

指纹图像预处理就是对采集到的指纹图像进行前景区域分割、增强、二值化等。通过指纹图像预处理可以去除指纹图像中的干扰因素，保留图像的真实细节特征，使得指纹图像变得清晰，从而可以进行指纹特征的提取。

指纹图像预处理主要包括指纹图像分割、指纹图像增强、指纹图像二值化等步骤，每个步骤对后续步骤都有重要的意义。下面我们将分别介绍这三个步骤。

2.4.1 指纹图像分割

指纹图像分割是指在采集到的指纹图像中找到包含所有指纹有效信息的区域，并去除有效区域外的其他区域。有效区域也叫作指纹图像的前景(Foreground)区域，除前景区域外的其他区域叫作背景(Background)区域。图2-19中黑色闭合曲线内部的区域就是指纹图像的前景区域，黑色闭合曲线外部的区域就是指纹图像的背景区域。

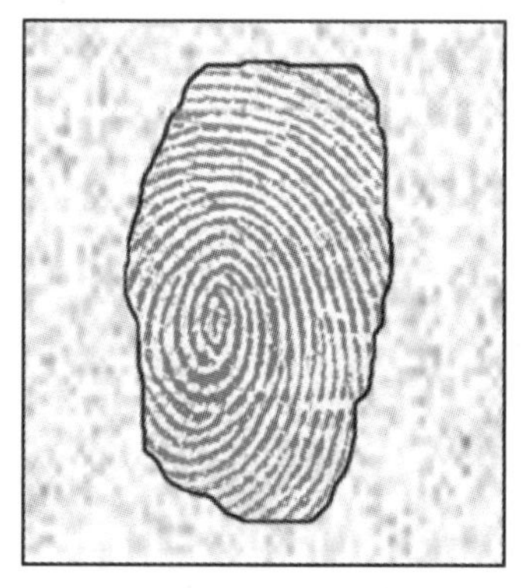

图2-19 指纹图像分割

基于对现有指纹图像分割方法的分析及指纹图像分割本质的认识，可以将指纹图像分割看成一个两类别(即前景区域类别和背景区域类别)分类问题。对于分类问题，其分类的效果完全取决于分类特征的提取以及分类算法的选择。其中，分类特征的提取起着至关重要的作用，提取出具有较强鉴别能力的特征往往会使整个分类工作达到事半功倍的效果。

指纹图像分割技术已经比较成熟，常用的指纹图像分割算法有基于边缘检测的算法、基于多特征分类器的指纹分割算法、基于人工神经网络ANN的算法、基于马尔可夫模型的算法等。本书着重介绍基于多特征分类器的指纹分割算法。

指纹图像的有用特征包括灰度值统计特征(如灰度均值、灰度方差等)和方向一致性特征。可以将这些图像特征单独用作指纹分割的依据，也可以利用计算权重的方法(如Widrow-Hoff自适应滤波法)来对多种特征进行融合，最后获得一个融合阈值以进行指纹分割。此外，还可以在上述方法的基础上进一步使用聚类算法(如K-均值算法)对错分的前景与背景像素进行修正。下面详细介绍上述几种指纹图像特征和聚类算法。

1. 灰度均值

灰度均值(Mean)之所以可以作为指纹图像分割的特征，是因为在大多数指纹采集情况下，手指和传感器表面接触的部分形成黑白交替的前景区域，而没有接触的部分则形成偏白的背景区域，即前景区域的灰度均值显著小于背景区域的。因此可以利用这一特征来分割指纹图像。

假设待处理指纹图像的灰度值为 $I(x, y)$，则灰度均值定义为

$$\text{Mean}=\frac{1}{S}\sum_{(x,\ y)\in W} I(x,\ y) \tag{2-1}$$

式中，W 表示任意图像块，S 为图像块的大小。

对于前景区域和背景区域灰度值相差较大的指纹图像，单独使用灰度均值作为指纹图像分割特征的效果已然较好，如图 2-20 所示。但是，在实际采集过程中，由于指纹的按压力度、干湿度及背景光线等因素的影响，使得一些指纹图像的前景区域和背景区域的灰度值较为接近，如图 2-21(a)所示。此时仅仅使用灰度均值作为指纹图像分割的特征很难将前景区域和背景区域区分开，如图2-21(b)所示。

(a) 原始指纹图像

(b) 分割后结果图

图 2-20 对质量较好的指纹图像使用灰度均值分割

(a) 原始指纹图像

(b) 分割后结果图

图 2-21 背景区域偏暗时使用灰度均值分割

2. 灰度方差

灰度方差(Variance)是另一种描述图像信息的统计特征，它与图像的高频部分和变化部分有关，能够较好地体现图像的细节信息。图像的高频部分也是人眼较为敏感的内容。灰度方差(记为 Var)的计算公式为

$$\mathrm{Var}=\frac{1}{S}\sum_{(x,\ y)\in W}[I(x,\ y)-\mathrm{Mean}]^2 \tag{2-2}$$

式中，W 表示任意图像块，S 为图像块的大小，Mean 为灰度均值。

灰度方差作为指纹图像分割特征的依据是：前景区域内脊线和谷线交替变化，图像灰度变化较为急剧，即灰度方差值偏大；而背景区域内主要呈现较为均匀的背景灰度，图像灰度变化相对缓慢，即灰度方差值偏小。

使用灰度方差可以更好地分割背景区域偏暗的指纹图像(见图 2-21(a))。如图 2-22 所示，使用灰度方差作为指纹图像分割特征的效果比使用灰度均值作为指纹图像分割特征的效果更好。

(a) 原始指纹图像

(b) 分割后结果图

图 2-22 背景区域偏暗时使用灰度方差分割

需要注意的是，灰度方差特征对于背景区域更为复杂的情况也不适用。实际指纹图像采集时，采集端表面和指纹皮肤的洁净程度、采集设备本身的性能等都会导致采集到的图像中含有大量噪声，这些噪声使得指纹图像中背景区域的像素方差较大，从而无法与前景区域进行有效区分。

3. 方向一致性

方向一致性(Coherence)是评价一个图像块内不同像素点的梯度方向一致程度的特征。方向一致性可以作为指纹图像分割特征的依据是：前景区域内具有方向信息的纹理图像，其方向一致性较好；而背景区域内则没有纹理信息，其方向一致性较差。

若已知图像块 W 内梯度值 $[G_x(x,\ y), G_y(x,\ y)]^{\mathrm{T}}=\left[\dfrac{\partial I(x,\ y)}{\partial x},\ \dfrac{\partial I(x,\ y)}{\partial y}\right]^{\mathrm{T}}$，则方向一致性(记为 Coh)的计算公式为

$$\text{Coh}=\frac{\left|\sum_{(x,y)\in W}[G_{sx}(x,y),G_{sy}(x,y)]\right|}{\sum_{(x,y)\in W}\left|G_{sx}(x,y),G_{sy}(x,y)\right|} \tag{2-3}$$

式中

$$\begin{bmatrix}G_{sx}(x,y)\\G_{sy}(x,y)\end{bmatrix}=\begin{bmatrix}G_x^2(x,y)-G_y^2(x,y)\\2G_x(x,y)G_y(x,y)\end{bmatrix}$$

方向一致性反映了一个局部小块内所有像素点的梯度方向的一致程度。由公式(2-3)的可知，Coh 取值总是介于 0 和 1 之间的。两种极端情况是：当图像块内所有像素点都指向同一个方向时，方向一致性最高，Coh=1；当图像块内所有像素点随机朝向各方向时，方向一致性最低，Coh=0。

在背景噪声较大或背景光照不佳时，方向一致性比灰度均值和灰度方差这两种特征的效果好，该特征的针对性较强。但是该特征也有其自身的缺陷：指纹图像的中心点区域由于纹线走向变化较为急剧，该处的方向一致性较低，容易被误分割为背景区域。另外，当指纹图像的前景区域也受到噪声影响后，此时计算出的方向一致性的值也偏低，容易产生误分割。使用方向一致性产生误分割的情形如图 2-23 所示。

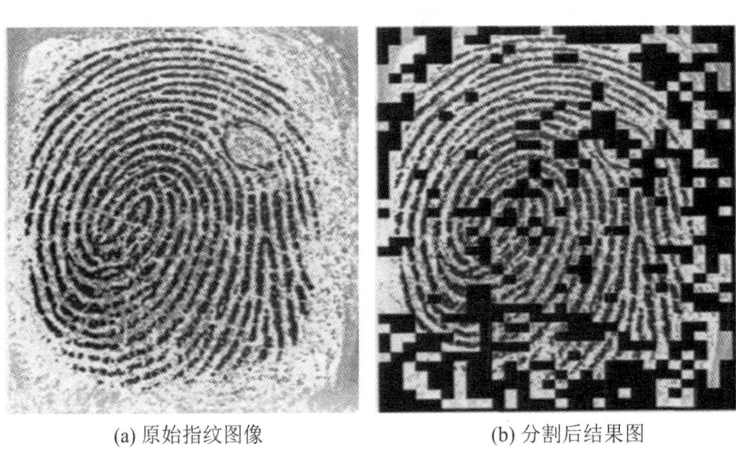

(a) 原始指纹图像　　(b) 分割后结果图

图 2-23　使用方向一致性产生误分割的情形

由于单独使用灰度均值、灰度方差或方向一致性进行指纹图像分割的局限性较大，因此更好的办法是将它们融合起来形成一个综合阈值。具体来说，可以使用最小均方(Least Mean Square，LMS)算法。该算法基于最小均方误差准则，在自适应滤波器中得到广泛应用，其在指纹图像分割中的作用是在多特征融合时通过训练样本数据产生各特征的权重。

在使用前述不同指纹图像特征或其融合特征进行指纹分割时，仍然会出现一定的错误，如将背景区域的像素错分为前景区域的像素或将前景区域的像素错分为背景区域的像素。因此，可以进一步使用聚类算法对错分结果进行修正。

4. *K*-均值算法

K-均值(*K*-Means)算法是常见的基础聚类算法之一。它是一种典型的基于距离的硬聚类算法，通常采用数据样本与簇中心间的差异度平方和 E 作为优化的目标函数，E 的计算公式为

$$E=\sum_{j=1}^{K}\sum_{x\in C_j}\|\boldsymbol{x}-\boldsymbol{m}_j\|^2 \tag{2-4}$$

式中，K 表示聚类的数目；$C_j(j=1, 2, \cdots, K)$ 表示聚类的第 j 个簇；$\boldsymbol{x}$ 表示簇 C_j 中的任意数据对象；$\boldsymbol{m}_j$ 表示簇 C_j 的均值。

E 值的大小取决于 K 个簇的中心，E 值越小，聚类的结果就越好。因此，我们应该设法找到使 E 值达到最小的聚类结果。

K-均值算法的流程如图 2－24 所示。

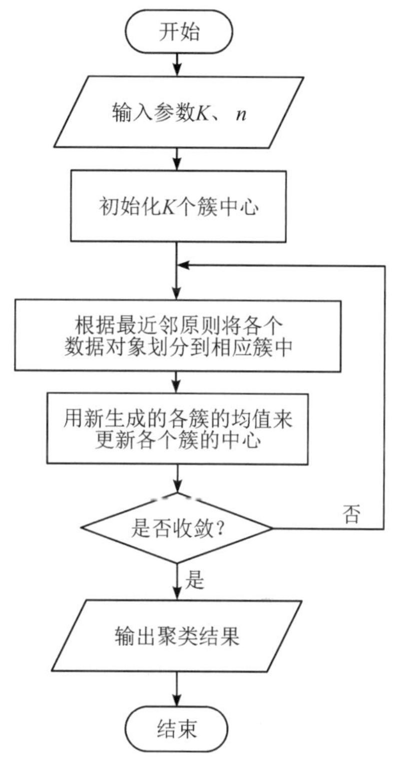

图 2－24　K-均值算法的流程图

(1) 从含有 n 个数据对象的数据集中随机选择 K 个数据对象作为初始簇的中心。

(2) 计算每个数据对象到各簇中心的距离，根据最近邻原则，所有数据对象将会被划分到离它最近的那个簇中心所对应的簇中。

(3) 分别计算新生成的各簇中数据对象的均值，并将这些均值分别作为各簇新的中心。比较新的中心和上一次迭代得到的中心，如果新的中心没有发生变化，则算法已收敛，输出聚类结果；如果新的中心和上一次迭代得到的中心相比发生变化，则根据新的中心对所有数据对象重新进行划分。此过程将持续进行，直到满足算法收敛的条件为止。

K-均值算法具有原理简单、计算开销小、速度快、适于处理大数据集等优点。但是 K-均值算法仍然存在一些不足和缺陷，如 K-均值算法对初始簇中心的选取非常敏感，有时依赖于具体应用场景和使用者经验. 此外，该算法易陷入局部最优解，通常难以发现球状簇以外的其他形状的簇。同时，聚类数目 K 的取值通常需要用户事先给定。以上困难在一定程度上限制了 K-均值算法的应用和发展。

2.4.2 指纹图像增强

指纹采集过程中由于指纹采集仪的设计局限、使用者操作不规范、其他外界环境影响等因素，通常不可避免地会引入大量噪声和干扰。这些噪声和干扰会对后续的指纹特征提取和指纹匹配造成困难，甚至导致指纹无法识别。因此，指纹图像分割之后，还需要对指纹的有效区域进行进一步的图像增强处理。指纹图像增强的目标是使纹线结构清晰化，尽量突出和保留固有特征信息的同时，避免伪特征和信息的引入。

指纹图像增强算法有很多，如基于滤波的指纹图像增强算法、基于知识的指纹图像增强算法、非线性扩散模型及其滤波算法等。本书介绍较为常见的基于 Gabor 滤波的指纹图像增强算法，该算法包含归一化、方向图计算、频率图计算、区域掩模生成、Gabor 滤波五个步骤。下面我们逐一讨论这五个步骤。

1. 归一化

归一化就是通过数学运算的方法让处理后的图像达到一个预设的均值和方差。指纹图像归一化处理的目的是降低脊线和谷线之间的灰度偏差，使后续操作具有统一的基准。

对于均值 M 和方差 V 给定的指纹图像 $I(i, j)$，若期望归一化后均值和方差分别为 M_0 和 V_0，则归一化操作为

$$\hat{I}(i, j)=\begin{cases} M_0+\sqrt{\dfrac{V_0[I(i, j)-M(I)]^2}{V}}, & I(i, j)>M \\ M_0-\sqrt{\dfrac{V_0[I(i, j)-M(I)]^2}{V}}, & \text{其他} \end{cases} \tag{2-5}$$

式中 $\hat{I}(i, j)$ 表示归一化后的灰度值。

图 2-25 显示了一个指纹图像归一化前后对比效果的实例。从该图可以看到，归一化之后图像的对比度明显增大。

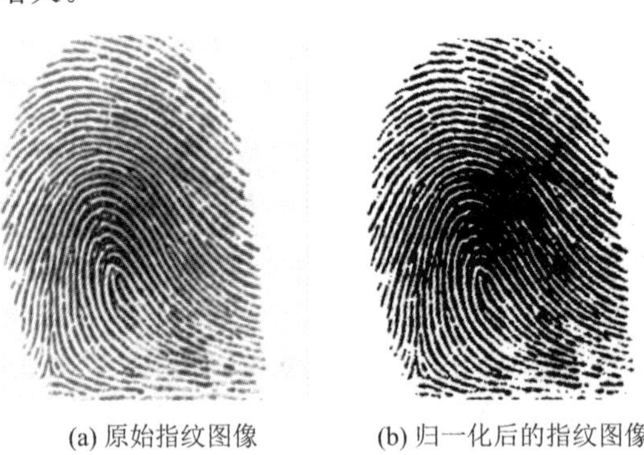

(a) 原始指纹图像　(b) 归一化后的指纹图像

图 2-25　指纹归一化效果对比

2. 方向图计算

由于 Gabor 滤波器具有方向选择性，因此对指纹图像进行 Gabor 滤波需要提供指纹图像的方向图。指纹图像中任意像素点的方向定义为其所在纹线在该点的切线方向。在实际处理中，往往要用到块方向图，因为块方向图比点方向图具有更强的抗噪性。而且，块方向图可以减少计算量，有利于模块化的处理。计算块方向图的主要步骤如下。

(1) 将归一化图像 $\hat{I}$ 划分为 $W \times W$(如 16×16)大小的块。

(2) 计算每一个像素点(i, j)的梯度 $G_x(i, j)$和 $G_y(i, j)$。梯度运算可以通过常见的梯度算子(如 Sobel 算子)实现。3×3 大小的 Sobel 算子为

$$\text{Sobel}_x = \begin{bmatrix} -1 & 0 & 1 \\ -2 & 0 & 2 \\ -1 & 0 & 1 \end{bmatrix}, \quad \text{Sobel}_y = \begin{bmatrix} -1 & -2 & 1 \\ 0 & 0 & 0 \\ 1 & 2 & 1 \end{bmatrix} \tag{2-6}$$

(3) 以像素点(i, j)为中心，用最小平方规则估算每一个块的方向场：

$$\theta(i, j) = \frac{1}{2}\arctan\frac{\gamma_y(i, j)}{\gamma_x(i, j)} \tag{2-7}$$

其中

$$\begin{cases} \gamma_x(i, j) = \sum\limits_{u=i-\frac{w}{2}}^{i+\frac{w}{2}} \sum\limits_{v=i-\frac{w}{2}}^{j+\frac{w}{2}} 2G_x(u, v)G_y(u, v) \\ \gamma_y(i, j) = \sum\limits_{u=i-\frac{w}{2}}^{i+\frac{w}{2}} \sum\limits_{v=i-\frac{w}{2}}^{j+\frac{w}{2}} [G_x^2(u, v) - G_y^2(u, v)] \end{cases}$$

(4) 因为输入图像中有噪声及被毁坏的脊线、谷线和细节点，所以需要进一步用低通滤波器来修正不正确的局部脊线方向。为了实现低通滤波，方向图需要转化为连续矢量场，其定义如下：

$$\begin{cases} \Phi_x(i, j) = \cos[2\theta(i, j)] \\ \Phi_y(i, j) = \sin[2\theta(i, j)] \end{cases} \tag{2-8}$$

式中，$\Phi_x(i, j)$和 $\Phi_y(i, j)$分别是矢量场的 x 轴和 y 轴分量。随后对该矢量场进行低通滤波：

$$\begin{cases} \hat{\Phi}_x(i, j) = H_{\text{LP}}(i, j) * \Phi_x(i, j) \\ \hat{\Phi}_y(i, j) = H_{\text{LP}}(i, j) * \Phi_y(i, j) \end{cases} \tag{2-9}$$

式中，$H_{\text{LP}}(i, j)$为二维低通滤波器，其核大小的典型值为 5×5。

(5) 最终的局部脊线方向 $O(i, j)$可由以下公式求得：

$$O(i, j) = \frac{1}{2}\arctan\frac{\hat{\Phi}_y(i, j)}{\hat{\Phi}_x(i, j)} \tag{2-10}$$

用上述算法可以获得一个较为平滑的方向场。一个实际的指纹方向图结果如图 2-26 所示。从图 2-26(b)中我们可以看到，方向图描述了脊线的大致走向。

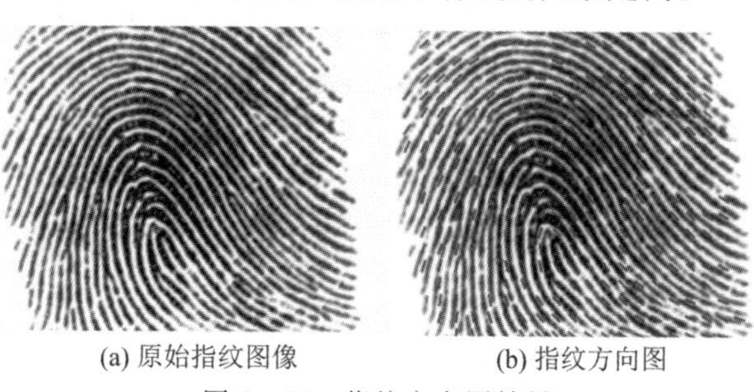

(a) 原始指纹图像 (b) 指纹方向图

图 2-26 指纹方向图结果

3. 频率图计算

除了方向选择性，Gabor 滤波器还具有频率选择性，因此可利用 Gabor 滤波器计算对应指纹图像的脊线频率。通常，脊线频率的计算有两种方法——谱分析法和统计窗法。谱分析法是利用指纹图像在频域上的特征进行估计，该方法的估计精度不是很高，但对噪声不敏感；统计窗法是在一定方向上统计指纹图像的灰度值，并根据统计得到的峰值与谷值进行脊线距离估计，该方法的精度较谱分析法的高，但对噪声敏感。因此，谱分析法适合背景噪声大且图像模糊的低质量图像，统计窗法适合背景噪声小且图像清晰的高质量图像。

本节介绍使一种经典的统计窗法来估计指纹图像中某个图像块的频率。假设已知归一化图像 $\hat{I}$ 和其方向图 O，则统计窗法的步骤如下。

(1) 以方向图像中每个图像块的中心为原点，建立脊线坐标系，即 x 轴垂直于脊线方向，y 轴平行于脊线方向。在此坐标系内选取方向窗(其长、宽分别为 l、w)，该方向窗长度方向与 x 轴平行，宽度方向与 x 轴垂直，如图 2-27(a)所示。

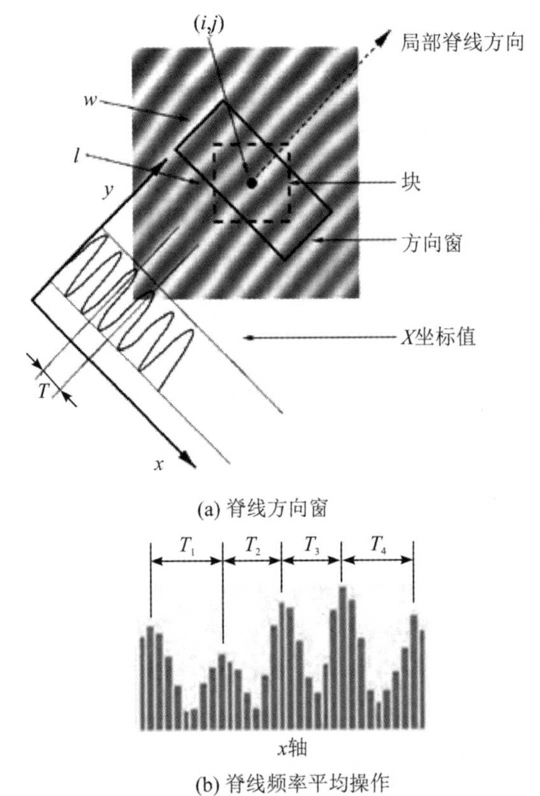

(a) 脊线方向窗

(b) 脊线频率平均操作

图 2-27 计算脊线频率的统计窗法

(2) 对该图像块计算 X 坐标值(X-Signature)，计算公式如下：

$$X[k]=\frac{1}{w}\sum_{d=0}^{w-1}\hat{I}(u,v),\quad k=0,1,\cdots,l-1 \tag{2-11}$$

式中，(u, v)为图像的原始坐标值；$X[k]$表示方向窗中横坐标 k 处沿着竖直方向的所有像素点的平均灰度值；d 和 l 分别为方向窗中某像素点相对于中心点的竖直和水平偏移量；u 和 v 分别表示图 2-27(a)中方向窗坐标系的横坐标值与纵坐标值，且

$$\begin{cases} u = i + \left(d - \dfrac{w}{2}\right)\cos O(i, j) + \left(k - \dfrac{l}{2}\right)\sin O(i, j) \\ v = j + \left(d - \dfrac{w}{2}\right)\sin O(i, j) + \left(\dfrac{l}{2} - k\right)\cos O(i, j) \end{cases} \tag{2-12}$$

$X[k]$表现为一个离散的正弦波(如图2-27(b)所示)，若$T(i, j)$为此正弦波两个相邻波峰之间的像素点数，则该方向窗口的脊线频率$f(i, j)=1/T(i, j)$。实际中不同相邻波峰间的像素点数并不相同，为了得到局部稳定的脊线频率，通常对多个相邻波峰进行平均操作，即$\bar{f}=\dfrac{N}{T_1+T_2+\cdots+T_N}$，其中$N$通常取经验值4。

需要特别说明的是，脊线频率的变动范围受限于指纹图像采集仪的扫描分辨率，超出范围的频率值可以置为某预设常数。另外，以上频率计算推导适用于指纹缓慢变化区域，对于包含细节点和奇异点的图像块，可先利用相邻图像块进行差值运算，再使用低通滤波器进行平滑操作。

4. 区域掩模生成

上述方向图和频率图都已求得后，下一步就是对指纹图像进行滤波。但是如果某些指纹图像的质量太低，那么滤波的效果并不会太好。因此，对低质量的指纹图像进行滤波就是多余的。我们应当摒弃低质量的指纹图像，并要求用户重新录入，以获得质量更好的指纹图像。区域掩模(Region Mask)法就是一种判断指纹图像质量好坏的方法，利用该方法可以判断输入图像中的每个像素点是属于可恢复区域还是属于不可恢复区域。当图像中不可恢复区域过大时，我们就该舍弃该指纹图像。

区域掩模法的具体流程如下。

(1) 用三个特征来表征脊线灰度对应的正弦曲线波形，即振幅α、频率β和方差γ。假设$X[1]$，$X[2]$，…，$X[N]$是以像素点(i, j)为中心的图像块的横坐标值，则上述三个特征可以用以下步骤来计算。

① $\alpha=\bar{X}_{max}-\bar{X}_{min}$，即波峰的平均高度减去波谷的平均深度；

② $\beta=\dfrac{1}{T(i, j)}$，β为脊线频率，其中$T(i, j)$是两个相邻波峰之间的像素点个数；

③ $\gamma=\dfrac{1}{N}\sum\limits_{i=1}^{N}\left(X[i]-\dfrac{1}{N}\sum\limits_{i=1}^{N}X[i]\right)^2$，$\gamma$为图像块的方差。

对于每个像素点，上述三个特征构成一个三维向量，然后使用方差聚类算法将这些三维向量划分为六类，前四类划分至可恢复区域，后两类划分至不可恢复区域。

(2) 将指纹图像分割为不重合的、大小为$W\times W$的图像块。如果像素点(i, j)被划分至可恢复区域，则以(i, j)为中心的图像块为可恢复区域，且该块的掩模值$R(i, j)=1$；否则，以(i, j)为中心的图像块为不可恢复区域，其掩模值$R(i, j)=0$。

得到掩模值R后，再计算可恢复区域(掩模值等于1)占整幅图像的比例。如果可恢复区域所占的比例小于预设的阈值，那么该指纹图像就会被拒绝。只有被接受的图像才能进入下一步的滤波处理中。

5. Gabor 滤波

脊线频率和方向计算完成之后，指纹图像增强的最后一步就是对指纹图像进行滤波。

本书介绍的 Gabor 滤波器是由匈牙利物理学家兼工程师 Dennis Gabor 提出的。将单一参数的滤波器应用于整个非均匀的指纹图像是不切合实际的，因此，为了加强脊线结构的显现，滤波器的参数应具有自适应性。现有的大多数滤波器是基于局部脊线频率和方向的纹理滤波器。

Gabor 滤波器刚好具有频率选择性和方向选择性，因此我们可以调节Gabor 滤波器的方向系数和频率系数，使其在平行于指纹脊线方向上进行带通滤波。由 Gabor 滤波器的数学模型(见图 2-28(a))可以看出，此种滤波器在 x 方向上为带通，在 y 方向上为低通。在对指纹图像进行滤波时，只需对滤波器进行旋转，使其与指纹脊线方向一致，就可以最大程度地增强对指纹脊线方向的信息，而垂直于指纹脊线方向的信息则相对减弱。不同方向和频率的 Garbo 滤波器的俯视图如图 2-28(b)所示。

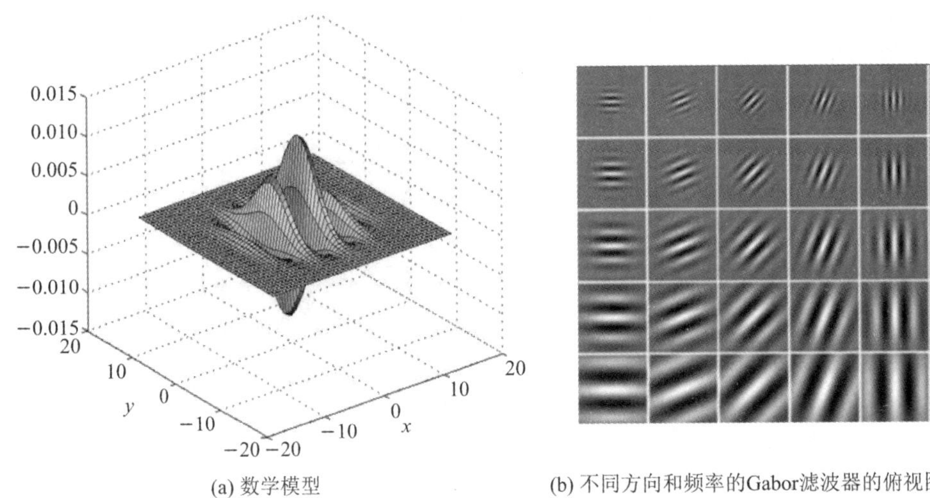

(a) 数学模型 (b) 不同方向和频率的Gabor滤波器的俯视图

图 2-28 Gabor 滤波器

Gabor 滤波器的表达式为

$$h(x, y; \phi, f)=\exp\left[-\frac{1}{2}\left(\frac{x_{\phi}^{2}}{\delta_{x}^{2}}+\frac{y_{\phi}^{2}}{\delta_{y}^{2}}\right)\right]\cos(2\pi f x_{\phi}) \tag{2-13}$$

$$\begin{bmatrix} x_{\phi} \\ y_{\phi} \end{bmatrix}=\begin{bmatrix} \cos\phi & \sin\phi \\ -\sin\phi & \cos\phi \end{bmatrix}\begin{bmatrix} x \\ y \end{bmatrix}$$

式中，ϕ 是滤波器的方向，也即脊线的方向；f 是滤波器的频率，也即脊线频率；δ_x、δ_y 是高斯包络沿 x 轴和 y 轴的标准差，可以取经验值 4。

将脊线的方向 O 和频率值 F 分别代入式(2-13)的 ϕ 和 f，再将此滤波器与相应块内的指纹图像进行卷积，便可得到增强后的图像 $E(x, y)$为

$$E(x, y)=\hat{I}(x, y) * h(x, y; O, F) \tag{2-14}$$

经过滤波后，我们得到的最终增强后的指纹图像如图 2-29(b)所示。与原始指纹图像(见图 2-29(a))进行比较，我们可以看到，增强后的指纹图像的脊线结构更加清晰且连续，但又不丢失重要的特征信息。

(a) 原始指纹图像

(b) 增强后的指纹图像

图 2-29　增强效果对比

2.4.3　指纹图像二值化

指纹图像增强后还需要对其进行图像二值化操作。二值化是将灰度图像转换为只有两个取值(例如 0/1，0/255)的过程。二值化操作的意义在于方便后续的指纹特征提取和匹配操作。在二值化过程中，脊线和谷线分别转换为黑、白像素，实现了对图像信息的压缩，节省存储空间。同时，二值化可以去除指纹图像中的错误连接，使指纹特征信息更为清晰。这样，便可为指纹特征的提取和匹配做好准备。

指纹图像二值化需要在压缩信息的同时，尽可能保留指纹图像中最重要的信息。本节利用基于最大熵规则的自适应阈值算法来实现二值化，该算法的步骤如下。

(1) 将指纹图像分为大小为 $w \times w$ 的若干图像块。

(2) 计算各个图像块中灰阶 i 的概率：

$$p_i = \frac{N_i}{w \times w},\ i = 1,\ 2,\ \cdots,\ n \tag{2-15}$$

式中，p_i 为灰阶 i 在图像块中所占的概率，n 为总灰阶数，N_i 为灰阶 i 在图像块中出现的总次数。

(3) 假设某灰阶 t 可以把图像块分为脊线和谷线，则与灰阶 t 对应的信息熵 H_t 为

$$H_t = \mathrm{HB}_t + \mathrm{HF}_t \tag{2-16}$$

式中，HB_t 为背景区域的信息熵，HF_t 为脊线区域(即前景区域)的信息熵。

由信息论可知，背景区域的信息熵和脊线区域的信息熵可按下式计算：

$$\begin{cases} \mathrm{HF}_t = \sum\limits_{i=1}^{n} \dfrac{p_i}{p_t} \log\left(\dfrac{p_i}{p_t}\right) \\ \mathrm{HB}_t = \sum\limits_{i=1}^{n} \dfrac{p_i}{1-p_t} \log\left(\dfrac{p_i}{1-p_t}\right) \end{cases} \tag{2-17}$$

式中，p_t 为背线区域对应的灰度阶的概率之和，$p_t = \sum\limits_{i=1}^{t} p_i$。

(4) 对每个图像块寻求最大熵 H_t 对应的灰阶 T，即 $T = \mathrm{argmax}(H_t)$。灰阶 T 即为指纹图像二值化的阈值，利用该阈值按下式进行二值化处理：

$$I_b(x, y)=\begin{cases}1, & E(x, y)\geq T\\0, & E(x, y)<T\end{cases} \tag{2-18}$$

式中，$E(x, y)$为 Gabor 增强后的图像，$I_b(x, y)$为二值化后的图像。

通过以上操作，我们即可得到二值化后的指纹图像，如图 2－30(b)所示。从图中我们看到，二值化后指纹图像的纹理更加清晰，脊线与谷线的对比更明显，更利于后续特征提取。

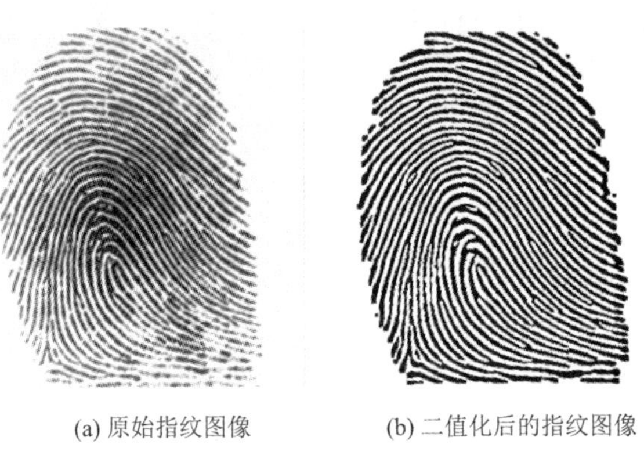

(a) 原始指纹图像　　(b) 二值化后的指纹图像

图 2－30　二值化效果对比

2.5　指纹特征提取

在前述指图像纹分割、增强、二值化等预处理结束后，接下来才真正进入指纹识别的核心阶段。指纹识别作为模式识别的特定问题，在进行特征匹配之前，需要进行特征提取工作。所谓指纹特征提取，就是从一幅含有大量信息的指纹图像中获得一些有区别能力的、稳定的并且能表现出不同指纹差异的特征点。由前述章节的内容可知，一般用于指纹识别的是二级特征(即细节点)。在细节点特征中，最常使用的是终结点和分叉点。下面我们介绍指纹细节点的提取算法。

2.5.1　八邻域法

八邻域法源于对终结点和分叉点的八邻域内像素灰度值关系的观察。因此，在给出该算法之前，我们首先进行观察实验。先对指纹二值化图像进行细化操作(可由图像的腐蚀、膨胀、开操作和闭操作实现)，得到如图 2－31(a)所示的指纹细化过程图。

接下来考虑细化图中终结点、分叉点、脊线连续点三种类型点(如图2－31(b)所示)所对应的八邻域内的像素值变化规律。以待测点 P 为中心建立 3×3 的八邻域模板(如图 2－32 所示)，若点 P 周围出现黑点，则置 1，否则置 0。

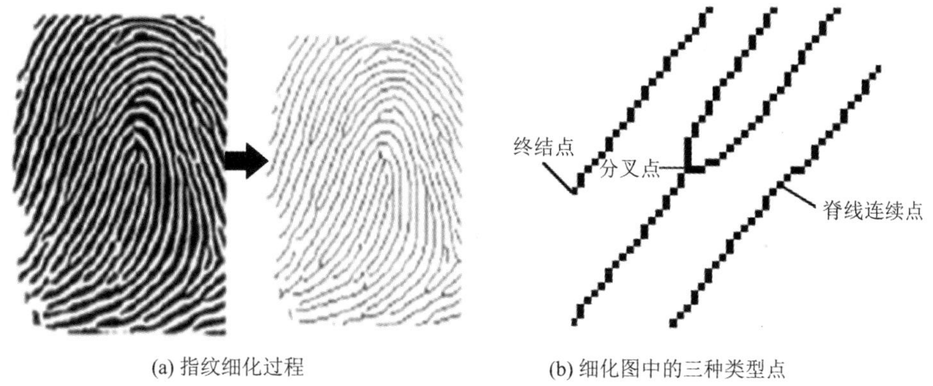

(a) 指纹细化过程　　(b) 细化图中的三种类型点

图 2-31　指纹细化图

(a) 模板

0/1	0/1	0/1
0/1	P	0/1
0/1	0/1	0/1

(b) 终结点

0	0	1
0	P	0
0	0	0

(c) 分叉点

0	1	0
0	P	1
1	0	0

(d) 脊线连续点

0	0	1
0	P	0
1	0	0

图 2-32　八邻域模板

很容易观察出规律：终结点周围的 8 个像素中只有一个值为 1，其余的均为 0；分叉点周围的 8 个像素中有三个值为 1；脊线连续点周围的 8 个像素值中有两个值为 1。继续考虑 0～1 之间的跳跃(即从 0 到 1 或从 1 到 0)次数，可知终结点的跳跃次数为 2，分叉点的跳跃次数为 6，而脊线连续点的跳跃次数为 4。因此可以根据跳跃次数的规律来判断特征点的存在及其类型。需要注意，该规律虽然基于以上述特例通过观察得到，但是它们对于任意指纹图像、任意方向、不同位置处的细节点均成立。

根据上述规律，在细化后的指纹图像中建立模板并求得交叉数(Crossing Number，CN)，就可以此来判断细节点。CN 可由下式给出：

$$\mathrm{CN}=\sum_{i=0}^{7}\left|P_i-P_{i+1}\right| \tag{2-19}$$

式中，P_i 表示待测点 P 周围的 8 个像素灰度值($P_i=0$ 或 $P_i=1$)。

如果 CN＝2，则可判断待测点为终结点；若 CN＝6，则可判断待测点为分叉点；若 CN＝4，则可判断待测点为脊线连续点。依照公式(2-19)对整幅指纹图像进行扫描并逐一判断，便可提取所有细节点。

表 2-1 给出了八邻域内像素变化规律总结。需要说明的是，虽然八邻域法简单，但该方法以指纹细化图像为前提，而指纹图像的细化算法耗时较长，且存在断点现象，这些断点易引入错误细节点，从而导致特征提取的误判。另一类指纹细节点提取算法(如链码(Chain Code)法)是直接在二值化指纹图像上进行的，并不需要预先进行细化操作，可以大大节省处理时间，且特征提取准确、可靠。因此，我们继续学习利用链码提取指纹特征的方法。

表 2-1 八邻域内像素变化规律总结

点类型	"1"像素个数	交叉数(CN)
脊线连续点	2	4
分叉点	3	6
终结点	1	2

2.5.2 链码法

链码(又称为 Freeman 码)法是一种描述图像中物体边界的方法。链码法的基本原理是按照预先定义的方向码值(如图 2-33(a)),将物体边界上点的坐标和方向信息等都连续地记录并保存下来。通过码值来记录物体的轮廓,可以实现对图像的无损压缩,因此链码法也常用于信息压缩领域。

可以通过以下三个步骤对 2.5.1 节中得到的二值化指纹图像提取细节点:

(1) 自上而下、从左到右扫描一幅指纹图像,获得指纹图像中脊线的轮廓。

(2) 逆时针追踪脊线的轮廓,并把脊线上的元素信息记录在一个数组里。

(3) 根据记录的信息来计算并获取指纹图像的细节点。

每一个轮廓元素对应轮廓上每一个像素点的信息,这些信息包括该像素点的坐标 (x, y)、轮廓上像素点的方向以及附加信息,如曲率等,如图 2-33(b)所示。

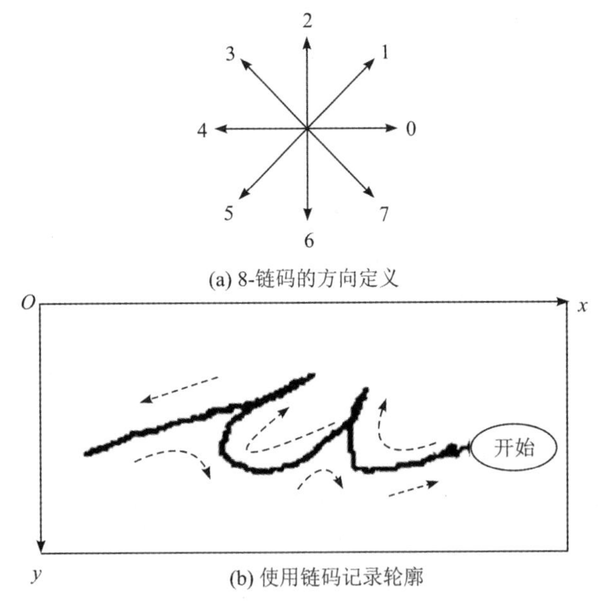

(a) 8-链码的方向定义

(b) 使用链码记录轮廓

图 2-33 链码法的原理示意图

在二值化指纹图像中,沿着脊线的边界逆时针方向追踪脊线轮廓时,很容易观察到如下规律:当遇到终结点时脊线会发生明显的左转,当遇到分叉点时脊线会发生明显的右转,如图 2-34 所示。

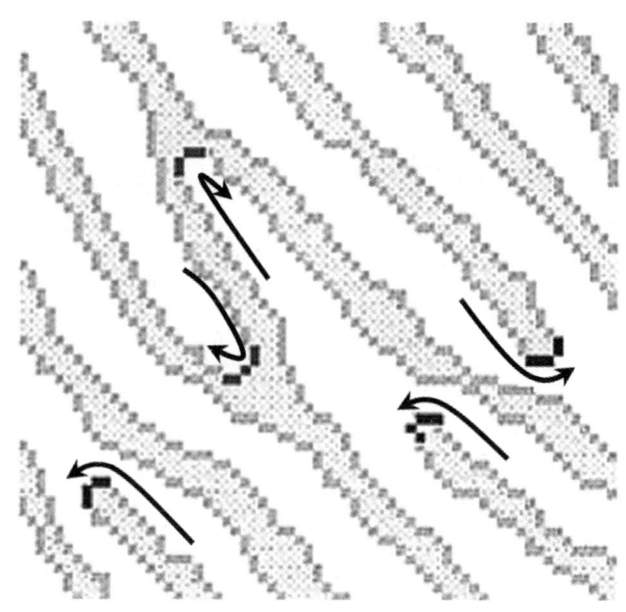

图 2-34　沿脊线的边界追踪脊线轮廓时在细节点处发生偏转的示意图

为定量描述上述过程，我们定义 $\boldsymbol{p}_{in}$ 为点 P 的入射向量，$\boldsymbol{p}_{out}$ 为该点的出射向量。通过轮廓上靠近点 P 的其他点可以计算出 $\boldsymbol{p}_{in}$ 和 $\boldsymbol{p}_{out}$。为避免局部噪声对计算结果的影响，可以通过计算多个点的平均值来获得两个向量更准确的估计值。

脊线轮廓上点 P 处的方向偏转角 θ，即向量 $\boldsymbol{p}_{in}$ 和 $\boldsymbol{p}_{out}$ 之间的夹角，可表示为

$$\theta = \arccos \frac{\boldsymbol{p}_{in} \cdot \boldsymbol{p}_{out}}{\| \boldsymbol{p}_{in} \| \, \| \boldsymbol{p}_{out} \|} \tag{2-20}$$

式中，$\boldsymbol{p}_{in} \cdot \boldsymbol{p}_{out}$ 表示两个向量的点积，$\| \boldsymbol{p}_{in} \| \, \| \boldsymbol{p}_{out} \|$ 表示两个向量模的乘积。

如果对两个向量进行归一化，且将向量写成坐标形式 $\boldsymbol{p}_{in}=(x_1, y_1)$，$\boldsymbol{p}_{out}=(x_2, y_2)$，那么 θ 的计算可以进一步简化为

$$\theta = \arccos(x_1 x_2 + y_1 y_2) \tag{2-21}$$

对于细节点(无论终结点还是分叉点)来说，若偏转角较大，则偏转角的余弦值 $x_1x_2+y_1y_2$ 相对较小。可以通过该余弦值比预设阈值 T 小来判断存在细节点，即

$$x_1 x_2 + y_1 y_2 < T \tag{2-22}$$

反之则不存在细节点。

因为偏转角 θ 总是在 $-90°$ 到 $90°$ 之间，所以可以进一步通过偏转角的正弦值 $\sin\theta$ 来判断具体偏转方向。由于

$$\sin\theta = x_1 y_2 - x_2 y_1 \tag{2-23}$$

因此，$x_1y_2-x_2y_1>0$ 表示左转，$x_1y_2-x_2y_1<0$ 表示右转，$x_1y_2-x_2y_1=0$ 表示没有偏转。

综上所述，当 $x_1x_2+y_1y_2$ 大于预设的阈值 T 时，可判断点 P 是脊线连续点；当 $x_1x_2+y_1y_2$ 小于预设阈值 T 时，可判断存在细节点。在存在细节点时，如果进一步判断 $x_1y_2-x_2y_1$ 为正，则该细节点为终结点；若 $x_1y_2-x_2y_1$ 为负，则该细节点为分叉点。

图 2-35(a)和图 2-35(b)分别为原始指纹图像和实际应用链码法提取到的细节点图。

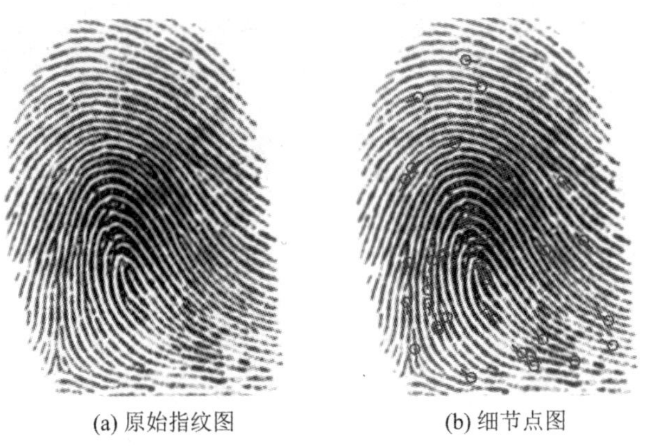

(a) 原始指纹图　　(b) 细节点图

图 2-35　原始指纹图像和应用链码法得到的细节点图

2.6　指纹匹配

指纹特征提取结束后便可进行指纹匹配工作。指纹匹配是通过比较两幅指纹图像的特征相似度来判断二者是否来自同一手指的过程。如果该相似度(即匹配分数)大于某预设阈值，则判定这两个指纹匹配；如果该相似度小于预设阈值，则判定为不匹配。指纹匹配是自动指纹识别中最关键的步骤，指纹匹配算法的好坏直接影响自动指纹识别的结果。

现实中的指纹匹配可能较为复杂。由于指纹采集时会出现位置偏移、指纹图像存在非线性形变和残缺等情况，因此导致对同一个手指采集到的两个指纹图像可能包含不同的特征信息，从而使指纹匹配变为一个模糊匹配。指纹匹配的方法有很多，如细节点匹配法、图论匹配法、基于神经网络的匹配法、基于纹理特征的匹配法等。本节介绍基于方向场描述子(Tico 描述子)的指纹匹配法，其他代表性方法(如 FingerCode 和 MCC(Minutia Cylinder-Code))等留待感兴趣的读者查阅相关资料进行学习。

2.6.1　Tico 描述子构造

Tico 描述子是 M. Tico 等人在 2003 年提出来的，他们将细节点与方向场结合，构造了基于方向场的细节点描述子。由于 Tico 描述子需要用到指纹细节点和方向场信息，因此，在构造描述子之前，首先要区分细节点的方向和指纹的方向场：细节点方向的范围为$[0, 2\pi)$，而指纹方向场的范围为$[0, \pi)$。

若以$\lambda(\alpha, \beta)$来标记方向角α相对于方向角β的角度(即从β所在直线沿逆时针旋转到与α所在直线平行的最小角度)，则两个方向角间的距离可以定义为

$$\Lambda(\alpha, \beta)=\frac{2}{\pi}\min\{\lambda(\alpha, \beta), \lambda(\beta, \alpha)\} \tag{2-24}$$

式中，$\lambda(\beta, \alpha)$为方向角β相对于方向角α的角度。

显然，由于两个λ角为互补角，其最小值必然介于$\left[0, \frac{\pi}{2}\right]$，因此$\Lambda$的取值范围限定在0和1之间。且当$\Lambda$取0时，表示$\alpha$与$\beta$对应的两个方向平行；当$\Lambda$取1时，表示这两个方向垂直。

Tico描述子的构造过程如下。

（1）以任意被考察的细节点m为圆心、以r_l为半径作L个同心圆（$1 \leqslant l \leqslant L$）。

（2）以细节点方向所在直线与最内层圆的交点为起始点，沿逆时针由内而外进行采样。在每个圆上均匀采样K_l个采样点$P_{k,l}$，$1 \leqslant k \leqslant K_l$。

（3）令θ表示细节点的方向角，$\theta_{k,l}$表示采样点$P_{k,l}$的方向角。通过细节点和采样点之间的方向关系构建Tico描述子f：

$$f = \left\{ \left\{ \lambda(\theta_{k,l}, \theta) \right\}_{k=1}^{K_l} \right\}_{l=1}^{L} \tag{2-25}$$

从上述构造过程很容易看出，Tico描述子具有平移与旋转不变性。所以即使指纹的方向与位置均发生改变，也可以由Tico描述子计算出具有很高相似度的细节点，从而进行指纹匹配与相似度计算。此外，Tico描述子还具有描述子之间相互独立的重要特性，这就在一定程度上解决了因部分指纹区域发生形变而无法匹配的问题。

Tico描述子的拓扑结构如图2-36所示。

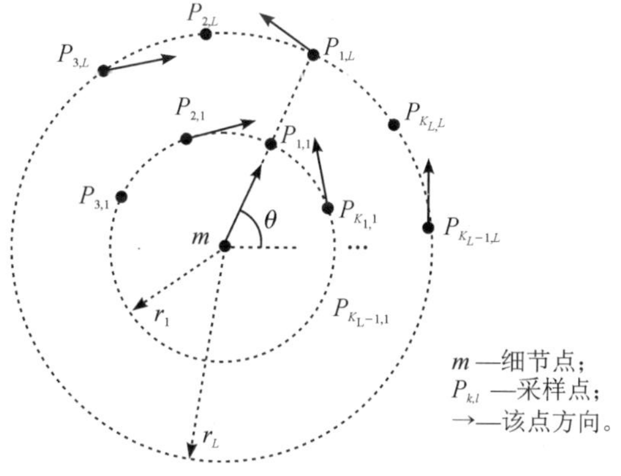

图2-36　Tico描述子的拓扑结构

2.6.2　相似度计算

构建完Tico描述子后，我们继续计算两个不同Tico描述子之间的相似度。假设两个细节点a、b对应的Tico描述子分别为$f_a = \{\alpha_{k,l}\}$与$f_b = \{\beta_{k,l}\}$，则两个描述子间的相似度S可以定义为

$$S(a, b) = \frac{1}{K} \sum_{l=1}^{L} \sum_{k=1}^{K_l} s(x_{k,l}) \tag{2-26}$$

式中，$K = \sum_{l=1}^{L} K_l$；$s(x)$表示角度距离为x的两个角度的相似度，$s(0)=1$时表示两个角度之间的相似度最大，且

$$s(x) = \mathrm{e}^{-16x}$$

$$x_{k,l} = \Lambda(\alpha_{k,l}, \beta_{k,l})$$

给定 Tico 描述子间的相似度定义后，我们可以用相似度来确定两个细节点间的对应关系。一般来说，如果细节点 a_i 与 b_j 间的相似度较高，则可认为这两个细节点是对应的。但在实际应用中可能出现如图 2-37 所示的情况，这是因为指纹方向场的局部一致性使与 a_i 与 b_j 邻近的细节点也可能有较高的相似度，这就可能导致错误的细节点匹配。

图 2-37 相邻两个细节点(图中圆圈内)的 Tico 描述子间的相似度很高的实例

为了解决这个问题，需要确保在判定两个细节点是否相似时满足两个条件：① a_i 与 b_j 间的相似度高；② a_i 与除 b_j 外的其他细节点间的相似度均低。这两个条件可由下式定量描述：

$$P(a_i, b_j) = \frac{S(a_i, b_j)^2}{\sum_{i'=1}^{N} S(a_{i'}, b_j) + \sum_{j'=1}^{M} S(a_i, b_{j'}) - S(a_i, b_j)} \tag{2-27}$$

式中，$a_{i'} \in \mathcal{A} \backslash \{a_i\}$ 和 $b_{j'} \in \mathcal{B} \backslash \{b_j\}$ 分别为 a_i 和 b_j 所在细节点集合除其自身外的其他细节点。容易看出，当且仅当 a_i 与 b_j 间具有较高相似度时，式(2-27)取得最大值。

2.6.3 匹配分数计算

由于采集过程中的平移与旋转导致每次获取的指纹图像不同，因此在正式计算匹配分数之前，需要对指纹图像进行配准。通常选择具有高区分度的细节点作为对准参考点，先计算出相对的平移旋转参数：

$$\begin{bmatrix} \Delta x \\ \Delta y \\ \Delta\theta \end{bmatrix} = \begin{bmatrix} x^{\mathrm{d}} \\ y^{\mathrm{d}} \\ \theta^{\mathrm{d}} \end{bmatrix} - \begin{bmatrix} x^{\mathrm{D}} \\ y^{\mathrm{D}} \\ \theta^{\mathrm{D}} \end{bmatrix} \tag{2-28}$$

式中，Δx、Δy、$\Delta\theta$ 分别为 x 方向平移参数、y 方向平移参数、旋转参数，上标 D 表示对准参考点，上标 d 则表示对准待配准点。

获得旋转参数和平移参数后，就可以通过对指纹图像中任意细节点(x_i, y_i, θ_i)进行坐标和角度变换来实现配准，配准后的坐标与角度(x_i^A, y_i^A, θ_i^A) 可由下列公式求得：

$$\begin{bmatrix} x_i^A \\ y_i^A \\ \theta_i^A \end{bmatrix} = \begin{bmatrix} \Delta x \\ \Delta y \\ \Delta\theta \end{bmatrix} + \begin{bmatrix} \cos\Delta\theta & \sin\Delta\theta & 0 \\ \sin\Delta\theta & -\cos\Delta\theta & 0 \\ 0 & 0 & 1 \end{bmatrix} \begin{bmatrix} x_i - x^d \\ y_i - y^d \\ \theta_i - \theta^d \end{bmatrix} \tag{2-29}$$

式中上标 A 表示细节点配准后。

配准完成后，我们需要确定细节点之间的对应关系，即进行细节点匹配，并统计两幅指纹图像中可以匹配的细节点对的数量。在寻找匹配的细节点对时，可以利用贪心算法和边界框法来保证匹配成功率。

可以通过正反交叉匹配的方式来提高匹配准确度和稳定性，即将两幅指纹图像中的图像 A 作为参考图像，将图像 B 作为待配准图像进行第一次匹配；再将图像 B 作为参考图像，而将图像 A 作为待配准图像进行第二次匹配。分别计算对应正反方向能配对成功的细节点个数，则总的匹配分数(MS_{total})可由下式计算得出：

$$\text{MS}_{\text{total}} = \frac{1}{A_B B_A}\Big[\sum_{(i,\,j)\in C} S(a_i,\, b_j)\Big]^2 \tag{2-30}$$

式中，A_B、B_A 分别为图像 A 和 B 的公共区域 C 内可匹配细节点的个数，(a_i, b_j)表示一对匹配的细节点。

图 2-38 展示了用 Tico 描述子对指纹图像进行匹配的实例。图中圆圈指示细节点的位置，细短线代表细节点的方向。从图中可以看出，该实例中绝大部分细节点对都得到了正确的配对，总体准确性良好。值得一提的是，Tico 描述子比其他常规基于细节点位置和方向信息的算子具有更强的鲁棒性。尤其是在处理形变较大或者来自不同采集仪的指纹图像时，Tico 描述子更具优势。

图 2-38　用 Tico 描述子对指纹图像进行匹配的实例

本章小结

本章介绍了指纹识别的完整流程，包括指纹图像采集、指纹图像预处理、指纹特征提取和指纹匹配。其中指纹图像预处理又分为指纹图像分割、指纹图像增强、指纹图像二值化等步骤。我们着重介绍了基于统计特征和方向一致性的指纹图像分割算法、基于Gabor滤波的指纹图像增强算法、基于链码的细节点提取算法，以及使用方向场描述子(Tico描述子)进行指纹匹配的算法。

思考题

1. 指纹学从诞生到成熟有哪些代表性学者做出贡献？

2. 指纹图像采集方式有哪些？电子指纹采集仪包括哪些种类？各有何优缺点？

3. 你认为自动指纹识别系统会在司法程序中完全取代半自动或手动指纹识别系统吗？请说明原因。

4. 指纹图像的三级特征分别是什么？各具有什么作用？

5. 指纹图像分割可以使用哪些有用特征？K-均值算法有什么优缺点？

6. 简述指纹图像增强的过程，可结合流程图描述。

7. 指纹图像二值化过程中使用熵最大化规则的依据是什么？

8. 常用的指纹特征提取方法有哪些？它们分别有什么优缺点？

9. 使用链码法提取指纹图像的细节点时，如何区分终结点和分叉点。

10. Tico描述子的特点是什么？为什么Tico描述子更适合不同指纹采集仪所采集的指纹图像？

第3章　人脸识别

近年来，随着人工智能和模式识别技术的迅速发展，人脸识别技术取得了长足的进步。人脸识别技术的成熟不仅带来了众多成功的商业应用，还为人们的日常生活提供了诸多便利，开始深刻影响人类社会和经济发展的进程。

人脸识别(Face Recognition)是利用人的脸部视觉特征信息进行身份鉴别的计算机技术，也称为面部识别或人像识别。人脸识别比其他模态(如指纹识别和虹膜识别)有着一些显著优势，如非接触性和隐蔽性，因此除了出入管理场合，其也可以广泛用于监控场合。人脸识别还具有并发性，即可以同时进行多个人脸的识别。人脸识别主要包括人脸图像采集、人脸图像预处理和人脸检测、人脸图像特征提取、人脸匹配与识别等环节。

本章将从人脸识别的起源与发展历程、人脸识别技术的挑战与未来趋势、人脸图像预处理、人脸检测与人脸对齐、人脸识别方法等几个方面进行阐述，为人脸识别技术的学习打下基础。

3.1　人脸识别的起源与发展历程

人脸识别的概念起源较早，创立了优生学的英国学者高尔顿(Francis Galton)早在1888年就在*Nature*杂志上发表了关于利用人脸进行身份识别的文章，对人类自身的人脸识别能力进行了分析，但当时的研究未涉及自动人脸识别问题。直到20世纪中期以前，用机器自动地进行人脸识别的技术仍然只是作为幻想出现在科幻小说和好莱坞电影中。

20世纪60年代至70年代，随着计算机技术的发展以及人工智能学科的诞生，开始有学者尝试研究自动人脸识别技术，代表学者有Woody Bledsoe、Helen Chan Wolf和Charles Bisson等。在1964年和1965年，Bledsoe等人首先使用计算机研究如何实现自动化的人脸识别。由于赞助方为一个未知的情报机构，因此他们大部分的研究成果未公开发表。后来他们透露，他们首先手动标记人脸的关键点，例如眼睛、鼻子和嘴角等；然后使用计算机对这些关键点进行仿真变换，以补偿姿势偏移；最后使用计算机自动计算关键点之间的几何关系(如距离、相对位置等)，并通过比较这些几何关系来确定身份。最早的人脸识别技术受到当时计算机技术及硬件设备的限制，但也表明了人脸识别是一种可行的生物特征识别技术。

20 世纪 70 年代，其他学者(如 Kanade 和 Goldstein 等)拓展了 Bledsoe 等人的工作。Kanade 实现了自动化的人脸关键点检测，进一步提高了人脸识别的自动化程度。Goldstein 增加了人脸表征的特征信息(如头发颜色、嘴唇厚度等)，以提升识别的准确率。但是这些特征信息仍需要人工进行标记，此过程会消耗大量劳动力且效率低下。

直到 20 世纪 80 年代末，真正实用且可行的人脸识别软件才开始逐渐出现。Sirovich 和 Kirby 开始将线性代数应用于人脸识别技术。他们提出的“特征脸”(Eigenface)系统表明，对一组面部图像进行特征分析可以提取一组基本特征。他们还能够证明，准确地编码标准化的面部图像只需要不到一百个特征值即可。1991 年，Turk 和 Pentland 在 Sirovich 和 Kirb 的研究基础上进一步拓展，发现了在图像中检测人脸的方法，这一发现促成了最早的自动人脸识别案例的实现。尽管当时的技术和环境条件仍在一定限制，但这一重大突破为人脸部识别技术的未来发展指明了方向。

由于特征脸法的性能受人脸弹性变化等因素的干扰，20 世纪 90 年代后期，研究者们提出了一些利用图理论进行人脸模板构建和匹配的方法，如弹性束图匹配(Elastic Bunch Graph Matching，EBGM)法。这些方法取得了一定程度的成功，但是它们对光照的处理仍不够。

21 世纪初，区别于特征脸等空间投影类方法的局部算子方法开始出现。Ahonen 等人于 2006 年提出的局部二值模式(LBP)法开始备受关注。这类方法对光照有显著的鲁棒优势。同时期，人脸检测方法也实现了实时性。例如，Viola 和 Jones 于 2001 年提出了一个效率很高且可以实时运行的人脸检测算法。

近年来，随着计算机硬件性能的大幅度提升，复杂算法的实现成为可能。深度学习技术是近年来技术飞跃的关键性技术之一。深度学习成功应用于人脸识别领域得益于三大要素：大规模的数据集、先进的网络结构和针对问题的损失函数。深度学习，尤其是深度卷积神经网络的最大优势是可以从数据集中自动学习特征。如果数据集能够覆盖人脸识别中经常遇到的各种情况，则系统能够克服各种挑战自动学习特征。在早期的神经网络研究中，虽然也有关于人脸识别的研究，但由于运算能力不足、数据集不够大、网络不够深等，其效果并不突出，未能引起人们的广泛注意。而 DeepFace 和 DeepID 作为深度人脸识别方法的先驱，成功吸引了大批学者，并引领人脸识别技术进入了深度人脸识别时代。

人脸识别领域的最新进展通常发表在国际期刊和国际会议上。著名期刊包括 IEEE PAMI、国际计算机视觉期刊(IJCV)、Elsevier 出版社的模式识别(PR)等。著名会议包括 IEEE 国际计算机视觉与模式识别会议(CVPR)、国际计算机视觉会议(ICCV)、欧洲计算机视觉国际会议(ECCV)、IEEE 国际自动人脸和手势识别会议(FG)、国际生物特征识别会议(ICB)、国际机器学习大会(ICML)、神经信息处理系统大会(NIPS)等。

比较著名的人脸识别研究院校及机构包括美国卡内基梅隆大学(CMU)的机器人实验

室、美国麻省理工学院(MIT)的人工智能实验室、微软亚洲研究院的人脸识别专项小组、法国国家信息与自动化研究所、中国科学院自动化研究所等。人脸识别领域在工业界的代表有曾推出著名商业软件 FaceIt 的 Identix 公司、推出 FaceVACS 的 Cognitec Systems 公司、日本 NEC 公司、上海商汤研究科技开发有限公司、北京旷视科技有限公司等。

人脸识别技术的发展还离不开一些公共机构(如政府部门和非营利组织等)的支持。例如，美国国防部高级研究计划局(Defense Advanced Research Projects Agency，DARPA)在 1990 年初推出了人脸识别技术(Face Recognition Technology，FERET)计划，以鼓励该领域的研究，并采集了最早的公开数据集——FERET 数据集。

美国国家标准与技术研究院(National Institute of Standards and Technology，NIST)在 2000 年初启动了人脸识别供应商测试(Face Recognition Vendor Test，FRVT)。在 FERET 计划的基础上，FRVT 对商业上可用的人脸识别系统以及原型技术进行了独立评估。这些评估旨在为执法机构和美国政府提供确定部署人脸识别技术最佳方式所需的关键信息。FERET 计划和 FRVT 等对人脸识别技术的发展影响至深。通过不断采集更大型的面部识别测试图像数据库来激发创新，将可能产生更强大的人脸识别技术。

人脸识别大挑战(Face Recognition Grand Challenge，FRGC)于 2006 年启动，其主要目标是促进人脸识别技术的发展，以支持美国政府的人脸识别工作。FRGC 不仅评估了可用的最新人脸识别算法，而且在测试中使用了高分辨率面部图像、3D 面部扫描图像和虹膜图像。结果表明，新算法的准确度比 2002 年的人脸识别算法的准确度提高了 10 倍，比 1995 年的人脸识别算法的准确度提高了 100 倍，这些数据显示了人脸识别技术在过去十几年间取得的进步。

3.2 人脸识别技术的挑战与发展趋势

3.2.1 人脸识别技术的挑战

人脸识别技术自诞生之初便面临各种各样的难点和挑战。虽然人脸识别技术经历了较长的研究阶段，但仍然存在未解之题，学者们仍在不断研究和改进该技术。事实上，人脸识别问题一直被认为是生物特征识别领域，甚至整个人工智能领域中最具挑战性的研究课题之一。人脸识别的困难主要是人脸这一生物特征的特点所带来的，存在以下两方面的根本性困难。

(1) 相似性。相比于其他模式识别问题，人脸识别中不同个体之间的人脸差别不大，所有的人脸结构都相似，甚至人脸器官都很相似。这样的特点对于利用人脸进行定位是有利的，但是对于利用人脸来区分人类个体是不利的。

(2) 易变性。人脸的外形很不稳定，人们可以通过脸部的变化产生很多表情，而在不同的观察角度下，人脸的视觉图像也相差很大。另外，人脸识别还受光照条件的变化(例如白天和夜晚、室内和室外的光照不同)、遮盖物的存在(例如口罩、墨镜、头发、胡须等遮盖物)、年龄等多方面因素的影响。

在人脸识别中,第一类变化(即相似性)应该被放大,以作为区分个体的标准;而第二类变化(即易变性)应该被抑制,因为这些变化通常仅代表同一个个体的不同外观形态。通常称第一类变化为类间变化(Inter-Class Variance),称第二类变化为类内变化(Intra-Class Variance)。根据模式识别理论,一个理想的识别系统应当具备类间变化大且类内变化小的特点。然而,在现实中,人脸识别的情况往往相反,类内变化常常会超过类间变化,这导致在类内变化的干扰下,利用类间变化来准确区分个体变得异常困难。

现实中的人脸识别技术往往处在非可控条件(Uncontrolled Condition)下,因此存在各种影响人脸识别性能的因素。具体来说,在现实场景中使用人脸识别技术时通常会遇到以下困难和挑战

1. 人脸检测与背景复杂多样

完整的人脸识别系统在进行人脸识别前,需要先对背景图像中的人脸进行定位,即进行人脸检测(Face Detection)。人脸检测的正确与否直接影响人脸识别性能。而在现实场景中,人脸背景可能较为复杂,这会导致人脸检测率降低。因此,设计能够适应复杂背景环境的人脸检测算法是人脸识别技术的难点之一。事实上,由于其独特性,人脸检测往往被当作一个独立的研究问题来考虑。目前,该问题的研究仍然在不断进行中,本书的后续章节将会单独讨论人脸检测方法。

2. 光照变化

光照(Illumination)问题是人脸识别中存在已久的难点,也是影响人脸识别系统性能的最主要的外界因素。在理想的光照条件下,人脸识别可以达到良好的效果,但是现实中的光照往往不够理想。如图 3-1 所示,光照存在强弱变化(例如在室内和室外不同条件下进行拍照)和分布不均匀(例如光源从不同角度进行照射)等常见的非理想情形。有时甚至会出现逆光拍照的困难情形。

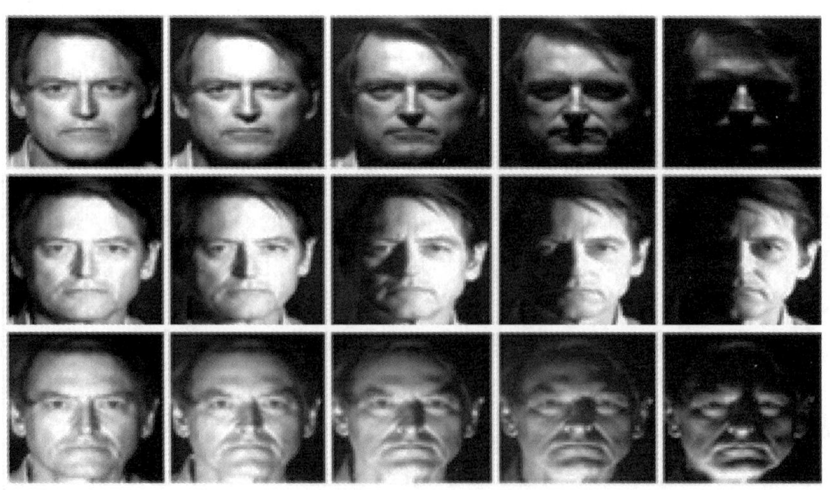

图 3-1 非理想光照实例

通过算法解决光照变化的思路主要有两类，一类是从图像处理的角度对非理想光照进行补偿和修正，另一类是设计对光照变化具有鲁棒性的特征算子。尽管有很多方法被提出来用以解决光照变化问题，但是至今还没有从根本上完全消除光照对人脸识别的影响。因此，光照变化问题仍然是人脸识别技术的难点之一。此外，还可以通过硬件的方式来处理光照变化，如使用红外线等其他成像手段。实验证明，红外线尤其是热红外受光照变化的影响小。

3. 人脸姿态多样性

拍摄或人体站立角度的不同，导致采集到的人脸图像具有姿态(Pose)多样性，如图3-2(a)所示。虽然人脸图像是二维的，但人体和摄像机处在三维空间中。人脸图像本质上是从三维空间到二维空间的投射，因此不可避免地会产生人脸图像的姿态多样性。造成姿态多样性的因素包括人脸和头部围绕不同轴向的旋转，可分为平面内旋转(如翻转(Roll))和平面外旋转(如俯仰(Pitch))、偏航(Yaw))，如图3-2(b)所示。

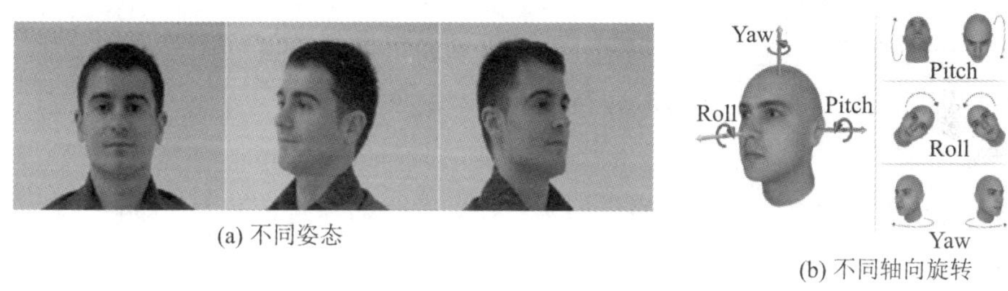

(a) 不同姿态

(b) 不同轴向旋转

图3-2 人脸姿态多样性

人脸姿态多样性导致的识别性能下降，可以通过姿态纠正或训练更复杂的分类器予以减轻，也可以通过3D成像等更先进的采集方式予以处理，但相应成本会增加。

4. 人脸表情变化

由于人脸器官是具有弹性的非刚体，因此在实际采集过程中，人脸的表情随时都可能发生变化。当人脸表情发生变化时，可能会引起人脸轮廓以及纹理的变化。同时由于面部肌肉的牵引，面部特征点的位置也会随之改变，导致最终的成像也存在差异。

如图3-3所示，最常见的人脸表情至少包括中性、笑和哭等三种，若进行更细致的人脸表情划分，则还可以增加愤怒、恐惧、惊讶等。如何划分人脸表情，取决于实际应用场景和需求。

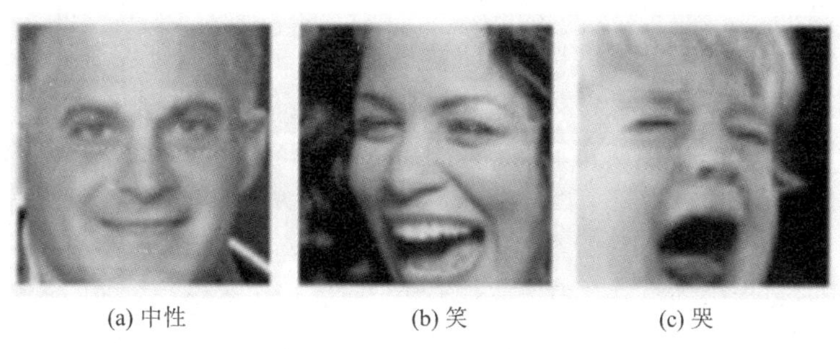

(a) 中性　(b) 笑　(c) 哭

图3-3 常见的人脸表情

5. 遮挡现象

人脸图像在实际应用时也经常会遇到遮挡(Occlusion)现象，例如被采集者会佩戴帽子、眼镜等饰物，或留有胡须、刘海等。此外，在一些复杂的场合中存在多个采集主体，彼此之间会相互遮挡，导致只有部分人脸露出。不同人脸遮挡因素如图 3-4 所示。以上情形均会直接影响人脸特征提取和识别过程，从而影响人脸识别系统的最终性能。

图 3-4　不同人脸遮挡因素

解决人脸遮挡的思路也分为两类：一类是通过人脸配准对两张人脸图像进行对齐，然后只使用二者的重叠区域进行人脸识别；另一类是通过图像合成(Image Synthesis)的方法对缺失的人脸部分进行修补，然后对完整的人脸图像进行识别。

6. 年龄变化

不同于指纹和虹膜等其他生物特征识别模态，人脸的稳定性较差，即它会随着时间的变而变化。一方面，人类的面部骨骼会随着年龄的增长而变化，该变化在幼年和青少年时期最为明显，导致人脸图像逐年变化。年龄变化导致的相同个体的人脸图像差异如图 3-5 所示。另一方面，哪怕在骨骼定型之后，人脸也会因为体重和肤质等身体因素而发生一定程度的改变。当利用在不同时期采集的人脸图像进行比对时，识别算法有可能因无法准确匹配而输出错误的判断结果。因此年龄变化也是影响人脸识别系统性能的一个重要因素。

图 3-5　年龄变化导致的相同个体的人脸图像差异

7. 图像质量

另一个常见的人脸识别技术的挑战是人脸图像的质量，如清晰度、噪声水平、对比度。由于摄像机硬件的限制，采集距离发生变化时图像质量也会发生变化，近距离采集时图像质量较高而远距离采集时图像质量较低，如图 3-6(a)所示。此外，由于图像采集过程中被采集对象通常不会保持静止状态，因此存在运动模糊现象，如图 3-6(b)所示。如果采集者使用相机不当，那么也有可能引入失焦模糊，如图 3-6(c)所示。最后，由于大气扰动的存在，在拍摄图像时也会引入模糊，尤其是对于红外线波段成像情形，如图 3-6(d)所示。

对于图像质量不佳的人脸图像，人脸识别系统可以通过预先的质量评估步骤予以判断。当发现图像质量不佳时，根据具体设计需要，可以通过图像处理的手段提升图像质量，也可以简单地进行丢弃。

(a) 采集距离由近到远导致的模糊

(b) 运动模糊

(c) 失焦模糊

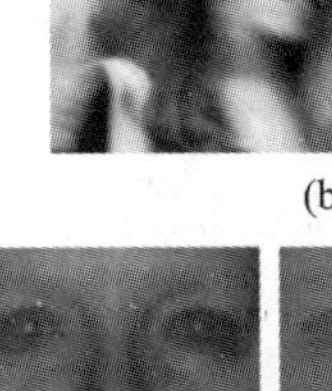
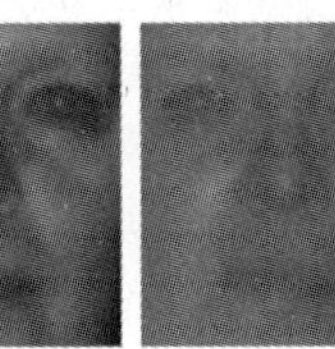

(d) 大气扰动导致的模糊

图 3－6　影响图像清晰度的因素

3.2.2　人脸识别技术的发展趋势

1. 3D 人脸识别

传统的人脸识别主要依赖二维图像来进行识别，这不可避免地存在光场深度信息缺失的局限性。2D 人脸识别受到姿态变化的困扰，而且对人脸欺骗的抵抗性较差(如通过打印照片进行攻击)。针对这些缺陷，学者们研发了三维(3D)人脸识别技术。3D 人脸数据模型如图3－7 所示。

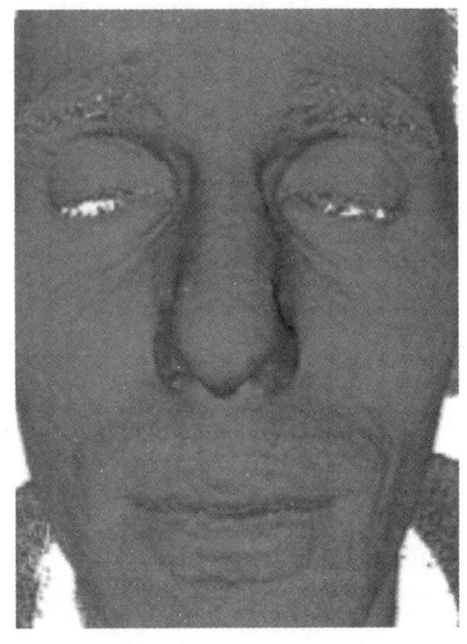

图 3－7　3D 人脸数据模型

按成像原理的不同，3D 人脸识别技术主要分为 3D 结构光技术、飞行时间(Time of Flight，TOF)技术、双目立体视觉技术三大类。其中，3D 结构光技术指通过红外光投射器将预先设计好结构特征的光线投射到被拍摄的目标上，然后这些光线被反射回摄像头，并被红外感光器件接收与测量。在进行三维影像构建时，该技术利用相似三角形等原理计算出图像上每个点的深度信息，从而生成目标的三维轮廓数据。苹果公司发行的 iPhone X 手机就采用了 3D 结构光技术。TOF 技术利用激光等进行测距，一般采用方波脉冲调制投射光，根据脉冲发射和接收的时间差来计算距离。例如，微软公司针对游戏中人机交互场景研发的 Kinect 产品就采用了 TOF 技术。双目立体视觉技术基于视差原理通过多个摄像机从不同角度同时拍摄目标物体，并利用这些图像之间的视差恢复出目标的三维信息，从而得出图像上每个点的深度信息并最终生成三维轮廓。目前，与 TOF 技术和 3D 结构光技术相比，双目立体视觉技术使用较少。

相较于 2D 人脸识别，3D 人脸识别具有准确性更高、场景适应性更强、安全性更高等明显优势。但是它也存在着运算量大、识别速度慢等缺点。而且它需依赖 3D 摄像机、双目摄像机等特定设备，而这类设备的价格较为昂贵。此外，3D 人脸数据库也比较稀少，训练样本相对缺乏。因此，3D 人脸识别技术目前未能完全取代 2D 人脸识别技术，仍处在不断发展之中。

2. 多光谱人脸识别

传统的人脸识别技术大多依赖可见光波段，但可见光人脸识别技术对光照变化敏感。当环境中光强不稳定时，人脸识别系统的性能显著下降。在夜间或光线微弱等复杂光照条件下使用可见光进行人脸成像十分困难，甚至完全不可行。因此，学者们提出了基于红外线和多光谱成像(如图 3－8 所示)的人脸识别技术，该技术能高效且一次性地解决光强变化和夜间成像两个难题。

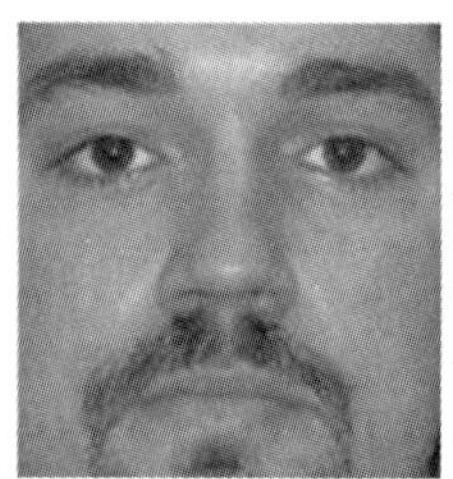
(a) 可见光人脸图像

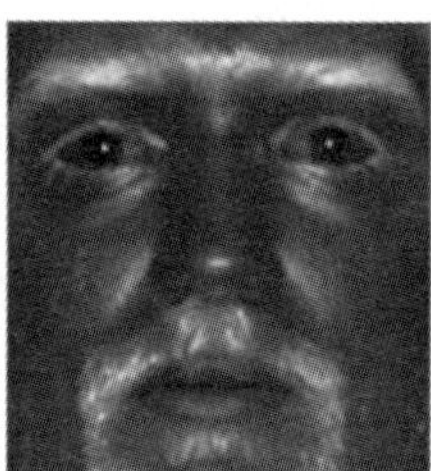
(b) 短波红外人脸图像

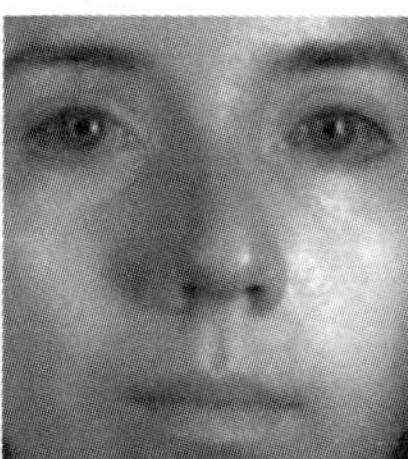
(c) 近红外人脸图像

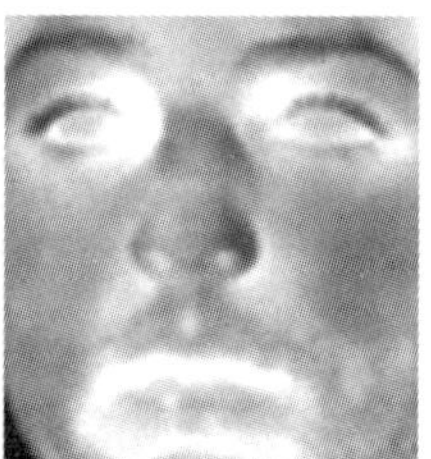
(d) 热红外人脸图像

图 3－8　多光谱人脸图像

红外线位于电磁波谱中可见光的右侧。红外线可进一步分为主动红外线和被动红外线(亦名热红外)两类。前者包括近红外和短波红外，后者包括中波红外和长波红外。其中基于主动红外成像的图像质量较高，因而适用于夜间人脸识别；而基于热红外成像的图像质量不高，目前仍处在探索开发之中。

多光谱人脸识别可分为如下三种情形。

(1) 同一个近红外线波段之内的人脸识别：即测试图像和训练集为在同一个近红外波段内采集的数据，又称为光谱内(Intra-Spectral)人脸识别，其本质上是传统可见光人脸识别的简单延伸。

(2) 跨光谱(Cross-Spectral)人脸识别：指进行人脸识别的双方的图像对应的采集波段不同，如将红外人脸图像和可见光人脸图像作比对。跨光谱人脸识别可以解决一类更特殊的实际应用情景。例如，在夜晚监控时采集的测试图像是红外人脸图像，而参考图像是可见光人脸图像。显然，跨光谱人脸识别问题比光谱内人脸识别问题更复杂，需要解决如何提取不同光谱下的共性人脸特征。

(3) 超光谱(Hyper-Spectral)人脸识别：即将红外线和可见光等多个子波段的图像信息进行融合，例如将近红外人脸图像和热红外人脸图像进行融合，生成一个新的融合图像。超光谱人脸识别的优势在于可以将不同波段内的图像信息进行融合，从而实现同时具有不同波段的成像功能。

多光谱人脸识别的应用场景比可见光人脸识别的应用场景更广泛，可以满足全天候和恶劣气候下的人脸识别需求。目前，多光谱人脸识别技术属于人脸识别技术的前沿技术，大量研究团队投入精力以尝试提高该技术的准确性和功能性。然而，多光谱成像器件的成本比可见光成像器件的高，尤其对于特殊子波段，如短波红外和中波红外等，因此多光谱人脸识别技术的成本问题仍属于制约其广泛应用的因素。

3. 移动端人脸识别

早期的人脸识别软件一般部署在计算机中。随着手机硬件和 Android 软件等技术的不断成熟，智能终端和智能手机的功能越来越强大，人脸识别技术在移动端设备中的应用越来越广泛。例如，在手机上使用人脸识别的“刷脸支付”(如图 3－9 所示)等已经广泛应用。

图 3－9　移动端的刷脸支付应用

相比于计算机，手机等移动端的运算能力和资源更有限，如存储空间更小、运算速度更慢等。因此传统针对计算机环境设计的算法需要做出相应的适配和修改。为了提高效率，模型压缩是解决方案之一。对于深度学习人脸模型，需要设计轻量化的网络，即通过对网络结构进行改变，在保持准确率的同时，减少网络的计算量。近年来学者们经过研究提出了不少成功的模型，如 MobileNet、SqueezeNet、ShuffleNet、DenseNet 等。

4. 深度学习人脸识别

传统的人脸识别算法基于手工设计的算子，自适应性较差，性能往往无法满足需求。近年来，随着图形处理器(GPU)等硬件设备的发展，基于深度学习的模式识别技术开始崭露头角，人脸识别领域也迎来了重大变化。基于深度学习的人脸识别模型通过自动训练大量的人脸图像数据，能够高效地提取特征和构建分类器，识别正确性大大提高，甚至超过了人类肉眼的识别能力。这些深度学习人脸识别模型(如 DeepFace、DeepID 和 FaceNet 等)相比于传统的 PCA 方法，在准确率、鲁棒性等方面均得到了明显的提升。

例如，DeepFace 将特征提取与信号验证的方法相结合，首先利用网络对人脸图像进行特征提取，然后利用信号验证的方法对提取到的面部区域特征进行验证，以判断两幅人脸图像是否属于同一个人。DeepID 在 DeepFace 的基础上加以改进，设计了层数更深、网络更复杂的特征提取模块，从而使人脸识别模型的性能进一步提升。FaceNet 采用的是端到端的网络，对网络进行训练时使用三元组损失(Triplet Loss)函数，并计算相应的 128 维特征向量，它通过计算欧氏空间上的距离来得到人脸之间的相似度。

传统的基于手工设计算子的人脸识别算法(包括图像预处理、特征提取、分类匹配等)已经基本被深度学习人脸识别模型所取代。解决人脸识别各种挑战(如光照、姿态、遮挡等)的传统方法都正在或即将被基于深度学习的方法取代。使用深度学习进行人脸识别的研究正如火如荼地进行着。

3.3 人脸图像预处理

对于摄影设备采集到的人脸数字图像，由于传感器性能、光照条件、空气干扰、人为操作等因素，可能会使图像质量不佳，因此首先要对包含人脸的图像进行预处理。常见的预处理操作包括光照预处理、去噪等。

3.3.1 光照预处理

光照不佳可能会导致采集到的图像过曝光或欠曝光，使图像整体对比度偏低。直方图均衡化(Histogram Equalization，HE)算法是一种简单而有效地缓解此类问题的图像增强算法。

数字图像的直方图可以反映图像中灰度级分布的统计信息。一个图像的直方图统计了图像中各个灰度级在图像中出现的频率和次数，显示的是图像最基本的统计学特征。过曝光(整体视觉效果过亮)图像的直方图中灰度值主要集中在高灰度级区间，而欠曝光(整体视觉效果过暗)图像的直方图中灰度值主要集中在低灰度级区间。而直方图均衡化就是要使这两种不均匀的灰度级分布转化为近似均匀分布，这样就能使得图像灰度值的动态范围变大，最终使人眼接收到的信息量提升，达到图像增强的效果。

直方图均衡化利用累积分布函数(Cumulative Distribution Function，CDF)作为调整图像灰度值的转换函数，实现图像直方图的均匀分布。假设 I 和 L 代表原图像和其灰度级，$I(i, j)$代表图像中坐标位置为(i, j)的像素值，N 代表图像的像素总数，n_k 代表灰度级为k的像素总数，则图像 I 的灰度级的概率密度函数为

$$p(k)=\frac{n_k}{N}, k=0, 1, 2, \cdots, L-1 \tag{3-1}$$

图像 I 的灰度级的累积分布函数为

$$c(k)=\sum_{r=0}^{k} p(r), k=0, 1, 2, \cdots, L-1 \tag{3-2}$$

而后直方图均衡化基于 CDF 将原图像映射为灰度级均匀分布的增强图像，映射关系为

$$f(k)=(L-1)\times c(k) \tag{3-3}$$

图 3-10 为弱光图像经直方图均衡化增强前后的对比图，图 3-11 为弱光图像经直方图均衡化增强前后的灰度直方图对比。

(a) 增强前　　(b) 增强后

图 3-10　弱光图像经直方图均衡化增强前后的对比图

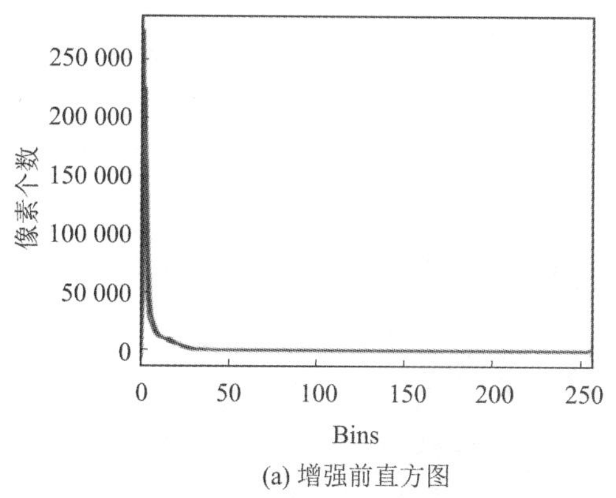

(a) 增强前直方图

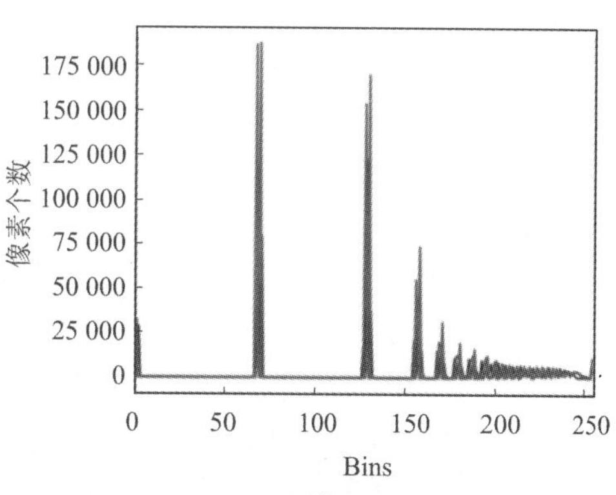

(b) 增强后直方图

图 3-11　弱光图像经直方图均衡化增强前后的灰度直方图

从图 3-10 中可以看出，使用直方图均衡化算法对弱光图像进行增强后，图像灰度级的分布较增强前更加均匀，但是也可以明显看到图像中黑暗区域的噪声被放大了。基于直方图均衡化的弱光增强算法可以对单个像素进行优化，以提高整体亮度和对比度，其优点是算法理论简单，实现步骤不复杂。但由于图像的相邻像素间有一定的相关性，而直方图

均衡化时忽略了相邻像素之间的相关性，导致细节信息被破坏。并且直方图均衡化会明显增加图像中的噪声，从而导致图像质量较低。学者们基于直方图均衡化所提出的改进算法有局部直方图均衡化算法、限制对比度的自适应直方图均衡化算法等，这些算法具有更好的增强效果，但处理的速度也更慢了。

其他用于改善图像光照不佳和提升对比度的算法有伽马(Gamma)变换、对数(log)变换以及基于 Retina 理论的对比度增强算法等，由于篇幅所限，此处不再赘述。

3.3.2 去噪

数字图像在采集和传输的过程中会产生噪声干扰，导致原始图像数据被破坏，从而影响后续的处理效果。去除噪声时，需根据不同的噪声类型使用针对性的去除方法。去噪方法可分为频域滤波和空间域滤波。

常见的噪声类型有高斯噪声、泊松噪声、乘性噪声以及椒盐噪声等。高斯噪声和泊松噪声主要产生于图像的采集阶段，产生这两类噪声的主要原因包括采集环境不佳、设备自身干扰等。乘性噪声一般产生于图像传输阶段，它和原始数据之间的作用是乘性作用。椒盐噪声的产生主要源于设备硬件故障、信道传输错误或解码处理不当等因素，这些因素会使图像中的一些像素值被随机改变。椒盐噪声在图像中通常表现为黑色或白色噪点。

均值滤波是一种典型的线性滤波算法，其采用的方法为邻域平均法。均值滤波的基本原理是用图像中每个像素周围邻域内像素的均值代替原图像中的各个像素值，即选取一个方形模板，以目标像素为中心，用该模板中全体像素的平均值代替原来的像素值。

均值滤波计算公式为

$$I_{\mathrm{avg}}(x,\ y)=\frac{1}{(2n+1)^2}\sum_{j=y-n}^{y+n}\sum_{i=x-n}^{x+n}I(i,\ j) \tag{3-4}$$

式中，$I(i,\ j)$为输入的含噪声图像，$I_{\mathrm{avg}}(x,\ y)$为使用模板大小为$(2n+1)^2$的均值滤波输出的去噪后图像。

对于泊松噪声，均值滤波具有较好的去噪效果，因为某个像素点的值会被周围像素点值的均值所代替。均值滤波本身存在着固有的缺陷，即它不能很好地保护图像的细节部分，在图像去噪的同时也破坏了图像的细节部分，从而使图像变得模糊。因此，均值滤波不能很好地去除噪声点。使用均值滤波去除椒盐噪声前后对比如图 3-12 所示。

(a) 滤波前

(b) 滤波后

图 3-12 使用均值滤波去除椒盐噪声前后对比

中值滤波也称为中值平滑，是一种空间域的非线性滤波方法。中值滤波的原理与均值滤波的原理类似，即用周围像素点的中值代替目标像素点的值。由于椒盐噪声的值较为极端，通常远离周围像素点的中值，所以使用中值滤波可以很好地去除该类噪声。如图3-13所示，去噪后的图像失真程度很小，效果明显优于均值滤波的效果。同时，中值滤波对脉冲型噪声有很好的去除效果，因为脉冲点都是突变的点，中值滤波通过排序后输出中值，那些最大点和最小点就可以被去除。但是中值滤波对去除高斯噪声的效果较差。

中值滤波计算公式为

$$I_{\text{med}}(x, y) = \text{med}\{I(x-k, y-l), (k, l) \in W\} \tag{3-5}$$

式中，$I(x, y)$为输入的含噪声图像，$I_{\text{med}}(x, y)$为使用模板W的中值滤波输出的去噪后图像。

(a) 滤波前

(b) 滤波后

图3-13 使用中值滤波去除椒盐噪声前后对比

高斯滤波对高斯噪声有较好的去除效果，是一种加权平滑滤波方法。具体而言，对于图像中的每个像素点，高斯滤波利使用高斯核对周围像素点的值进行加权求和并取平均值，作为该像素点滤波后的值。高斯滤波器被用作平滑滤波器的本质原因是它是一个低通滤波器。高斯滤波的输出是邻域像素的加权平均，同时离中心越近的像素权值越高。因此，与均值滤波相比，高斯滤波的平滑效果更柔和，而且还能更好地保留边缘信息。高斯滤波后图像被平滑的程度取决于高斯函数的标准差。

高斯滤波计算公式为

$$\begin{cases} I_{\text{Gaus}}(x, y) = I(x, y) * G(x, y) \\ G(x, y) = \dfrac{1}{\sqrt{2\pi\sigma^2}} \exp\left(-\dfrac{x^2+y^2}{2\sigma^2}\right) \end{cases} \tag{3-6}$$

式中，$I(x, y)$为输入的含噪声图像，$I_{\text{Gaus}}(x, y)$为高斯滤波输出的图像，$G(x, y)$为高斯函数。

图3-14为使用高斯滤波去除高斯噪声前后对比，可以看出，高斯噪声基本被去除，但滤波后的图像存在一定程度的失真。

以上介绍的是几种较为常见且基础的滤波去噪方法，其他更为复杂的方法有双边滤波、引导滤波、维纳滤波、小波滤波等，此处不再赘述。

(a) 滤波前

(b) 滤波后

图 3-14　使用高斯滤波去除高斯噪声前后对比

3.4　人脸检测与人脸对齐

人脸检测与人脸对齐是人脸识别过程的关键环节。人脸可能出现在图像中的任意位置，同时人脸的大小也不确定，所以人脸检测是人脸识别的前提条件。只有准确检测到图像中的人脸，后续的人脸识别才能有效完成。利用人脸检测算法检测到人脸后，还需要确定眼睛、嘴巴等人脸关键点，方便后续对人脸位置进行校正，即实现人脸的空间归一化，因此人脸对齐也常被称作人脸关键点检测。

3.4.1　人脸检测的基本概念

人脸检测的基本概念如下。

1. 人脸检测

人脸检测是指对于任意一幅给定的图像，采用一定的策略对其进行搜索，以确定其中是否含有人脸，如果有，则返回检测到的人脸图像的位置。因此人脸检测是一个二分类问题和定位问题的综合。人脸检测存在几个常见难点，如人脸可能出现在图像中的任意位置、人脸的大小可能不同、人脸在图像中可能有不同的视角和姿态、人脸可能部分被遮挡等。

2. 通用人脸检测流程

虽然人脸检测算法有很多，采用的特征和分类器变化多样，但是大多方法都可分解为若干通用的步骤。以下是通用的人脸检测流程。

(1) 训练二分类器，即用大量的人脸和非人脸样本图像进行训练，得到一个二分类器，用于后续区分人脸。

(2) 使用滑动窗口判断窗口中的子图像是否为人脸。由于人脸可能出现在图像中的任何位置，在检测时用大小固定的窗口对图像从上到下、从左到右进行扫描，判断窗口中的子图像是否为人脸，这称为滑动窗口(Sliding Window)技术。

(3) 对图像进行放大或者缩小，构造图像金字塔，然后对每幅缩放后的图像都用滑动窗口技术进行检测，以检测不同大小的人脸。

(4) 将检测结果合并去重，这是因为一幅人脸图像可能会检测出多个候选位置框，这一步称为非极大值抑制(Non-Maximum Suppression，NMS)。

3. 人脸检测算法分类

人脸检测算法大致分为三类：基于知识的检测算法、基于模板的检测算法及基于统计的检测算法。

基于知识的检测算法直接利用人脸的轮廓、结构特征、肤色模型、纹理特征、对称性等先验的人脸特征信息设计相应模板算子，对人脸进行特征提取。其中，基于结构特征的算法无法有效运用于姿态变化的情况；基于纹理特征的算法只对特定类型的有相同特征的人脸有效，当人脸增多时，其性能大大下降。而由于肤色在人脸的不同姿态或表情等情况下基本稳定不变，且可以使用直方图模型和高斯模型对肤色进行快速建模，因此基于肤色模型的算法的稳定性好，速度也更快。

基于模板的检测算法首先根据人脸的五官分布关系制定参数固定的人脸模板。由于人脸图像和预定义的模板之间存在着一定的自相关性，因此可以根据自相关性的强弱判断图像中是否存在人脸。当某一区域与模板运算后得到的自相关值较高时，表示该区域具有人脸的可能性较大。

基于统计的检测算法将人脸作为一种模式来处理，使用支持向量机(Support Vector Machine，SVM)、自适应增强(Adaptive Boosting，AdaBoost)和神经网络等模式识别算法对样本进行训练，形成分类器，利用该分类器就可以判断一个区域内是否存在人脸。利用该算法提取到的人脸特征是通过样本训练得到的，而非手工提取到的，所以特征更加准确。其中基于深度卷积神经网络的人脸检测算法近年来取得了巨大的成功，在本书的第7章中会有详细介绍。

4. 性能评价

与人脸识别的性能评价方式不同，人脸检测的准确性一般使用召回率(Recall)和精度(Precision)来度量。召回率和精度的公式为

$$\begin{cases} \text{Recall} = \dfrac{\text{TP}}{\text{TP}+\text{FN}} \\ \text{Precision} = \dfrac{\text{TP}}{\text{TP}+\text{FP}} \end{cases} \tag{3-7}$$

式中，TP代表真阳个数，FN代表假阴个数，FP代表假阳个数。

有时除了关注正确检测框的个数，也需要考虑检测框的位置和边界精确程度，因此可以用交并比(Intersection Over Union，IOU)来评价人脸检测的性能，其计算公式为

$$\text{IOU} = \frac{\text{检测框}\,A\,\text{与人脸实际所在框}\,B\,\text{的交集}}{\text{检测框}\,A\,\text{与人脸实际所在框}\,B\,\text{的并集}} \tag{3-8}$$

人脸检测的速度可以使用帧率(Frames Per Second，FPS)(即算法一秒能处理多少帧图像)来描述。通常来说，为了满足实时性的人脸检测，检测速度需在25FPS以上。

5. 公共数据集

最常见的人脸检测公共数据集为 MIT-CMU 数据集、FDDB(Face Detection Dataset and Benchmark)和 WIDER FACE 等。

早期的 MIT-CMU 数据集仅含有几百幅人脸图像，而且图像清晰，不带有遮挡，均为正面人脸图像。FDDB 比 MIT-CMU 更复杂，更具有挑战性，含有 2845 幅来自互联网的新闻图像，总共有 5171 幅人脸图像。该数据集考虑了姿态、表情、光照、清晰度、分辨率、遮挡程度等各个方面。

由于传统数据集很难满足识别需求，近几年来更具挑战性的 WIDER FACE 越来越成为人们所常用的公测数据集，它由 32 203 幅图像组成，其内含有 393 703 幅标注人脸图像，考虑了各种尺度、姿态、遮挡、表情、化妆、光照等因素，图像分辨率普遍偏高。与前两个数据集相比，WIDER FACE 中每幅图像的人脸数据更多，人脸密集且微小人脸非常多。

3.4.2 VJ 人脸检测器

本小节以著名的 VJ 人脸检测器为例介绍具体的人脸检测算法。该检测器由 Paul Viola 和 Michael Jones 在 2001 年的 CVPR 会议中提出。在当年的硬件条件下，VJ 人脸检测器可以达到每秒处理 15 帧图像的速度，实现了人脸检测的实时性和实用性，是人脸检测技术发展的一个里程碑。VJ 人脸检测器的核心思想是利用积分图加速法快速提取图像的类 Harr(Harr-Like)特征，然后使用 AdaBoost 算法通过训练得到若干个强分类器，组成级联结构，对人脸和背景进行分类。

类 Harr 特征属于一种卷积运算模板，可以用于捕捉图像的边缘、变化等信息。而人脸的五官和轮廓有着独特的亮度和边缘信息，很符合类 Harr 特征的特点。如图 3-15(a)所示，在众多的类 Harr 特征模板中，Viola 和 Jones 选取了四个可以提取边缘特征、线性特征及对角线特征的模板。类 Harr 特征值由以下操作得到：将类 Harr 特征模板置于图像中的任意位置，用白色区域所覆盖的图像像素值之和减去黑色区域所覆盖的图像像素值之和，一个特殊情形是，在图 3-15(a)中的线性特征模板 4 中，会对黑色区域所覆盖的图像像素值之和乘以 2，这是为了抵消黑色和白色区域面积不相等所带来的影响；然后通过改变类 Harr 特征模板的位置及大小，可以在检测窗内穷举出所有类 Harr 特征。很明显，由于位置和大小变化的组合有很多，类 Harr 特征往往有上万个，因此计算量巨大。

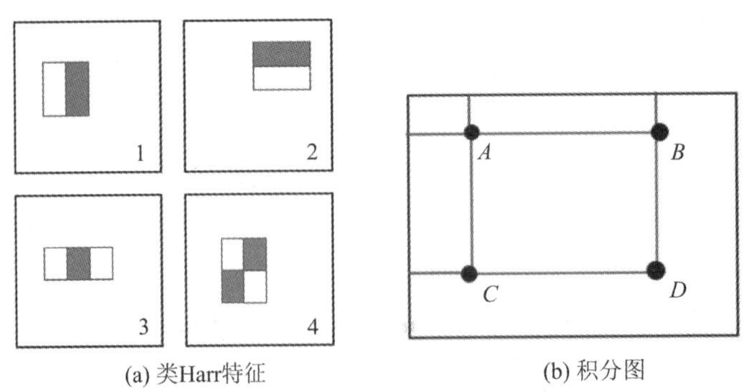

(a) 类Harr特征　　(b) 积分图

图 3-15　类 Harr 特征与积分图

由类 Harr 特征值的计算过程可以看出，其中涉及了大量的像素求和运算。为了更有效率地提取图像的类 Harr 特征，笔者使用了一种被称为积分图(Integral Image)的方法。假设有一张图像 $f(x, y)$，其坐标(x, y)处的积分图可以定义为

$$I(x, y)=\sum_{x'\leqslant x}\sum_{y'\leqslant y}f(x', y') \tag{3-9}$$

在提取类 Harr 特征之前，首先计算整幅图像中所有位置的积分图并存储起来。那么在提取特征时，图 3-15(b)中矩形 $ABCD$ 内的像素和可以利用积分图表示为

$$S_{ABCD}=I(D)-I(B)-I(C)+I(A) \tag{3-10}$$

由于预先存储了所有位置的积分图，因此任意区域 $ABCD$ 内的像素和可以通过查表并结合公式(3-10)快速得到，而无须对区域 $ABCD$ 内的像素逐一累积运算，从而大大降低了运算量，显著提高了类 Harr 特征的提取速度。

通过以上步骤可以得到数以万计的类 Harr 特征，选择其中很少的一部分就可以组成一个有效的分类器，而难点就在于如何找到这些有效特征。笔者采用 AdaBoost 算法来选择特征并训练分类器。AdaBoost 算法是 Boosting 学习算法的一种。Boosting 学习算法是一种将弱分类器组合起来形成强分类器的算法，在直接构造强分类器较为困难的情况下，Boosting 学习算法是一种很有效的方法。

AdaBoost 算法的训练方法可以总结如下：每个训练样本的初始权值是相同的，训练时根据弱分类器的误差计算弱分类器的权值，并调整样本的权值来改变样本的分布，使先前弱分类器难以区分的样本在后续训练中得到更大的关注度。循环该过程，直到弱分类器的数目达到指定数量。然后将所有弱分类器进行加权组合，得到集成的强分类器。

在 VJ 人脸检测器中，最终的分类器是由若干个强分类器级联而成的，如图 3-16 所示。在级联结构中，排在前面的强分类器由一些最能够代表人脸特征的少量弱分类器组成，这样可快速过滤掉大部分非面部区域；排在后面的强分类器的构造越来越复杂，且对检测子窗口的要求越来越严格，用来判断较难辨识的区域。这种级联结构的优势在于极大提升检测速度的同时还保证了较低的误检率。

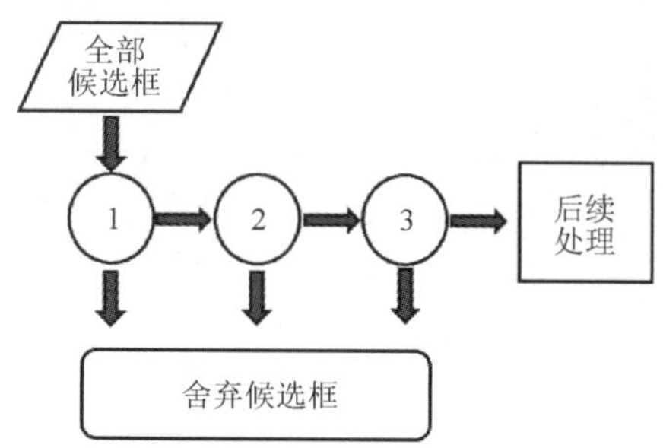

图 3-16 VJ 人脸检测器中强分类器组成的级联结构示意图

训练级联分类器的流程如下。

(1) 定义级联分类器的参数：i 为级联分类器的层数，n_i 表示第 i 级强分类器所包含的弱分类器的个数，d 为每级强分类器的最小检测率，f 为每级强分类器的最大误检率，D_i 为第 i 级强分类器的检测率，F_i 为第 i 级强分类器的误检率，F 为级联分类器的误检率。

(2) 设 $i=0$，$D_0=1$，$F_0=1$。

(3) 当 $F_i > F$ 时，

① $i = i + 1$；

② $n_i = 0$；

③ $F_i = F_{i-1}$；

④ 当 $F_i > f \times F_{i-1}$ 时，

a. $n_i = n_i + 1$；

b. 用 AdaBoost 算法训练一个包含 n_i 个弱分类器的强分类器；

c. 计算当前级强分类器的检测率 D_i 和误检率 F_i；

d. 改变强分类器的阈值，以满足 $D_i \geqslant d \times D_{i-1}$。

⑤ 舍弃所有负样本。

3.4.3 人脸对齐

人脸对齐不仅可以描述人脸关键点信息，而且在整个人脸识别系统中扮演着承上启下的角色，它利用人脸关键点信息为后续的应用提供几何结构信息，同时其定位结果直接决定了后续应用的可靠性。只有明确了人脸关键点的位置，才能对复杂环境下的人脸图像提取本质不变的特征。

对于一般的人脸识别任务来说，只需要左眼、右眼、鼻尖、两个嘴角这五个关键点即可完成人脸对齐(如图 3-17(a)所示)，其原理如下：首先将五个关键点转换为双目中心、鼻尖、嘴巴中心三个关键点，并对准到一个预设的固定位置上，这样就实现了人脸的空间归一化，使得人脸识别提取到的特征尽可能与人脸位置无关。在表情识别、姿态估计、人脸特效、人脸贴图等后续应用中，一般需要更精细的人脸关键点位置，如图 3-17(b)、(c)所示。较为常见的更密集的人脸对齐方式有 19 点、29 点、68 点以及 98 点等。

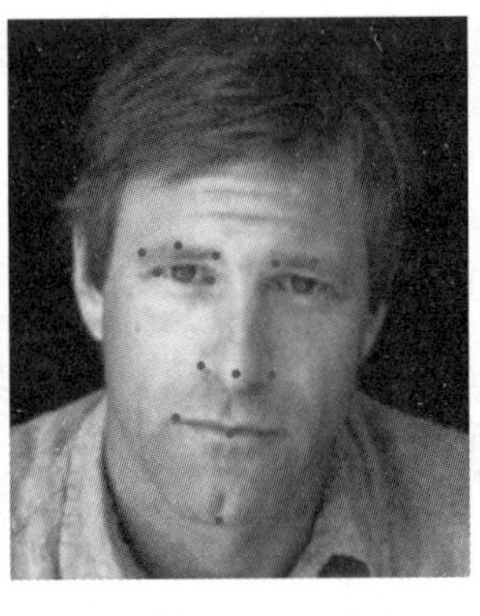

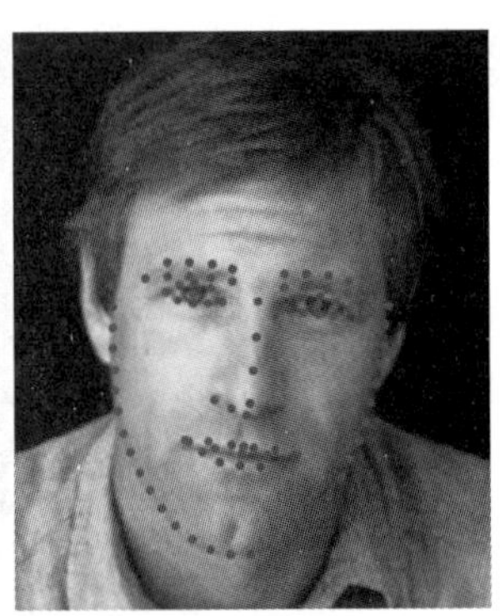

(a) 5点　(b) 19点　(c) 98点

图 3-17 不同点数的人脸对齐方式

已知人脸关键点后，可以通过仿射变换(Affine Transform)进行具体的人脸对齐操作。仿射变换完成从待对齐图像的二维坐标空间到被对齐二维坐标空间之间的线性变换。仿射变换时保持二维图像的平直性和平行性(即直线之间的相对位置关系保持不变)。例如，平行线经仿射变换后依然为平行线，且直线上各点的相对位置顺序不会发生变化。仿射变换可以通过一系列的原子变换的复合来实现，主要包括了平移(Translation)、旋转(Rotation)、缩放

(Scale)、剪切(Shear) 以及翻转(Flip)。图像的仿射变换可以用下式表示：

$$\begin{bmatrix} x' \\ y' \\ 1 \end{bmatrix} = \begin{bmatrix} \alpha_1 & \alpha_2 & t_x \\ \alpha_3 & \alpha_4 & t_y \\ 0 & 0 & 1 \end{bmatrix} \begin{bmatrix} x \\ y \\ 1 \end{bmatrix}$$

式中，(x, y)和(x', y')分别为变换前的坐标和变换后的坐标，α_1、α_2、α_3、α_4、t_x、t_y 为仿射变换的 6 个待定的自由度参数。

人脸对齐算法可以分为三类：基于模型的算法、基于级联回归的算法和基于深度学习的算法。

在基于模型的算法中，主动形状模型(Active Shape Model，ASM)和主动外观模型(Active Appearance Model，AAM)是使用形状约束的两个最具代表性的线性统计模型，在迭代搜索过程中利用点分布模型(Point Distribution Model，PDM)构建相关优化问题来提取人脸的形状信息。这两种模型都是人脸对齐的经典模型，但它们在无约束环境中对人脸关键点的定位并不理想。

在基于级联回归的算法中，人脸对齐被认为是学习一个回归函数。以人脸图像作为输入，对所提取的特征通过级联多个简单的回归器进行学习，当前的输入依赖上一阶段的输出，不断进行拟合，直到输出最优的人脸关键点位置。这类算法无须对人脸形状和外观进行复杂的建模，可以充分利用大量训练数据，因此简单高效。

近年来，随着深度学习的兴起，使用大量已标注的人脸数据对深度卷积神经网络进行大规模训练取得了很好的定位效果，如 MTCNN(Multi-Task Cascaded Convolutional Neural Network)、DAN(Deep Alignment Network)、BAFA (Boundary-Aware Face Alignment)等，其中较为简单的 5 点定位大多已在人脸检测算法中完成，方便在后续的人脸识别任务中进行人脸对齐。

下面以 ASM 为例进行详细介绍。ASM 是英国曼彻斯特大学的 Tim Cootes 教授于 1995 年提出的一种参数化表观模型。该模型的基本思想是利用一条由 n 个关键点组成的连续闭合曲线来构建形状模型，并定义一个评估匹配程度的能量函数。随后，将模型初始化在目标对象预估位置的周围，通过迭代优化过程使能量函数达到最小化。当内外能量达到平衡时，即可确定目标对象的边界和关键点位置。与其他统计结构模型相比，ASM 模型具有显著的优势：ASM 是可变形模型，能够克服传统刚体模型的局限性，展现出良好的形状适应性。然而，ASM 也存在一些显著的缺点，如收敛性对初始形状较为敏感以及搜索策略未经过优化导致的效率较低等问题。使用 ASM 检测人脸关键点的实例如图 3-18 所示。

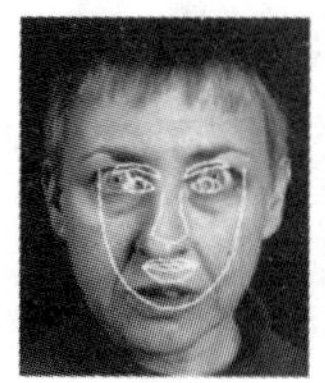
(a) 初始

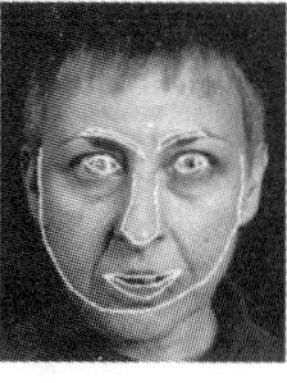
(b) 2次迭代

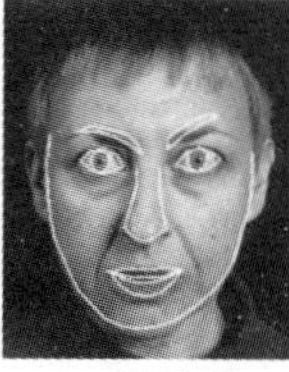
(c) 6次迭代

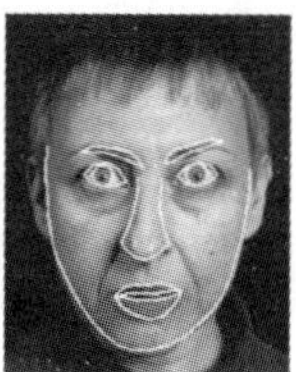
(d) 18次迭代

图 3-18 使用 ASM 检测人脸关键点的实例(不同迭代次数对比)

具体来说，ASM 主要包括人脸形状模型构建和人脸形状匹配两部分。首先定义 n 个有序的关键点 $\{(x_i, y_i) \mid i=1, 2, \cdots, n\}$ 来描述人脸轮廓，从而可得到一个 $2n$ 维的关键点向量(即人脸形状向量)：

$$\boldsymbol{x}=(x_1, \cdots, x_n, y_1, \cdots, y_n)^{\mathrm{T}}$$

若训练集中有 S 个训练样本(即人脸图像)，则可得到 S 个人脸形状向量。

接下来将人脸形状向量进行归一化和对齐(对齐采用 Procrustes 方法)，并对对齐后的形状特征进行 PCA 处理，这样训练集中任何一个人脸形状向量都可以通过平均人脸形状和人脸形状参数进行近似表示：

$$\boldsymbol{x}=\bar{\boldsymbol{x}}+\boldsymbol{P}\boldsymbol{b}$$

式中，$\bar{\boldsymbol{x}}$ 为平均人脸形状，$\bar{\boldsymbol{x}}=\dfrac{1}{S}\sum_{k=1}^{S}\boldsymbol{x}_k$；$\boldsymbol{P}$ 是每个人脸形状向量(去除平均人脸形状后)对应的协方差矩阵的前 t 个特征向量所构成的矩阵，$\boldsymbol{P}=(\boldsymbol{p}_1, \boldsymbol{p}_2\cdots, \boldsymbol{p}_t)^{\mathrm{T}}$；$\boldsymbol{b}$ 是人脸形状参数，用于控制人脸形状模型的变化，其各分量为相应的 PCA 特征值，$\boldsymbol{b}=(b_1, b_2\cdots, b_t)^{\mathrm{T}}$。

然后为每个关键点构建局部特征。局部特征一般用梯度特征，以防光照变化的影响，可以沿着边缘的法线方向进行提取。当进行人脸形状匹配时，ASM 通过搜索的方法实现：首先，使用人脸检测算法定位人脸的大致位置，将其作为人脸模型的初始位置；接着，进行轮廓粗匹配，即在人脸模型初始位置定好后，对人脸模型进行一些旋转、平移、缩放的调节，使得人脸模型的朝向、大小和图像中人脸的大概相符：

$$\boldsymbol{X}=T_{X_t, Y_t, s, \theta}(\bar{\boldsymbol{x}}+\boldsymbol{P}\boldsymbol{b})$$

式中，$\boldsymbol{X}$ 表示待检测图像中调整后的模型的点，$T_{X_t, Y_t, s, \theta}(\cdot)$ 表示分别使用平移 (X_t, Y_t)、缩放 s、旋转 θ 进行的变换。

轮廓粗匹配之后进行关键点匹配。具体来说，就是沿着轮廓边缘的法线方向进行搜索匹配(如图 3－19 所示)。匹配的方法可以采用图像块间像素点的差平方和(Sum of Squared Differences，SSD)算法。当所有匹配点之间的欧氏距离之和最短时，就完成了人脸形状匹配，即

$$\min\left|\boldsymbol{Y}-T_{X_t, Y_t, s, \theta}(\bar{\boldsymbol{x}}+\boldsymbol{P}\boldsymbol{b})\right|^2$$

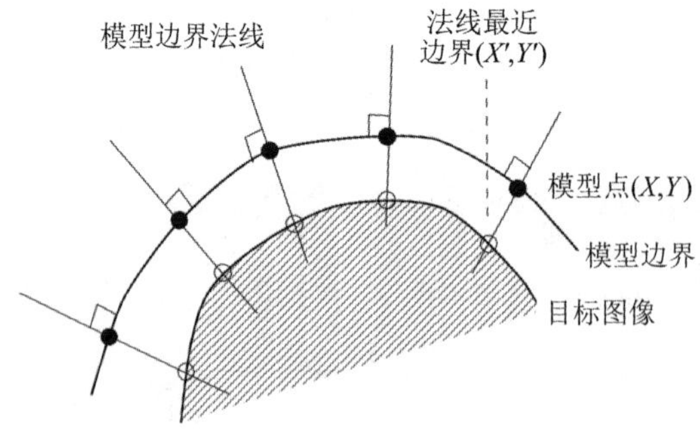

图 3－19 ASM 的关键点搜索匹配示意图

3.5　人脸识别方法

人脸识别技术自诞生至现在涌现了许许多多的方法，这些方法可以大致归为以下几类：几何测量法、空间投影法、弹性图匹配法、局部特征法、神经网络方法等。早期的人脸识别使用几何测量法测量人脸关键点之间的信息和特征，但因大量像素信息丢失而导致其局限较大。之后的人脸识别都采用光测量法，利用了整幅图像的像素信息。但这些方法都基于手工设计的算子来提取人脸特征，自适应能力较差。近年来，随着深度学习的兴起而出现的人脸识别神经网络模型开始大行其道，其性能已经超越了人类的肉眼识别能力。本节介绍人脸识别的传统方法，选取几何测量法、特征脸法、局部特征法等几个典型代表予以讲述。基于深度学习的人脸识别方法留待第 7 章予以介绍。

3.5.1　几何测量法

最早的人脸识别使用几何测量法。由于人脸由眼睛、鼻子、嘴巴等器官构成，不同人的器官形状以及器官之间的相互关系存在明显差异，这些差异可以用来区分不同人的身份。

基于几何特征的方法利用人脸器官之间的几何关系进行人脸表征，通常需要定义一定数量的具有生物意义的人脸关键点来建模。通过描述关键点之间的几何关系可以构建一组特征向量，该特征向量代表了某个人脸的身份。常见的几何特征包括两点之间的欧氏距离、曲率、角度以及其他拓扑信息。特征向量之间进行匹配可以实现人脸验证，根据一定的判别规则设计分类器可以对特征向量进行分类，从而实现人脸识别。

20 世纪 70 年代，Takeo Kanade 等人进一步发展了几何测量法，改进了人脸识别技术的自动化程度。他们根据人脸的面部比例，将人脸自上而下划分为眉毛、眼睛、鼻子、嘴巴四个区域，然后采用专门的边缘和轮廓检测器来查找和定位人脸关键点（即眼睛、鼻子、嘴角）。同时他们还使用关键点之间的相对位置和距离作为人脸的表征。几何测量法示意图如图 3－20 所示。

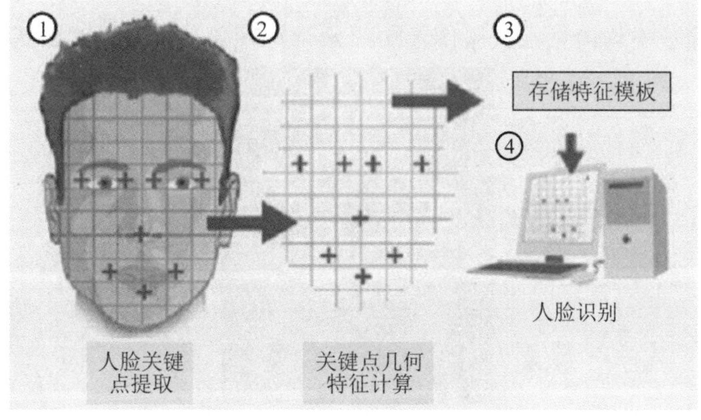

图 3－20　几何测量法示意图

几何测量法具有计算比较简单的优势，对应的人脸特征向量也较为精简。在人脸识别研究的早期，几何测量法至关重要。受当时硬件性能的限制，几何测量法具有更快的计算速度和更少的存储需求。然而几何测量法的缺陷也十分明显，该方法完全依赖人脸关键点的准确提取，而实际中人脸表情和姿态的变化往往导致人脸关键点的提取出现偏差，甚至完全错误，从而导致几何测量法的识别率大为下降。

3.5.2 特征脸法

光测量特征是指人脸纹理和结构等特征，可分为全局特征和局部特征两类。基于光测量特征的代表性方法有特征脸法和局部二值模式法。其中特征脸法的核心在于寻找一个合适的空间变换，将原始人脸图像投影为新空间中的维度更低的向量，因此特征脸法也称为空间投影法。上述所需的空间变换可以通过主成分分析算法予以实现，构成空间的基向量刚好是特征分解得到的正交特征向量，该向量故而被称作特征脸(Eigenface)。本小节介绍特征脸法。

1. 主成分分析

主成分分析(Principal Component Analysis，PCA)算法是数据科学中一种经典的数据降维算法，即通过对输入特征的样本数据进行分析，使用某种线性变换将高维特征向量转换为低维特征向量，去除冗余噪声信息，同时最大程度地保留原始数据的特征信息。在实际应用中，可以在一定的信息损失范围内对特征进行降维，为我们节省大量的时间和成本，而且可以避免“维数灾难”(Curse of Dimensionality)现象。MIT 媒体实验室的 Turk 和 Pentland 在 1991 年提出的特征脸法首次将主成分分析算法和统计特征技术引入人脸识别中，并在小规模数据集中取得了较好的表现。

2. 算法流程

特征脸法的流程如下。

(1) 假设包含 n 个训练样本的训练数据集 $X=\{\boldsymbol{x}_1, \boldsymbol{x}_2, \boldsymbol{x}_3, \cdots, \boldsymbol{x}_n\}$，样本 $\boldsymbol{x}_i$ 由图像像素的灰度值构成，向量 $\boldsymbol{x}_i$ 的维数等于图像像素的个数，则样本的平均向量的表达式为

$$\boldsymbol{\mu}=\frac{1}{n}\sum_{i=1}^{n}\boldsymbol{x}_i \tag{3-11}$$

式中 $\boldsymbol{\mu}$ 为平均向量。平均向量在人脸图像中表示训练图像的平均脸，如图 3-21 所示。

图 3-21 平均脸示意图

(2) 对每个训练样本进行中心化处理，即求样本 $\boldsymbol{x}_i$ 与平均脸 $\boldsymbol{\mu}$ 的差值 $\boldsymbol{d}_i$：

$$\boldsymbol{d}_i = \boldsymbol{x}_i - \boldsymbol{\mu}, \quad i = 1, 2, 3, \cdots, n \tag{3-12}$$

(3) 计算样本集的协方差矩阵 $\boldsymbol{\Sigma}$：

$$\boldsymbol{\Sigma} = \boldsymbol{C}\boldsymbol{C}^{\mathrm{T}} \tag{3-13}$$

其中

$$\boldsymbol{C} = (\boldsymbol{d}_1, \boldsymbol{d}_2, \cdots, \boldsymbol{d}_n)$$

(4) 计算协方差矩阵 $\boldsymbol{\Sigma}$ 的特征值 λ_i 和特征向量 $\boldsymbol{e}_i$。协方差矩阵 $\boldsymbol{\Sigma}$ 的正交特征向量就是组成人脸空间的基向量，即特征脸。图 3-22 展示了八个最大特征值对应的特征脸示例。由于协方差矩阵 $\boldsymbol{\Sigma}$ 的维度太大，因此不采用直接计算的方法。计算机中通常采用奇异值分解(Singular Value Decomposition，SVD)定理，间接求得协方差矩阵 $\boldsymbol{\Sigma}$ 的非零特征值对应的特征向量。而且根据奇异值分解定理，矩阵 $\boldsymbol{d}_i^{\mathrm{T}}\boldsymbol{d}_i$ 的特征值与矩阵 $\boldsymbol{d}_i\boldsymbol{d}_i^{\mathrm{T}}$ 的特征值相同，且 $\boldsymbol{d}_i^{\mathrm{T}}\boldsymbol{d}_i$ 的特征向量与 $\boldsymbol{d}_i\boldsymbol{d}_i^{\mathrm{T}}$ 的特征向量存在特定的关系，这也为间接求法提供了理论依据。

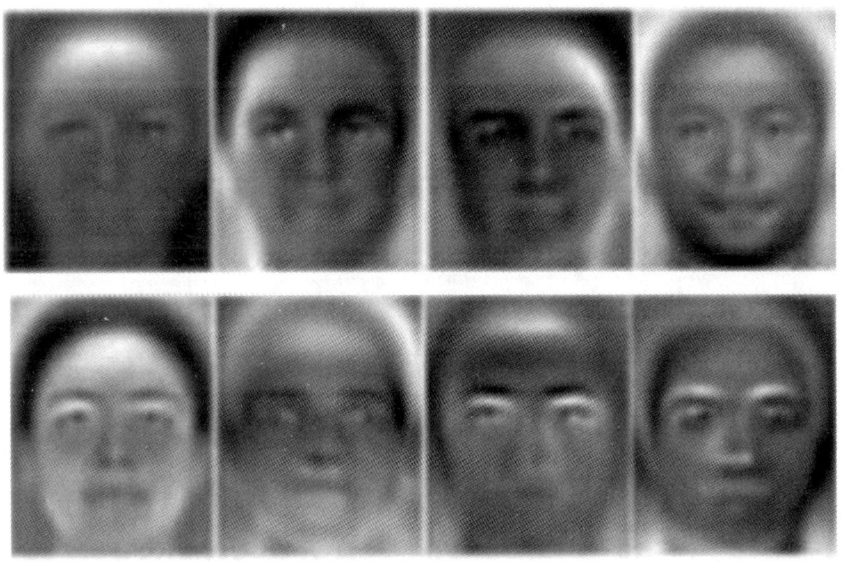

图 3-22　特征脸示例(仅取前 8 个)

(5) 将协方差矩阵 $\boldsymbol{\Sigma}$ 的特征值由大到小排列，选取前 k 个最大特征值对应的特征向量组成投影变换矩阵 $\boldsymbol{W}$：

$$\boldsymbol{W} = (\boldsymbol{e}_1, \boldsymbol{e}_2, \cdots, \boldsymbol{e}_k) \tag{3-14}$$

(6) 将原始样本 $\boldsymbol{x}_i$ 投影变换到选取的特征空间中，即可得到新的特征向量 $\boldsymbol{y}_i$：

$$\boldsymbol{y}_i = \boldsymbol{W}^{\mathrm{T}}(\boldsymbol{x}_i - \boldsymbol{\mu}) \tag{3-15}$$

式中 $\boldsymbol{y}_i$ 是 k 维向量。

通过 PCA 算法提取特征向量之后，进而使用特定的分类器(如 SVM 等)对人脸图像进行分类，或者通过计算两张人脸图像的特征距离来判断它们是否匹配。

3. 算法解释

PCA 算法可以通过最大方差理论和最小投影距离(即样本点到超平面的距离足够近)理论来解释。这两个解释本质上是等价的。以下选用最大方差理论进行讲述。

PCA 算法的基本思路是将原始人脸向量投影到一个新的向量空间并进行降维操作，因此该算法的核心在于寻找最好的投影坐标轴，从数学的角度来看，即寻找最优的投影矩阵。而信息论中认为信号有较大的方差，噪声有较小的方差。信噪比(Signal to Noise Ratio，SNR)就是信号与噪声的方差比，该值越大越好。根据该理论，原始 n 维人脸特征向量经投影并降维后得到的 k 维人脸特征向量满足每一维度上的样本方差都最大。

假设任意人脸样本为 $\boldsymbol{x}_i$，投影变换矩阵为 $\boldsymbol{W}$，则该人脸样本在新坐标系中的投影为 $\boldsymbol{W}^{\mathrm{T}}\boldsymbol{x}_i$，对应的新坐标系中的投影方差为 $\boldsymbol{x}_i\boldsymbol{W}\boldsymbol{W}^{\mathrm{T}}\boldsymbol{x}_i$，而所有样本的投影方差和为 $\sum_{i=1}^{n}\boldsymbol{W}^{\mathrm{T}}\boldsymbol{x}_i\boldsymbol{x}_i^{\mathrm{T}}\boldsymbol{W}$。我们的目标是使该方差和最大，也就是要求解以下矩阵的迹的最大值，即

$$\begin{cases}\boldsymbol{W}^* = \underset{\boldsymbol{W}}{\operatorname{argmax}}\ \operatorname{tr}(\boldsymbol{W}^{\mathrm{T}}\boldsymbol{X}\boldsymbol{X}^{\mathrm{T}}\boldsymbol{W}) \\ \text{s. t.}\quad \boldsymbol{W}^{\mathrm{T}}\boldsymbol{W} = \boldsymbol{I}\end{cases} \tag{3-16}$$

式中，tr(·)表示矩阵求迹运算，$\boldsymbol{I}$ 代表单位矩阵，$\boldsymbol{X}\boldsymbol{X}^{\mathrm{T}}$ 为样本协方差矩阵。

我们可以直观猜测，投影时应当尽可能往长轴上投影，这样可以保证样本点在投影后具有更大的方差。如图 3-23(a)所示，可以明显看到按长轴投影后样本点在投影轴上更加分散，即对应方差更大；而按短轴投影后样本点更加紧密，对应方差更小，如图 3-23(b)所示。事实上可以证明，最优解 $\boldsymbol{W}^*$ 刚好是样本协方差矩阵 $\boldsymbol{X}\boldsymbol{X}^{\mathrm{T}}$ 的特征向量所构成的矩阵。

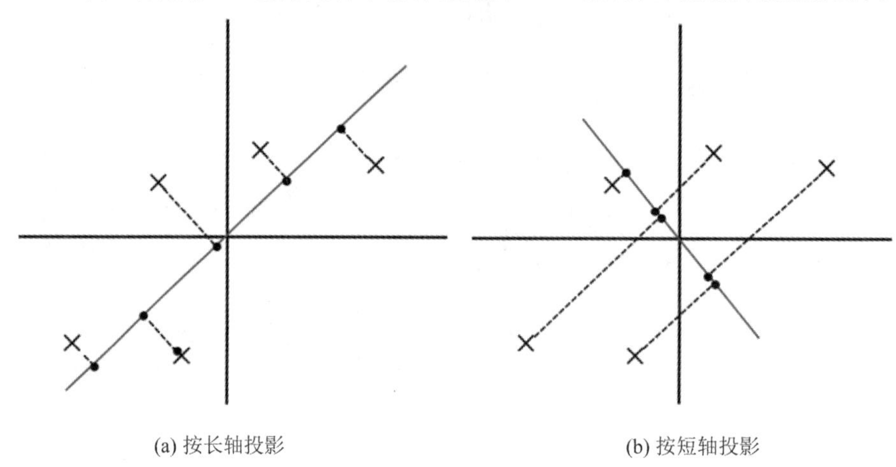

(a) 按长轴投影　　(b) 按短轴投影

图 3-23　PCA 投影轴的选取

3.5.3 局部特征法

局部特征法中最著名的代表算法为局部二值模式(Local Binary Pattern，LBP)算法，该算法在 1994 年由 Ojala 等人提出，它具有旋转不变性和灰度不变性等显著的优点。

1. LBP 编码

利用 LBP 对人脸图像的纹理特征进行提取时，需要经过滤波器选择、阈值比较、LBP 值计算三个步骤，具体如下：

(1) 定义一个 3×3 的滤波器，每个滤波器小窗口中的数值均表示该位置处的像素值。

(2) 将滤波器中心像素点的灰度值定为阈值，将其周围 8 个像素点的灰度值逐个与阈值对比，若某点灰度值小于阈值，则将该点的值改为 0，反之将该点的值改为 1；随后从第

一个滤波器小窗口将数字顺时针排列，由此可得出一个八位无符号二进制数。

(3) 将所得的八位无符号二进制数换算为十进制数，即可得出该滤波器中心的 LBP 值。

LBP 算子的编码过程如图 3-24 所示。

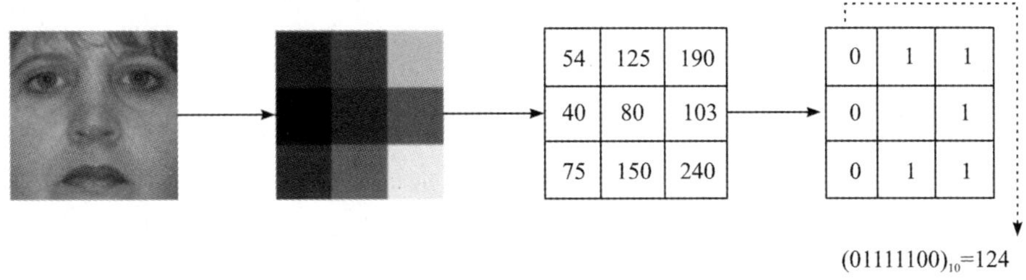

图 3-24　LBP 算子的编码过程

在人脸识别过程中，给定一张人脸图像，以任意像素为中心，其 LBP 算子的计算公式为

$$\mathrm{LBP}(x_c, y_c)=\sum_{n=0}^{N-1}\varepsilon(i_n-i_c)2^n \tag{3-17}$$

式中，(x_c, y_c) 为 LBP 算子的中心坐标；i_c 为滤波器中心像素点的灰度值；i_n 为滤波器中心邻域内第 n 个像素点的灰度值；N 为 LBP 算子所在邻域除中心外像素的总数；$\varepsilon(\cdot)$ 为阶跃函数，其表达式为

$$\varepsilon(x)=\begin{cases}1, & x\geqslant 0\\ 0, & x<0\end{cases} \tag{3-18}$$

2. 圆形算子和多尺度

方形邻域模板存在一个很明显的弊端，即它不具有旋转不变性。为了实现旋转不变性，可以考虑将基于方形邻域模板的 LBP 算子修改为圆形 LBP 算子。然而改为圆形算子后需要知道相应圆周上的像素值。但实际数字图像的像素为矩阵结构，不存在这些像素值，因此，可以采用差值法(例如双线性插值法)计算出圆周上相应位置的像素值。

另外，由于实际应用中人脸图像尺寸较大，采用尺寸为 3×3 的八邻域 LBP 算子的感受野过小，无法有效提取纹理信息，所以 Ojala 等人对 LBP 算子进行了改进，引入了多种不同尺度的算子，即增加圆形算子的半径。改进后的圆形 LBP 算子可对较大尺寸的人脸图像进行滤波和纹理信息提取。通过联合多个不同尺度的算子，还可以实现多尺度信息处理。尺度为 r、采样点数为 N 的 LBP 算子可以记作 LBP_N^r。

图 3-25 展示了不同尺度的圆形 LBP 算子示意图。

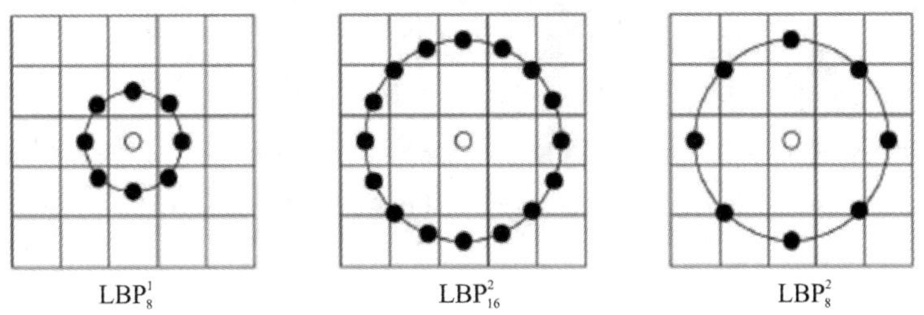

图 3-25　不同尺度的圆形 LBP 算子示意图

3. 等价模式

考察上述 LBP 算子可知，一个 LBP 算子可以产生多种 LBP 模式，一个 3×3 邻域的 LBP 算子就有 $2^8=256$ 种二进制模式。感受野更大的 LBP 算子的二进制模式以指数级增长。过多的二进制模式无论对纹理的提取、识别、分类还是对信息的存取都是不利的。对于实际应用，不仅要求特征提取算子更简单，同时还要考虑计算速度、存储量大小等问题，因此需要对原始的 LBP 模式进行降维。

Ojala 等人提出一种等价模式(Uniform Pattern)来对 LBP 模式进行降维。他们认为，在实际图像中，绝大多数 LBP 模式(即有用信息对应的模式)最多只包含两次从 1 到 0 或从 0 到 1 的跳变。因此，Ojala 将等价模式定义为：当某个 LBP 算子所对应的循环二进制数从 0 到 1 或从 1 到 0 最多有两次跳变时，该 LBP 算子所对应的二进制编码就称为一个等价模式。除等价模式以外的模式都归为另一类，称为混合模式。通过这种改进，在不丢失信息的同时，二进制模式的种类大大减少。等价模式编码结果为

$$u(d)=\begin{cases}d, & d_{\mathrm{B}}\text{ 为等价模式}\\ M, & \text{其他}\end{cases} \tag{3-19}$$

式中，d 为十进制数，d_{B} 为 d 的二进制形式，M 为等价模式的总数(例如 12 位编码时 $M=134$)。

综合上述，对于多种 LBP 算子形式，人们可以根据自己的需求使用不同的算子进行图像处理。在实际人脸图像处理时，按如下步骤进行 LBP 特征的提取：

(1) 将人脸图像划分为若干个大小相同的区块(Block)；

(2) 对每个区块中的各个像素点按前述方式计算 LBP 值；

(3) 统计各区块的 LBP 值直方图信息，并对直方图进行归一化处理；

(4) 将所有区块的统计直方图连接成一个特征向量，即得整张人脸图像的 LBP 纹理特征向量。

一个实际人脸图像的 LBP 编码结果如图 3-26 所示。图 3-26(a)为输入的原始人脸图像，图 3-26(b)和(c)分别为 $N=8$、$r=1$ 和 $N=8$、$r=2$ 的 LBP 编码图像。

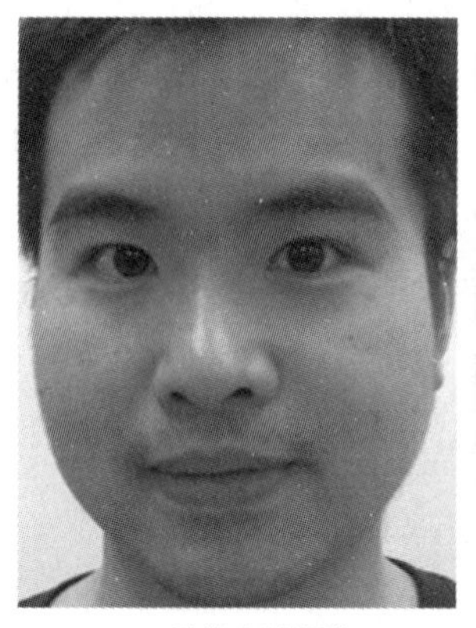
(a) 原始人脸图像

(b) N=8、r=1的LBP编码图像

(c) N=8、r=2的编码图像

图 3-26 人脸图像的 LBP 编码实例

最后需要说明的是，LBP 法比特征脸法具有更强的光照鲁棒性。对 LBP 编码的过程进行分析容易看出，当光照强度发生变化时(假设光照改变是均匀的)，中心像素所在邻域内

的像素值同时增大或减小，对应的像素间的大小关系保持不变，从而编码值(即最终提取的人脸特征)也不变。

本章小结

本章介绍了人脸识别的基本知识，包括人脸识别的起源与发展历程、人脸识别技术的挑战，以及最常见的人脸图像预处理、人脸检测与人脸对齐、人脸识别等。其中，人脸图像预处理包含了光照预处理、去噪等。对于人脸检测，我们介绍了其基本概念、通用流程、评价指标和经典的 VJ 人脸检测器。对于人脸识别，我们着重介绍了三种算法，包括早期的几何测量法和之后出现的特征脸法和局部二值模式法。

为开阔读者的视野，我们也讨论了人脸识别的发展趋势，介绍了几种特殊的人脸识别技术，如 3D 人脸识别、多光谱人脸识别、移动端人脸识别、深度学习人脸识别等。其中深度学习人脸识别部分将在第 7 章具体介绍。

思　考　题

1. 人脸识别过程中有哪些著名学者做出了贡献？

2. 与指纹识别相比，人脸识别的优势有哪些？其又有什么缺点？

3. 人脸识别的常见难点和挑战包括哪些？

4. 与均值滤波相比，中值滤波的优点是什么？

5. 简述 VJ 人脸检测器成功的原因，并回答其如何实现了加速。

6. 假设某人脸检测实验中有 100 个真实的人脸，但是检测出了 120 个目标，其中 80 个是正确的人脸，40 个是错误的人脸，试计算实验精度和召回率。

7. 简述几何测量法的思路。

8. 从线性代数角度看，特征脸法中特征脸的意义是什么？

9. 局部二值模式法为什么对光照具有较好的鲁棒性？

10. LBP 编码时得到 11001011 和 11000011 两个码值，将其转换为相应的十进制数，并分别判断它们是否为等价模式。

第4章 其他生物特征识别技术

我们在第 2 章和第 3 章对指纹和人脸这两个最常见的生物特征识别模态及其技术进行了介绍。本章继续介绍其他较为常见的生物特征识别技术(如虹膜识别、声纹识别、步态识别、掌纹识别和生物电身份识别等)。不同模态具有各自独特的优势和特点。我们以Dougman 方法为例讲述虹膜图像采集、虹膜分割、虹膜归一化与增强、虹膜特征提取、虹膜特征匹配等步骤，并针对声纹识别介绍声纹特征提取和声纹模型，针对步态识别介绍图像背景去除、特征提取、特征降维、匹配与分类等内容，针对掌纹识别介绍掌纹采集、掌纹图像预处理、掌纹特征提取和匹配等，针对生物电身份识别介绍脑电的产生、采集、预处理和特征提取等。

4.1 虹膜识别

4.1.1 虹膜识别简介

虹膜(Iris)是眼球壁中位于角膜和晶状体之间的圆环状薄膜(见图 4－1(a))。从眼睛正面看，它位于黑色瞳孔和白色巩膜之间(见图 4－1(b))。瞳孔随入射光线强度的变化会相应地收缩或扩张，从而牵动虹膜变化。虹膜主要由结缔组织构成，内含色素、血管、平滑肌等。不同种族的虹膜的颜色因所含色素的多少和分布的不同存在差异，一般有黑色、蓝色、棕色和灰色等几种。虹膜识别是指使用计算机、光学成像与模式识别等手段，自动获取和分析虹膜图像，以识别和认证个人身份的技术。

最早用虹膜进行身份识别的设想出现于 19 世纪 80 年代，但直到最近三十几年，虹膜识别技术才有了飞跃的发展。以下对虹膜识别的发展历史做一个简单的回顾和总结。

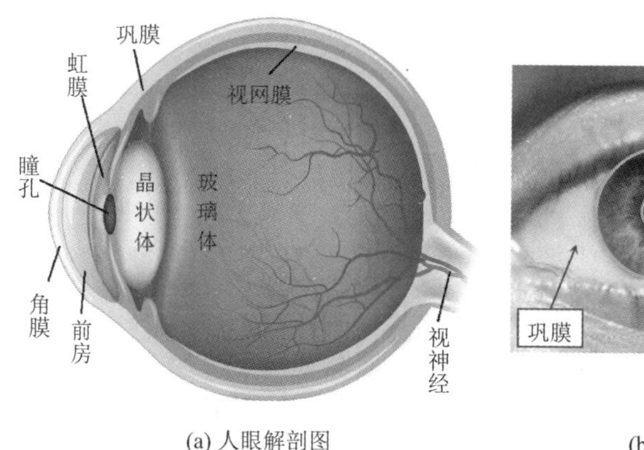

(a) 人眼解剖图　　(b) 虹膜

图 4－1　人眼解剖与虹膜区域

1885 年，Alphonse Bertillon 在巴黎的监狱中利用虹膜的结构和颜色区分同一监狱中的不同犯人，这是最早利用虹膜进行身份识别的案例。

1987 年，眼科专家 Aran Safir 和 Leonard Florm 首次提出了利用虹膜图像进行自动身份识别的概念，并申请了第一个关于自动虹膜识别的专利。

真正的自动虹膜识别统则是在 20 世纪末才出现的。据文献记载，最早的虹膜识别系统是 1991 年在美国洛斯阿拉莫斯国家实验室由 Johnson 实现的。1993 年，英国剑桥大学的 John Daugman 教授提出了第一套成功的虹膜图像预处理、特征提取和相似性判别算法(即 Daugman 算法)，该算法是虹膜识别领域的里程碑，直到今天，其仍是很多自动虹膜识别系统使用的核心算法。Daugman 算法的主要特色是：使用微积分算子检测虹膜内、外边界，使用 Rubber Sheet 模型进行虹膜归一化，采用 Gabor 滤波器提取虹膜纹理特征，使用归一化的汉明距离进行特征匹配。

2000 年初，中国科学院自动化研究所开发出了虹膜识别的核心算法，提出了利用多通道 Gabor 滤波器提取虹膜特征的方法，该研究所是国内进行虹膜识别研究工作较早、较深入的单位。

近年来，随着深度学习的发展，虹膜识别领域也出现了很多成功模型，如 DeepIris、DeepIrisNet 等。相比于传统的手动设计算法，基于深度学习的虹膜识别方法的最大优势是在提高了识别精度的前提下，还提高了模型对图像噪声的鲁棒性和泛化能力。

虹膜识别理论取得成功之后，迅速在工业界进行了应用。例如，2000 年，美国开始在机场启用专为航空公司飞行员和机场职工设计的虹膜通行证；2000 年初，美国 Iriscan 研制出的虹膜识别系统已经部署在美国得克萨斯州联合银行的营业部，用于储户办理银行业务时的身份验证；2013 年，AOptix 公司推出了一款面向智能手机 iPhone 的环绕式虹膜扫描仪和对应的 APP；2015 年，富士通发布了首款量产的具有虹膜识别系统的手机 Arrows NX F-04G。

虹膜是人体中最独特的结构之一，其表面形貌高度细节化，包含了极为丰富的信息。虹膜图像中的细节特征如图 4－2 所示。从外观上看，虹膜由许多褶皱、隐窝、色素点等构成。虹膜的形成由遗传决定，人体的基因表达决定了虹膜的形态、生理、颜色和总外观。虹膜从胚胎期的第三个月起开始发育，到胚胎期的第八个月，虹膜的主要纹理结构已经成形，到十二岁左右，虹膜就发育到足够尺寸，进入了稳定时期。除极少见的创伤(如外科手术等)造成虹膜改变外，虹膜几乎终身不变。

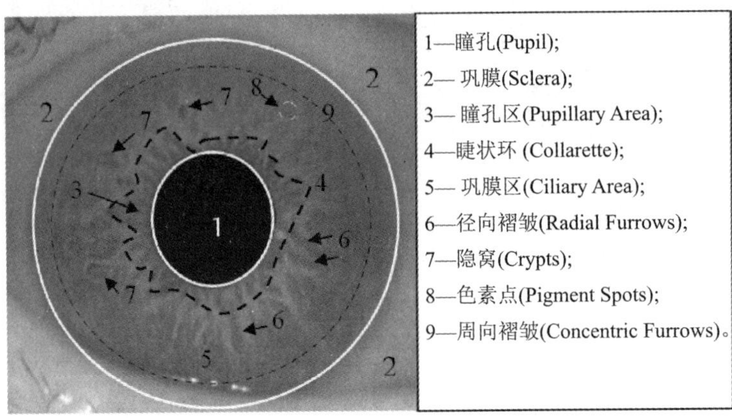

图 4-2 虹膜图像中的细节特征

虹膜能成为人的身份标识是因为其有以下的天然优势。

(1) 唯一性。不同人的虹膜图像中存在许多随机分布的细节特征，所以虹膜模式具有唯一性。Daugman 在 1993 年提出的虹膜相位特征证实了虹膜图像有 244 个独立的自由度，平均每平方毫米信息量大小为 3.2 bit。由于提取到的图像特征是压缩后的结果，因此虹膜纹理的信息量是远大于此的。此外，由于胚胎发育环境等随机因素会决定虹膜的细节特征，因此，即使双胞胎、克隆人，甚至同一个人的左、右眼的虹膜图像之间也具有显著差异。虹膜模式的唯一性使得高精度的身份识别成为可能。

(2) 稳定性。相对于人脸、语言等模态，虹膜具有很好的稳定性。虹膜主要在胚胎期的第三个月到第八个月发育，此后其主要的纹理结构已经固定，在不经历外界伤害或外科手术的情况下，虹膜几乎终生不变。此外，由于角膜对虹膜具有一定的保护作用，因此虹膜很难受到外界的伤害。

(3) 非接触。虹膜是一个暴露在外的器官，即使与采集仪器具有一定距离，也可获取可用的虹膜图像。这种非接触的识别方式相比于指纹识别、掌纹识别等方式更卫生，不会污染或损坏采集仪器，也不会影响仪器后续的重复使用。

(4) 防伪性。首先，虹膜的半径小，在可见光下，虹膜图像中看不到纹理信息，想要获取到可用的虹膜纹理图像需要专用的采集装置和用户配合，所以通过翻拍图像盗取虹膜图像是不可行的。其次，虹膜具有极强的生物活性，生物体死亡后瞳孔放大，虹膜组织收缩，因此，通过观察瞳孔对光的反应可以区别真、假虹膜，具有很好的反欺骗性。最后，人眼属于非常精细的组织，通过手术改变虹膜特征的难度极高、危险性极大，伪造代价非常高。

利用人眼虹膜识别一个人的身份，完整的流程包括虹膜图像采集、虹膜图像预处理及虹膜特征提取与匹配等，如图 4-3 所示。其中，为了得到有效的虹膜识别结果，虹膜图像采集时必须拍摄到纹理清晰的虹膜图像，这需要利用专门的虹膜图像采集仪。21 世纪以来，从简单的近距离图像采集装置到复杂的远距离图像采集装置，虹膜图像采集技术得到了飞速的发展。目前，绝大部分虹膜图像采集装置都需要用户完全配合，采用固定的镜头、光源、传感和信号处理方法，在可控条件下采集到质量较高的虹膜图像。

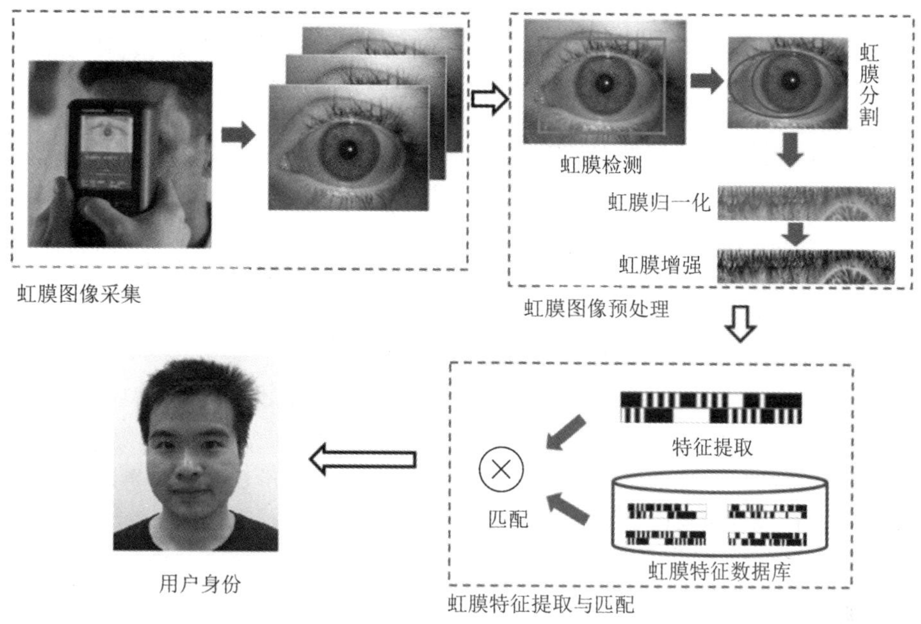

图 4-3　虹膜识别流程

虹膜图像预处理通常由虹膜检测、虹膜分割、虹膜归一化、虹膜增强等子步骤构成。其中，虹膜检测的目的在于从一个包含无关背景区域的原始虹膜图像中定位有效的虹膜区域，通常用一个矩形框框出。虹膜分割则进一步将虹膜区域的轮廓描绘出来，在像素水平对其进行分类，通常用椭圆标记巩膜轮廓，用圆形标记虹膜和瞳孔轮廓(见图 4-3(b))。虹膜归一化的目的是将不同虹膜分割图像的像素灰度值进行值域的统一化，方便后续进一步处理。根据需要，还可以进一步对虹膜图像进行增强操作，以凸显虹膜图像中的有用信息，同时抑制无关信息。

虹膜特征提取与匹配是虹膜识别系统的核心模块，其中虹膜特征提取在于通过设计各种算子和描述子提取出能区分不同个体的信息，常见的虹膜特征包括 Gabor 特征、纹理特征、统计特征等。而虹膜特征匹配在于寻找适当的测度来度量不同个体虹膜特征的相似度或差异度，结果一般为匹配分数。匹配分数生成之后可以通过与预设阈值进行比较，从而输出识别结果。

最早取得较大成功的虹膜识别系统为 Daugman 提出的虹膜识别系统，该系统使用 LCD 显示屏显示反馈信息，以辅助用户进行位置校正。当图像的锐度达到阈值时，该虹膜识别系统进行自动采集。

除了 Daugman 方法，经典的虹膜识别方法还包括 Wildes 方法和 Boles 方法。其中 Wildes 方法将边缘检测与 Hough 变换相结合来定位虹膜内、外边缘，即使用高斯拉普拉斯算子搜索虹膜边缘点，采用 Hough 变换并以圆形拟合虹膜内、外边缘。特征提取时先用高斯滤波器将虹膜图像分解成不同分辨率的图像序列，之后用拉普拉斯金字塔技术计算不同分辨率下待识别的两幅虹膜图像的相似度。而 Boles 方法使用小波变换进行过零点检测，建立起虹膜灰度级和轮廓的一维表达式，分类时使用自定义的差异度函数。Boles 方法对图像亮度变化和噪声不敏感，且不受采集虹膜图像时产生的漂移、旋转和比例缩放的影响。

虽然目前虹膜识别已经比较成熟，但仍存在一些待解决问题。例如，虹膜识别需要高性能虹膜图像采集装置，装置的价格较高，这限制了虹膜识别的广泛应用。而且目前的采集装置一般都是近距离图像采集装置(几十厘米以内)，同时还需要被采集者配合。研究无须采集者配合的远距离虹膜图像采集装置仍在进行中，这对于公安侦查、追捕逃犯、过关检查等应用场合来说意义重大。

4.1.2 虹膜图像采集

作为一个经典的图像采集装置，Daugman 设计的虹膜图像采集装置包括照明 LED 光源、分光镜、摄像机(窄视场镜头)等，其特点包括：

(1) 它是虹膜图像采集装置中比较成熟的一套装置。

(2) 它是反馈式虹膜图像采集装置，需要用户根据采集时装置反馈的虹膜图像调整自己的位置、角度，以适应装置拍摄出虹膜图像。

(3) 它采用焦距为 330 mm 的透镜，需要用户从 15～46 mm 的距离处摄取虹膜图像。

Daugman 设计的虹膜图像采集装置的示意图和实物图如图 4-4 所示。

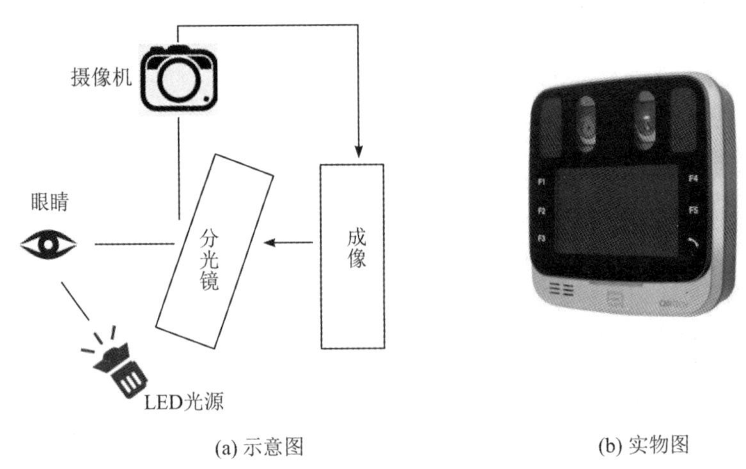

(a) 示意图　　(b) 实物图

图 4-4　虹膜图像采集装置

后来，Wildes 等人对 Daugman 设计的虹膜图像采集装置进行了改进，主要区别在于新的照明方式利用发射光源引发漫反射来模拟自然光，以避免图像中产生的光斑遮挡虹膜的纹理，从而减少了对虹膜定位和识别造成的影响。

4.1.3 虹膜分割

虹膜分割是从虹膜图像中分离出介于瞳孔与巩膜之间的环形虹膜区域的过程。虹膜分割是虹膜识别中不可或缺的步骤。虹膜由内、外两个近似圆形界定，但是这两个圆并非完全同心，需要分别对内、外两个边缘进行处理。

人眼图像具有明显的灰度变化，从瞳孔到虹膜，再到巩膜，图像灰度值呈明显阶梯状增大的规律。由于虹膜的边缘正好是梯度变化最大的地方，因此虹膜分割方法普遍利用灰度值的不连续性，在图像中搜索瞳孔、巩膜以及眼睑等区域的边缘。常见的虹膜分割方法有微积分方法、Hough 变换法、最小二乘法等。本节我们重点介绍 Daugman 提出的基于圆形假设的微积分圆形边缘检测法，也称为 Daugman 虹膜边缘检测法。

假设虹膜图像为 $I(x, y)$，将虹膜图像内边缘(即瞳孔边缘) 和外边缘(即巩膜边缘) 建模为圆形，其圆心坐标为 (x_c, y_c)。在半径为 r 的弧度 ds 上对像素值进行积分，然后对半径 r 求偏导，导数最大处对应的位置 (r, x_c, y_c) 即为所求边缘，即

$$\max_{(r, x_c, y_c)} \left| \frac{\partial}{\partial r} G(r) * \oint_{(r, x_c, y_c)} \frac{I(x, y)}{2\pi r} \mathrm{d}s \right| \tag{4-1}$$

式中，$*$ 代表卷积运算，$G(r)$ 为高斯函数(均值为 u_r，标准差为 σ)，且

$$G(r) = \frac{1}{\sqrt{2\pi}\sigma} \mathrm{e}^{-(r-u_r)^2/2\sigma^2} \tag{4-2}$$

由于高斯函数的傅里叶变换仍是高斯函数，因此 $G(r)$ 在空间域和频域均可用作平滑滤波。Daugman 虹膜边缘检测法本质上是一个用尺度 σ 进行模糊化的圆形边缘检测法，它对虹膜内、外边缘进行定位的过程是在 r、x_c、y_c 三个参数所在空间不断迭代求最优解(即求最大值)的过程。该算法的具体实现过程包括图像平滑处理和虹膜边缘检测。

1. 图像平滑处理

在拍摄虹膜图像时，由于反光等因素，可能会在瞳孔和虹膜上形成一些亮点噪声，这对提取虹膜边缘以及后续特征提取来说是不利的。为了抑制这种噪声的影响，首先采用高斯函数 $G(r)$ 对虹膜图像进行平滑滤波。该平滑滤波参数 σ 的取值需要视情况而定。一般虹膜区域外边缘由于眼睑、睫毛等的影响会比较模糊，而内边缘与瞳孔的交界处较为明显。因此在检测外边缘时，σ 取值通常较小，以防止破坏边缘特征。在检测内边缘时，σ 可以取较大的值，以便于去噪。常用的高斯模板为 $\frac{1}{16} \times \begin{bmatrix} 1 & 2 & 1 \\ 2 & 4 & 2 \\ 1 & 2 & 1 \end{bmatrix}$。

2. 虹膜边缘检测

对于虹膜的内、外边缘，在不同的半径范围内采用相同的方法进行搜索。一般首先检测界线较为明显的虹膜内边缘。具体实现时，对图像上的每一点 (x_c, y_c)，对所有可能的半径，统计圆周上点的灰度值的平均值：

$$\text{aver\_}I(n\Delta r) = \frac{1}{N} \sum_{(x, y) \in C} I(x, y) \tag{4-3}$$

式中，n 为正整数，Δr 为半径的微小增量，$I(x, y)$ 为圆周上的像素灰度值，N 为所统计的圆周上像素的个数，C 为以 (x_c, y_c) 为圆心且 r 为半径的圆周，可以采用中点画圆法的思想确定 C 上的点。相邻两个圆周的灰度梯度为

$$\mathbf{grad}(n\Delta r) = \text{aver\_}I(n\Delta r) - \text{aver\_}I[(n-1)\Delta r] \tag{4-4}$$

最后，对于图像上的所有像素，搜寻使 $\mathbf{grad}(n\Delta r)$ 绝对值最大的像素点，那么此像素点 (x_c, y_c) 即为圆周的中心，此时半径为 r 的圆周即为虹膜的边缘。此过程可表示为

$$\max_{(n\Delta r, x_c, y_c)} |\mathbf{grad}(n\Delta r)| \tag{4-5}$$

根据上述过程可以发现，在整个图像平面上搜索所有可能的圆是非常耗时的，因此可以采用先缩小图像进行一次粗略的定位，然后再在原图像中进行精确定位的策略。这样既保证了定位的精度，也大大提高了定位速度。图 4-5 为一个具体的虹膜分割结果实例。

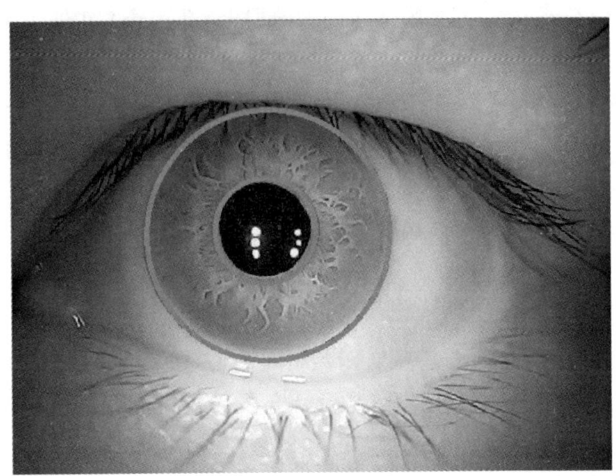

图 4-5　虹膜分割结果实例

4.1.4　虹膜归一化与增强

分割得到的虹膜图像还不能直接进行特征提取，这是因为采集距离、光照等因素导致虹膜图像的大小不一。另外，虹膜图像的特征提取往往需要在极坐标系中进行。提取虹膜特征的计算量是很大的，如果不对虹膜图像进行归一化，那么提取特征时需要在极坐标系和笛卡尔坐标系之间进行变换，进一步增加了计算量，因此在提取特征之前要进行虹膜归一化。

归一化的目的是将每幅虹膜图像调整到相同的尺寸和对应的位置，从而消除平移、缩放和旋转对后续虹膜特征提取的影响。假设已经分割得到的虹膜内、外边缘圆周的参数分别为 (x_i, y_i, r_i) 和 (x_o, y_o, r_o)。由于虹膜边缘所在的内、外圆不是同心的，因此归一化所采用的极坐标变换也不是同心的。

Daugman 采用同心的橡皮膜模型(Rubber Sheet Model)将虹膜图像从直角坐标系 (x, y) 映射到极坐标系 (r, θ) 中，其中 r 和 θ 的取值范围分别为 $[0, 1]$ 和 $[0, 2\pi]$。为了简化计算，Daugman 归一化模型假设两个圆是同心的。

如图 4-6(a)所示，将一个直角坐标系内的虹膜像素 (x, y) 映射到极坐标系中，可表示为

$$I(x(r, \theta), y(r, \theta)) \rightarrow I(r, \theta) \tag{4-6}$$

并且

$$\begin{cases} x(r, \theta) = (1-r)x_i(\theta) + rx_o(\theta) \\ y(r, \theta) = (1-r)y_i(\theta) + ry_o(\theta) \end{cases} \tag{4-7}$$

式中，$I(x, y)$ 表示虹膜区域对应的图像，(x, y) 是原直角坐标系下的坐标，(r, θ) 是对应的极坐标系下的坐标，(x_i, y_i) 与 (x_o, y_o) 分别为以瞳孔中心为起点且角度为 θ 的射线与内、外虹膜边缘相交的点。

在采集过程中，受外界以及头发遮挡等因素的影响，虹膜图像的光线分布会不均匀，这导致归一化后的虹膜图像的对比度偏低，虹膜图像的纹理暗淡且不突出(如图 4-6(b)所示)。因此，需要对归一化后的图像继续做图像增强，使得虹膜图像的纹理能够更加清晰(如图 4-6(c)所示)，便于后续的特征提取和识别。

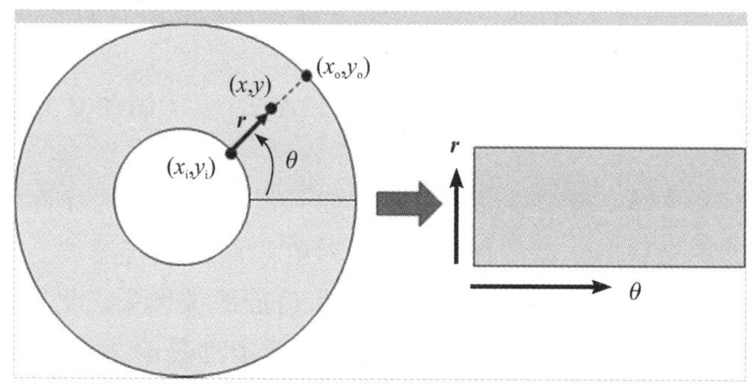

(a) 橡皮膜模型原理

(b) 归一化后的虹膜图像

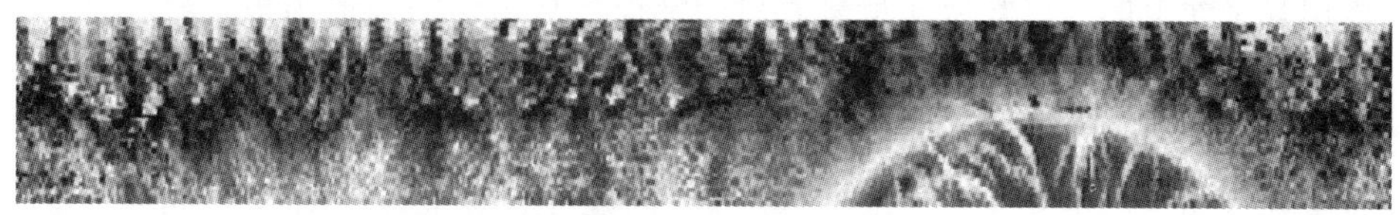

(c) 增强后的虹膜图像

图 4-6　橡皮膜模型原理以及虹膜归一化与增强示例

一般使用图像处理技术中常见的增强算法对虹膜图像进行增强，如直方图均衡化算法、限制对比度的自适应直方图均衡化算法等。

4.1.5　虹膜特征提取

虹膜特征提取与匹配旨在从环状的虹膜区域中寻找到能刻画虹膜细微结构的一系列特征，进而利用这些特征进行相似度比较并给出识别结果。

现有的虹膜特征提取算法，如 Daugman 提出的 Gabor 滤波方法、Wildes 提出的金字塔分解方法等都是基于空间-频域技术的；Tassel 等提出的基于 Hilbert 变换域的方法、Kong Woo Nam 等提出的亮度方向变化方法是基于灰度图像空间域统计特征的。Daugman 采用 Gabor 滤波法提取虹膜特征时达到了很高的识别率，为后续虹膜识别领域的研究提供了一个很好的范例，其基本思路是利用多通道 Gabor 滤波器提取虹膜图像的二维 Gabor 相位信息作为虹膜图像的纹理特征。以下以 Gabor 滤波法为例进行讲述。

Gabor 变换属于加窗傅里叶变换，Gabor 函数可以在频域的不同尺度、不同方向上提取相关的特征。此外，由于 Gabor 函数与人眼的生物作用相似，因此它经常用于纹理特征提取，并取得了良好的效果。

1. 极坐标系下的 Gabor 滤波

二维 Gabor 滤波器在双无量纲的极坐标下的形式为

$$G(r, \theta)=\mathrm{e}^{-\mathrm{i}\omega(\theta-\theta_0)}\mathrm{e}^{-(r-r_0)^2/\alpha^2-(\theta-\theta_0)^2/\beta^2} \tag{4-8}$$

式中，r，$r_0 \in [0, 1]$，θ，$\theta_0 \in [0, 2\pi]$，(r_0, θ_0)是滤波器的中心位置，(α, β)是高斯包络的均方差，ω 是调制频率。

由于复 Gabor 滤波器的实部和虚部之间的相位差为 90°，因此复 Gabor 滤波器也被称为正交 Gabor 滤波器。

令参数 α 和 β 同步变化，且与 ω 成反比，生成一组具有频率选择性和常数对数带宽的自相似、多尺度二维正交 Gabor 滤波器，并用于对虹膜图像进行滤波。二维正交 Gabor 滤波器的实部和虚部均会被采用，因此得到的是复数值的滤波结果。此外，在零频率处截断二维正交 Gabor 滤波器的实部以消除直流响应（由于虚部是奇对称的，因此直流响应为零），这样可以消除光照强度对滤波的影响。

由于虹膜纹理的变化主要发生在角度方向上，并且许多纹理（如虹膜内毛细血管的径向走向在图像中形成的纹理）沿着半径方向生长。因此，Daugman 构造的 Gabor 滤波器的复正弦信号是沿着角度方向调制的，即复正弦调制信号中只包含 θ 项。

2. 相位粗量化

可以用复平面上的一组复数向量来表示二维正交 Gabor 滤波的结果，对这些复数向量的相位进行较粗的量化来构造虹膜的特征码，并舍弃其幅度值。对复数向量的相位进行量化的原理如图 4－7 所示。以 90°为量化步长进行较粗的量化后，可以得到 4 个相位量化级，每个相位量化级用一个由 0 或 1 构成的数对来表示，也就是把复平面映射到 4 个象限，所以这只是一种粗略提取相位信息的方法。

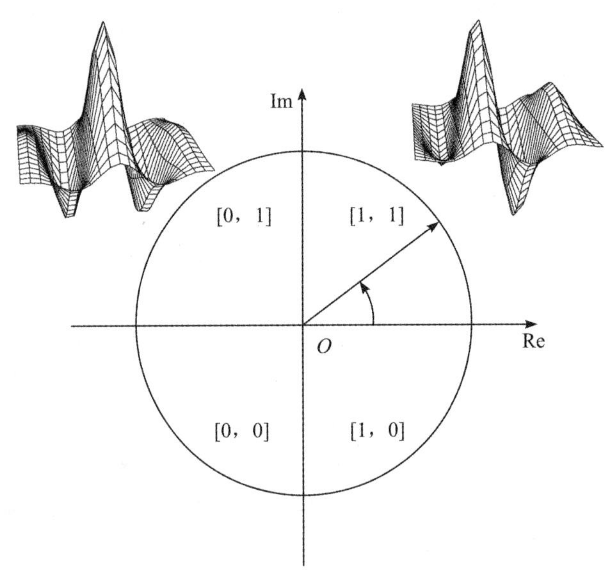

图 4－7　复数向量的相位量化

相位量化过程中采用的编码是一种循环的编码，或者说是一种格雷码，即当相位从一个象限中旋转到相邻的另一个象限中时，它的两位编码中仅有一位发生改变。相比于格雷码，两个码位可能同时发生变化的非格雷码需要为误码付出更高的代价。在该编码中，仅提取滤波结果的相位信息，这是因为 Daugman 认为，图像的对比度、光照强度、相机增益等附加因素的影响使得滤波结果的幅度不再具有良好的可分性。

3. 虹膜编码

在极坐标系下，用一组二维正交 Gabor 滤波器对虹膜区域进行滤波，再按照上述相位量化原理对滤波结果的相位进行粗量化，其表达式如下：

$$\boldsymbol{h}_{\{\mathrm{Re},\ \mathrm{Im}\}} = \mathrm{sgn}_{\{\mathrm{Re},\ \mathrm{Im}\}}\left[\int_{\rho}\int_{\phi} \mathrm{e}^{-\mathrm{i}\omega(\theta_0-\phi)}\,\mathrm{e}^{-(r_0-\rho)^2/\alpha^2}\,\mathrm{e}^{-(\theta_0-\phi)^2/\beta^2}\,I(\rho,\ \phi)\rho\mathrm{d}\rho\mathrm{d}\phi\right] \tag{4-9}$$

式中，$\boldsymbol{h}_{\{\mathrm{Re},\ \mathrm{Im}\}}$是一个单位复向量，它的实部和虚部分别是由式(4－9)中二维积分的实部和虚部的符号确定的(1 表示正号，0 表示负号)；$I(\rho,\ \phi)$是需要分析的虹膜区域；sgn(·)代表符号函数。

Daugman 通过采用一组具有不同频率的自相似、多尺度二维正交 Gabor 滤波器，在双无量纲的极坐标系下，对 8 个环状虹膜子区域分别滤波以提取相位信息，进而构造出长度为 2048 位的二进制虹膜特征码。虹膜编码结果可以用二值黑白图像的形式展示。图 4－8 为一个虹膜编码结果的二值化图像实例。得到虹膜编码之后可以先采用异或操作计算两个虹膜编码中不一致位所占的百分比，再进行匹配识别。

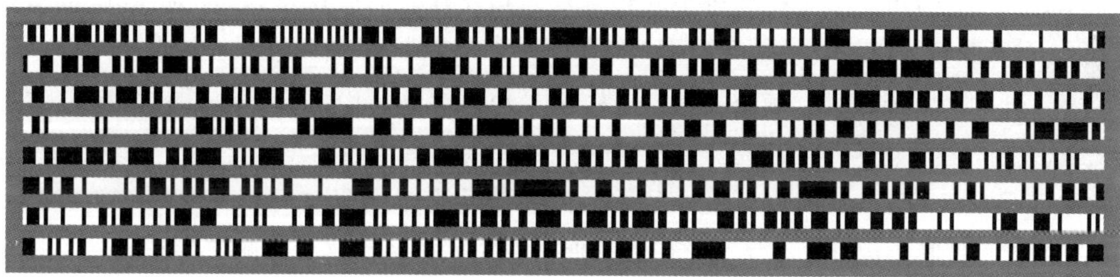

图 4－8　虹膜编码结果的二值化图像实例

4.1.6　虹膜特征匹配

提取到虹膜特征后，即可对虹膜特征进行匹配识别，这是一个典型的模式匹配问题，多种分类器都可以完成该任务。Daugman 设计的虹膜识别系统并不直接使用分类器，而通过比较两个虹膜特征码的汉明距离(Hamming Distance)进行匹配。

设码长为 L 字节，那么虹膜特征码 A、B 之间的归一化汉明距离定义如下：

$$\mathrm{HD} = \frac{1}{8L}\sum_{j=1}^{8L} A_j \oplus B_j \tag{4-10}$$

式中，符号$\oplus$是布尔代数中的异或运算符，仅在 A_j 和 B_j 不同时取 1。

式(4－10)存在两种极端情况：若两个虹膜特征码 A、B 完全相同，则 HD=0，说明 A、B 来自同一个个体的虹膜；若两个虹膜特征码 A、B 完全不同，则 HD=1，说明 A、B 来自不同个体的虹膜。

在实际计算时，由于虹膜图像中存在旋转失真，因此通常采用移位比较并取最小值的方法来计算两个虹膜特征码之间的汉明距离，即

$$\mathrm{HD} = \min\left\{\frac{1}{8L}\sum_{j=1}^{8L} (A_k)_j \oplus B_j\right\} \tag{4-11}$$

式中，A_k 是 A 循环移 k 位得到的特征码，$k=0, 1, \cdots, 2047$。

得到汉明距离值后即可进行身份判断。如果 HD 大于或等于设定的阈值，则认为 A、B 来自同一个个体的虹膜；反之，则认为 A、B 来自不同个体的虹膜。决策阈值是在虹膜编码的统计独立性测试的基础上，依据"误拒绝率"近似等于"误接受率"来设定的。

假设虹膜特征码中的每一个码位都是独立的，即每一个码位的取值与其他码位的取值互不影响，那么对于两个不同个体的虹膜特征码，相同码位的取值相同的概率是 0.5。因此，两个不同特征码之间的比较即为一个 $N=2048$ 的伯努利试验，它们之间的汉明距离分布应符合 $p=0.5$、$N=2048$ 的二项式分布：

$$f(x)=\frac{N!}{m!\ (N-m)!}p^m q^{(N-m)} \tag{4-12}$$

式中，p 表示相同码位取值相同的概率；q 表示相同码位取值不同的概率，$q=1-p$；N 表示总码位数；m 表示取值相同的码位数；$x=\frac{m}{N}$。

上述的统计分析是基于特征码不同码位之间相互独立的假设得到的，但 Daugman 在对 2064 对虹膜特征码进行研究时发现，虹膜特征码之间汉明距离分布的均值 $p=0.497$，标准差 $\sigma=0.038$。由于在二项分布中，已知 $\sigma=\sqrt{pq/N}$，其中 $q=1-p$，可以算得 $N=173$。这表明，在长度为 2048 位的虹膜特征码中，只有 173 个自由度，其余虹膜特征码不同码位之间存在相关性。虹膜本身沿半径方向的相关性是影响码位间相关性的一个重要因素，收缩纹和虹膜小沟都会在半径方向上延伸一段距离，这样就会影响该半径方向上远离中心位置的编码。此外，虹膜本身具有的这些相关性又被带通的二维 Gabor 滤波器引入编码中，也大大减少了虹膜特征码的自由度。不过 173 个自由度已经包含了很多身份信息。这意味着虹膜特征码的信息量可达 2^{173}，即不同个体的虹膜特征码完全相同的概率只有$\frac{1}{2^{173}}$。

虹膜识别系统的性能评价可以用拒识率(FRR) 和误识率(FAR)描述。拒识率又称为错误拒绝率，表示授权者(即合法用户)不被准确承认(即授权者被误认为未授权者) 的程度。拒识率越高，系统越精确，系统的安全性也越高，但其宽容度却越低，因而被系统错误拒绝的合法用户越多。反之，授权者更容易通过，但未授权者也容易混入。误识率也称为错误接收率或错误匹配率，表示未授权者(如冒名顶替者) 被确认成授权者的程度。误识率越低，说明未授权者越无法通过，系统越安全，但是，授权者的通过将变得越发困难。如果应用领域对安全性有严格要求，那么可以使系统运行在很低的误识率水平。

对于同一个虹膜识别系统，拒识率和误识率往往是一对矛与盾。一个较小的 FRR 值(即一个更宽容的系统)通常导致一个较大的 FAR 值，而一个较小的 FAR 值(即一个更严格的系统) 通常导致一个较大的 FRR 值。因此，评价虹膜识别系统时，需兼顾 FRR 和 FAR 两个指标之间的平衡，一般用等错误率(EER)来衡量。描述 FRR 和 FAR 之间关系的曲线为 ROC 曲线。关于系统性能评价的进一步详情可参考本书 1.4 节。

4.2 声纹识别

4.2.1 声纹识别简介

声纹识别(Voiceprint Recognition)又称为说话人识别(Speaker Recognition)，是一种从话语中识别出说话人身份信息的生物特征识别技术。由于不同个体间的声道形状、喉头大小以及其他声音产生器官等存在差异，因此没有两个人的声音是完全相同的。除了这些身体上的差异，每个说话人都有各自特有的说话方式，包括使用特定的口音、节奏、语调风格、发音模式、词汇等。最先进的语音识别系统同时使用这些特征，试图覆盖不同的方面，或以互补的方式使用它们，以实现更准确的识别。

需要注意的是声纹识别与语音识别(Speech Recognition)并不是同一个概念，两者存在根本区别。虽然声纹识别和语音识别在原理和流程上类似，都是通过对采集到的语音信号进行分析和处理，提取相应的特征并建立相应的模型，然后据此作出分类和判断。但两者的根本目的、提取的特征、建立的模型是不一样的。声纹识别的目的是识别说话人的身份，是生物特征识别的一种。声纹识别不注重语音信号的语义，而是从语音信号中提取个人声纹特征，挖掘出包含在语音信号中的个性因素。而语音识别的目的是辨认语音信号中的话语内容，即自动地将人类的语音内容转换为相应的文字，并不属于生物特征识别的范畴(但也属于模式识别范畴)。对于同一个字词或句子，语音识别是从不同人的语音信号中寻找共同因素，而声纹识别是寻找不同。

人们对声纹识别技术的研究始于 20 世纪 30 年代，从技术特点来看，声纹识别技术的发展历程可以分为以下几个阶段。

(1) 技术萌芽阶段，即 20 世纪 30 年代，研究工作主要集中在人耳听辨实验和探讨听音识别的可能性方面。

(2) 技术兴起阶段，即 20 世纪 60 至 70 年代早期，研究重点主要在各种识别参数的提取、选择和试验上，以及将倒谱比较和线性预测分析等线性处理和简单模式匹配方法实际应用于声纹识别。例如 Pruzansky 于 1963 年提出了语音识别方法。

(3) 技术突破阶段，即从 20 世纪 70 年代末开始，随着计算机技术的飞速发展，人们对声纹识别的研究转向对各种声学特征参数的非线性处理及探索新的模式匹配方法。在特征参数提取方面，小波特征参数及不同特征参数的线性预测组合等非线性处理方法相继被提出并得到广泛的应用。而在模式匹配技术方面，20 世纪 80 年代开始，隐马尔可夫模型、人工神经网络等在声纹识别方面得到了有效的利用，逐渐成为声纹识别系统主流的模式匹配方法。进入 20 世纪 90 年代后，高斯混合模型技术由于简单、有效及鲁棒性较好也迅速成为重要的声纹识别技术。步入 21 世纪以来，支持向量机技术及多种模式匹配方法的融合也得到了不断深入的研究与发展，并进入了商业化实用阶段。2010 年，学者们提出了 i-vector/PLDA 算法，其最大特色是把语音映射到了一个固定且低维的向量上，该算法是最好的信道补偿算法之一。

随着近年来深度学习技术的发展，声纹识别技术又迈入了新阶段，在特征提取方面取得了新突破。例如，2014 年，谷歌公司提出了 d-vector 模型。之后，陆续出现了 Deep Feature、Bottleneck Feature、Tandem Feature 等一系列特征提取方法。在模型方面也出现了新算法，如微软公司于 2014 年提出的 DNN/i-vector 算法。该算法能从大量样本中自动学习到高度抽象的声纹特征，并对噪声具有很强的鲁棒性。

声纹识别技术的一个重要应用是司法取证。例如，在电话交谈中，通常会有许多信息在对话双方之间交换，这其中包括罪犯分子之间的通信。近年来，越来越多的设备开始集成自动或半自动的声纹识别技术，显著提高了设备的可操作性与安全性。除了取证等特殊领域，许多民用领域也逐步受益于声纹识别技术的发展。据相关机构预测，基于电话的语音识别和声纹识别服务将在未来补充甚至取代人工电话服务。一个典型的例子就是通过电话语音自动重置密码。相比于同时处理成百上千个电话需求的人工服务操作，基于声纹识别的自动服务的速度与容量要好得多。

与其他生物模态相比，声纹主要有以下优势。

（1）非接触性。声纹不同于指纹、掌纹等模态，无须接触说话对象，而且可以远距离实现，适合远程身份认证，如可以通过电话或网络实现远程身份认证。

（2）可接受性高。说话人的语音信号采集方便、采集环境自然，声纹提取可在不知不觉中完成，因此使用者的接受程度高。

（3）成本低。声纹识别系统的成本非常低廉，尤其是语音采集仅需要一个麦克风即可。现代多媒体计算机系统中已普遍配备语音采集设备，只要在此基础上增加软件成本，无须添加额外的硬件设备。此外，当今移动设备（如手机）十分普及，几乎人手一部，因此基于手机等的语音识别应用十分普遍。

上述优点为声纹识别技术的飞速发展提供了机遇与动力，但是声纹识别也具有以下一些缺点。

（1）声纹识别的稳定性较差。由于情绪、语速、身体疲劳等因素会使说话人的语音特征不可避免地具有波动性，因此即使对同一个人采集的相同语音内容所呈现出的声纹特征也存在差异，这些差异和波动会造成声纹识别的准确性下降。

（2）不同人之间（如双胞胎和亲属等）可能存在极其相似的声音特征，这使得声纹的独特性要求无法满足。

（3）在安全性方面，语音属于容易被伪造的生物特征，人们可以用录在磁带上的语音来进行欺骗，甚至可以通过训练模仿他人声音进行攻击。

（4）声纹识别对环境噪声较为敏感，因此很多声纹识别产品要求工作环境安静。

（5）在多个说话人的情形下，人的声纹特征不易被提取，这仍是声纹识别面临的挑战之一。

声纹识别的上述缺点给声纹识别技术的发展带来了不同的挑战。

声纹识别技术按任务目标的不同可细分为说话人辨识（Speaker Identification）、说话人验证（Speaker Verification）及说话人分割（Speaker Diarization）三种。其中说话人辨识是确定某一特定话语来自哪一位注册说话人的过程，即将未知说话人的话语模型与已知说话人的话语模型进行比较，识别出与已知话语最匹配的人。而说话人验证是接受或拒绝说话人身份的过程。在说话人验证中，身份由未知说话人提供，将未知说话人的声纹模型与注册说话人的模型进行比较，如果相似度高于系统设定的阈值，则系统选择接受该身份；否则，拒绝该身份。说话人分割是指鉴别谁在什么时候说话(Who spoke when?)，它试图从一个口头文件中提取不同参与者的说话次数，是经典说话人识别技术的延伸，应用于有多个说话人的语音场景中。

在不同的应用场景下，声纹识别可以分为说话人合作和说话人不合作两种类别。例如，在电话服务或出入控制场景中，说话人是配合的，他们清楚地知道自己的说话内容被用于声纹识别中。而在取证、监听等场景中，说话人并没有意识到自己的说话内容被采集并被用于声纹识别中。

声纹识别系统根据说话内容的不同可以分为文本依赖(Text-Dependent)和文本无关(Text-Independent)两种类型。文本依赖声纹识别系统适用于合作用户，用于识别的短语被标记或预先知道。例如，在进出控制场景中，文本依赖声纹识别系统可以提示用户阅读指定的文字序列，进而用于身份识别。而在文本无关声纹识别系统中，说话人的说话内容没有任何限制，因此，训练集中的语音文本和测试集中的语音文本可能具有完全不同的内容。声纹识别系统必须考虑到这种语音内容的不匹配问题。很明显，文本无关声纹识别系统比文本依赖声纹识别系统更具挑战性。

声纹识别的一般流程包括语音信号预处理、声纹特征提取、声纹建模、声纹匹配与识别等步骤，如图 4-9 所示。当输入一段语音信号时，首先对语音信号进行预处理(如语音检测和噪声抑制等)，进而通过声纹特征提取模块将语音信号转换为特征向量并用于注册和识别。声纹特征提取模块的目的是加强能表达身份属性的特征的提取并抑制噪声带来的不利影响。在注册过程中，使用目标说话人的特征向量训练说话人的声纹模型。在识别过程中，将从未知说话人的话语中提取的特征向量与系统数据库中的模型逐一进行比较，得出相似度分数。决策模块使用这个相似度分数做出最终决策。

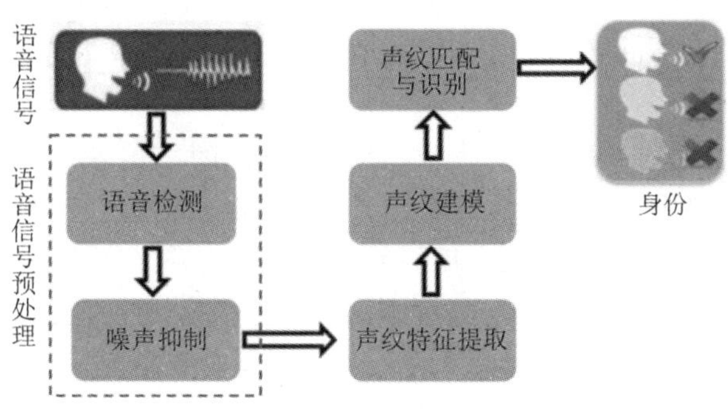

图 4-9 声纹识别的流程

随着信息化的进一步发展，我们已经进入大数据时代，语音数据的来源越加广泛。语音数据已经不仅局限于电信语音数据，它还包括持续增长的电视语音文本、社交 APP 上的语音聊天信息、线上语音和视频会议记录，以及一些人机交互应用中采集的用户语音数据等。从这些数据中提取主题内容、说话人身份以及性别等信息，以方便后续的互联网索引与查找，可以避免大量的人力资源消耗。同时，海量的语音数据为人们研究性能更高、鲁棒性更强的声纹识别算法提供了极大的便利。

4.2.2 声纹特征提取

自动语音识别的第一步都是提取特征，即提取音频信号中有利于识别语言内容的成分，并丢弃所有其他携带无用信息的成分，如背景噪声、情绪等。语音信号包含许多特征，但并非所有特征对辨别说话人都很重要。一个理想的声纹特征通常具有以下特点。

(1) 不同说话人话语之间的特征差异大，而同一说话人话语之间的特征差异小，即类间分散，类内聚敛。

(2) 对噪声和扰动鲁棒。

(3) 容易从语音信号中提取。

(4) 难以伪造和模仿。

(5) 不会随着说话人年龄的变化而变化，在长时间内保持稳定。

所提取的声纹特征的维度应该尽可能地小，因为传统的声纹识别模型(如高斯混合模型)难以处理高维的声纹特征。在实际判断声纹特征的维度是否过高时，可以根据概率密度估计所需训练样本的数量，因为声纹特征的维度随着特征数量的增加呈指数增长。此外，低维的声纹特征还可以节省计算资源，加快计算速度。

1. 声纹特征分类

根据物理含义的不同，声纹特征可分为以下几类。

(1) 短时频谱特征(Short-Term Spectral Features)。短时频谱特征是从时长约为20～30 ms的短帧中计算得出的。它们通常是对短时频谱包络的描述，与音色以及喉上声道的共振特性等有关。

(2) 声源特征(Voice Source Features)。声源特征是直接对声源(如声门振动)的描述。

(3) 谱时间特征(Spectro-Temporal Features)和韵律特征(Prosodic Features)。谱时间特征和韵律特征通常涉及数十或数百毫秒的语言段落，包括语音的语调和节奏等内容。

(4) 高级特征(High-Level Features)。高级特征是指说话人会话级特征，例如单词使用习惯、文本含义等。

我们在选取特征来表征声音信号时，应该综合预期的应用程序、计算资源、可用的语音数据量以及说话人是否合作等多方面进行考量，选取当前任务目标下最为合适的特征。其中短时频谱特征是最为经典、最为常用的特征，其无论是在文本依赖声纹识别任务还是在文本无关声纹识别任务中都有较好的表现。韵律特征和高级特征虽被认为更具有鲁棒性，但具有较小的辨别能力且更容易被模仿。例如，专业的声音模仿者倾向于根据被模仿者的声音特性修改自身的音高轮廓。高级特征还依赖相当复杂的前端，如自动语音识别器。总而言之，目前还不存在完美的特征，选择的特征都是在说话人的辨别能力、鲁棒性和实用性之间进行权衡的结果。

2. 梅尔频率倒谱系数(MFCC)

理解声音信号的主要要点是知晓人类的发声原理，即唇、齿、舌、软硬腭等发音器官的运动改变声道的形状，从而过滤声带振动产生的声波并产生声音。如果我们能准确地确定音素的声学特性，那么就能准确地表示出相应的音素。声道的形状特征体现在短时功率谱的包络中，而梅尔频率倒谱系数(Mel-Frequency Cepstral Coefficient，MFCC)就可以准确地表示这个包络。

MFCC 是一种广泛应用于自动语音识别和声纹识别中的特征，由 Davis 和 Mermelstein 在 20 世纪 80 年代引入，从那以后其一直是最先进的特征之一。在引入 MFCC 之前，特别是使用隐马尔可夫模型对特征进行建模时，线谱对(Line Spectrum Pair，LSP)、线性预测系数(Linear Predictive Coefficient，LPC)和线性预测倒谱系数(Linear Predictive Cepstral Coefficient，LPCC)是自动语音识别的主要特征类型。下面介绍 MFCC 特征是如何提取的。

提取 MFCC 特征的步骤如下。

(1) 把语言信号分成短帧，如图 4-10 上半部分所示；

(2) 对每一帧计算功率谱的周期图估计；

(3) 将梅尔滤波器组应用于功率谱，并将每个滤波器的能量相加；

(4) 取所有滤波器能量的对数；

(5) 对对数滤波器组能量做离散余弦变换(Discrete Cosine Transform，DCT)；

(6) 保留离散余弦变换系数的第 2 到第 13 个，丢弃剩余部分。

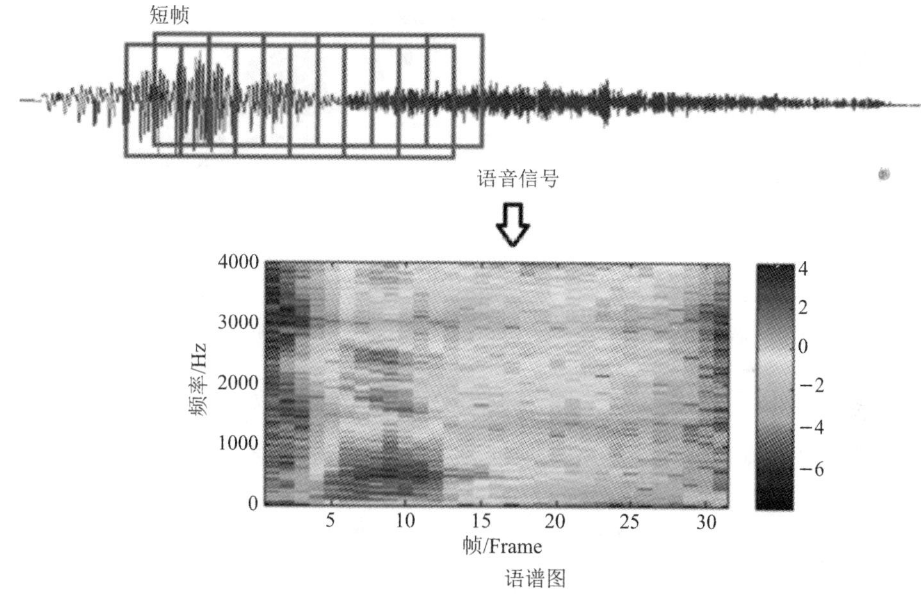

图 4-10　语音信号生成语谱图

音频信号是不断变化的，所以为了简化起见，我们假设在短时间尺度上音频信号的变化不大(当我们说音频信号没有变化时，即说它在统计上是静止的，但显然样本在短时间尺度上也在不断变化)。这就是为什么将信号分成时长为 20～40 ms 的帧。如果帧很短，那么就没有足够的样本来获得可靠的光谱估计；如果帧太长，那么信号在整个帧中变化太大。

下一步是计算每一帧的功率谱(即语谱图(Spectrogram(见图 4-10 下半部分))。该方法受启发于人类耳蜗(耳朵里的一个器官)的工作原理，因为耳蜗会根据传入声音的频率在不同的位置振动。根据耳蜗中振动位置的不同(使小绒毛摆动)，不同的神经发出信号，通知大脑特定的频率出现了。语谱的周期图估计模拟了类似的工作，它确定了哪些频率出现在短帧中。

语谱的周期图估计仍然包含许多自动声纹识别不需要的信息，特别是耳蜗无法分辨两个紧密相邻的频率之间的差异。随着频率的增加，上述现象变得更加明显。为了解决这一问题，我们可以采用一组周期图箱，并将它们合并起来，以了解各个频率区域中存在多少能量。在实践中，该思路一般通过梅尔滤波器组来实现。

梅尔滤波器组如图 4－11 所示。其中，第一个滤波器非常窄，它指示了在 0 Hz 附近存在多少能量。随着频率的升高，滤波器变得更宽，对频率变化的关注减小。我们只对每个位置大约产生多少能量感兴趣。梅尔尺度准确地告诉我们如何设置滤波核的间隔及确定它们的宽度。

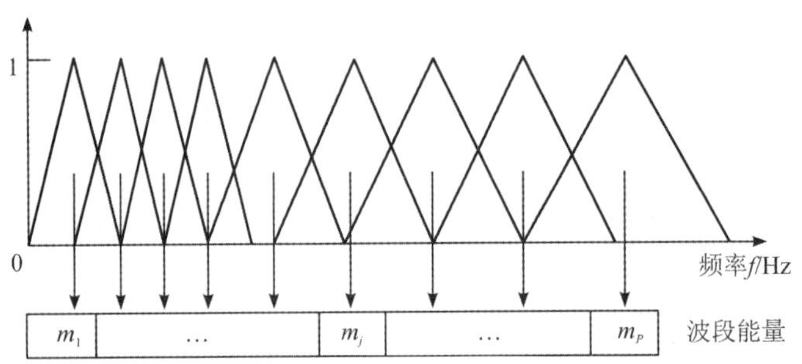

图 4－11 梅尔滤波器组

梅尔尺度将声音的感知频率或音高与它的实际测量频率联系起来。人类分辨低频率音高的细微变化比分辨高频率音高的细微变化要出色得多。结合梅尔尺度可以使特征更接近人类所听到的声音音亮。从频率 f 到梅尔尺度的变换公式为

$$M(f)=1125\ \ln\left(1+\frac{f}{700}\right) \tag{4-13}$$

从梅尔尺度变换回频率的计算公式为

$$M^{-1}(m)=700\left[\exp\left(\frac{m}{1125}\right)-1\right] \tag{4-14}$$

有了梅尔滤波器组的波段能量后，我们进一步取它们的对数。这一步同样受到人类听觉特性的启发，因为人们听到的音量不是线性的。通常情况下，为了将声音的感知音量提高 1 倍，我们需要增加 8 倍的波段能量。这意味着，如果声音一开始就很大，那么即使能量发生巨大变化，人们听起来可能并没有什么不同。这种压缩操作使得提取的语音特征与人类实际听到的更接近。之所以使用对数运算，是因为对数允许我们使用倒谱平均减法，这是一种信道归一化技术。

最后一步是计算对数滤波器组能量的离散余弦变换(DCT)。因为梅尔滤波器组都是重叠的，所以滤波器组的能量是相互关联的。由于离散余弦变换可以除去关联能量，因此对角协方差矩阵可以用于对特征进行建模，例如在隐马尔可夫模型分类器中的应用。在实际应用中，通常只保留部分的 DCT 系数。这是因为较大的 DCT 系数反映了滤波器组能量的快速变化，而这些快速变化实际上降低了自动声纹识别系统的性能，因此会抛弃这部分系数。

4.2.3 声纹模型

通过从特定说话人的训练话语中提取特征向量，我们可以对说话人的声纹模型进行训练建模并将其存储到系统数据库中。在文本依赖模式下，声纹模型是话语固定的，它包含

了特征向量之间的时间依赖性。文本依赖的说话人验证和语音识别在模式匹配过程中确实有相似之处，它们也可以组合在一起。

在文本无关模式下，我们通常对特征分布进行建模，而非对时间依赖性建模。需要注意的是，在文本依赖声纹识别中，我们可以暂时对齐测试话语和训练话语，因为它们包含相同的音素序列。然而，在文本无关声纹识别中，由于测试中的帧和训练话语之间很少有对应关系或完全没有对应关系，帧级别的对齐是不可能的。因此，我们可以采取一些预处理步骤，如将信号分为电话类或广泛的语音类，或者按语音结构构建说话人的声纹模型。

经典的声纹模型可以分为参数模型和非参数模型。在非参数模型中，训练样本和测试特征向量直接进行比较，它们之间的失真程度代表了它们的相似程度。向量量化(Vector Quantization，VQ)模型就是一个代表性的非参数模型。在参数模型中，每个说话人都被建模为一个概率分布，其具有未知但固定的概率密度函数。在训练阶段，从训练样本中估计概率密度函数的参数。匹配过程通常通过评估测试话语相对于注册说话人模型的可能性来完成。高斯混合模型(Gaussian Mixture Model，GMM)是参数模型中最具代表性的模型。

1. 向量量化(VQ)模型

假设训练的语音特征向量集 $X=\{\boldsymbol{x}_1, \boldsymbol{x}_2, \cdots, \boldsymbol{x}_M\}$ 和测试的语音特征向量集 $Y=\{\boldsymbol{y}_1, \boldsymbol{y}_2, \cdots, \boldsymbol{y}_N\}$，则平均量化失真(Average Quantization Distortion)表达为

$$D_Q(Y, X)=\frac{1}{N}\sum_{n=1}^{N}\min_{1\leqslant m\leqslant M} d(\boldsymbol{y}_n, \boldsymbol{x}_m) \tag{4-15}$$

式中，$d(\cdot)$是距离度量。$D_Q(Y, X)$值越小，表明 Y 和 X 的相似度越高。**注意**：平均量化失真公式并不是对称的，即 $D_Q(Y, X)\neq D_Q(X, Y)$。

如果使用所有的特征向量计算平均量化失真，则会造成大量的计算负担。为节省计算资源并提高计算速度，通常使用相应的降维方法(如聚类等)来降低特征向量的数量。

2. 高斯混合模型(GMM)

作为参数模型中最为经典的模型，高斯混合模型广泛用于声纹识别中，它是由有限个高斯分布叠加而成的。高斯混合模型用参数 $\lambda \overset{\text{def}}{=} (P_k, \boldsymbol{\mu}_k, \boldsymbol{\Sigma}_k)$ 表示，其概率密度函数表示为

$$p(\boldsymbol{x} \mid \lambda)=\sum_{k=1}^{K} P_k N(\boldsymbol{x} \mid \boldsymbol{\mu}_k, \boldsymbol{\Sigma}_k) \tag{4-16}$$

式中，K 是高斯分布的个数；P_k 是第 k 个高斯分布的先验概率(即权值)，它是根据训练集训练出来的，$P_k\geqslant 0$ 且 $\sum_{k=1}^{K} P_k=1$；$N(\boldsymbol{x} \mid \boldsymbol{\mu}_k, \boldsymbol{\Sigma}_k)$ 是具有 d 个变量的高斯分布概率密度函数，$\boldsymbol{\mu}_k$ 是均值向量，$\boldsymbol{\Sigma}_k$ 是协方差矩阵，且

$$N(\boldsymbol{x} \mid \boldsymbol{\mu}_k, \boldsymbol{\Sigma}_k)=(2\pi)^{-\frac{d}{2}}\left|\boldsymbol{\Sigma}_k\right|^{-\frac{1}{2}}\exp\left\{-\frac{1}{2}(\boldsymbol{x}-\boldsymbol{\mu}_k)^{\mathrm{T}}\boldsymbol{\Sigma}_k^{-1}(\boldsymbol{x}-\boldsymbol{\mu}_k)\right\} \tag{4-17}$$

对于高斯混合模型，出于数值和计算方面的考虑，通常将协方差矩阵设为一个对角矩阵，这限制了分布的多样性。这是因为估计一个准确的协方差矩阵需要大量的训练数据和巨大的计算资源。

训练一个高斯混合模型的目标是根据训练样本集 X 估计其参数 λ，最基础的方法就是最大似然估计(Maximum Likelihood Estimation，MLE)。训练样本集上关于高斯混合模型

的平均对数似然表示为

$$\mathrm{LL}_{\mathrm{avg}}(X, \lambda)=\frac{1}{M}\sum_{m=1}^{M}\log\sum_{k=1}^{K}N(\boldsymbol{x}_m \mid \boldsymbol{\mu}_k, \boldsymbol{\Sigma}_k) \tag{4-18}$$

更大的平均对数似然表明，当前的高斯混合模型对当前数据集具有更好的模拟水平。期望最大化(Expectation Maximization，EM)算法是一种经典的根据训练数据最大化似然函数的算法，通过不断的迭代，可求得当前说话人的最佳高斯混合模型。

3. GMM-UBM 模型

高斯混合模型(GMM)用多个高斯概率密度函数的加权可以平滑地逼近任意形状的概率密度函数，对实际数据有极强的表征力。GMM 的规模越庞大，其表征力越强。但随着参数规模等比例地膨胀，需要更多的数据来支持参数训练，以得到一个更加通用的 GMM。训练出表现良好的 GMM 需要长时间的语音数据。而在实际应用过程中，算法不可能要求目标用户提供长时间的语音内容，通常用户提供的语音只持续几秒。如此短时间的语音数据难以训练出精准的 GMM，那么应该如何利用短时间的语音数据来对说话人进行精准地建模呢?

通用背景模型(Universal Background Model，UBM)可以用少量的说话人语音数据，通过自适应算法(如最大后验概率、最大似然线性回归等)来得到目标说话人的声纹模型。GMM-UBM 实际上是 GMM 的一种改进模型，其基本原理是：首先从其他地方收集大量非目标用户的声音，并将这些非目标用户的语音数据(在声纹识别领域称为背景数据)混合起来，训练出一个 GMM，这个 GMM 可以对语音进行表征，但由于它是从大量身份的混杂数据中训练出来的，因此不具备表征具体身份的能力；然后在 UBM 的基础上使用目标用户的语音训练数据进行微调，使得微调后的模型可以对目标用户的具体身份信息进行表征。相比于直接训练一个表征用户身份的 GMM，训练 GMM-UBM 极大地减少了待估参数量，具有更快的收敛速度，且无须大量的目标用户训练数据参与训练。

从 UBM 微调到用户 GMM 有多种策略，可以将所有参数进行调整，也可以仅调整部分参数。有研究表明，仅调整分布的均值就能达到不错的效果。给定目标用户特征向量集 $Y=\{\boldsymbol{y}_1, \boldsymbol{y}_2, \cdots, \boldsymbol{y}_N\}$ 与参数 $\lambda=(P_k, \boldsymbol{\mu}_k, \boldsymbol{\Sigma}_k)$，使用最大后验概率方法从 UBM 中调整均值向量，可得到如下表达式：

$$\begin{cases}\boldsymbol{\mu}'_k=\alpha_k\boldsymbol{y}'_k+(1-\alpha_k)\boldsymbol{\mu}_k\\ \alpha_k=\dfrac{q_k}{q_k+r}\\ \boldsymbol{y}'_k=\dfrac{1}{q_k}\displaystyle\sum_{n=1}^{N}P(k \mid \boldsymbol{y}_n)\boldsymbol{y}_n\\ q_k=\displaystyle\sum_{n=1}^{N}P(k \mid \boldsymbol{y}_n)\\ P(k \mid \boldsymbol{y}_n)=\dfrac{P_kN(\boldsymbol{y}_n \mid \boldsymbol{\mu}_k, \boldsymbol{\Sigma}_k)}{\displaystyle\sum_{k=1}^{K}P_kN(\boldsymbol{y}_n \mid \boldsymbol{\mu}_k, \boldsymbol{\Sigma}_k)}\end{cases} \tag{4-19}$$

式中，参数 α_k 和 r 决定了训练样本对最终模型的影响。

图 4-12 展示了从 UBM 微调得到用户 GMM 的示例。

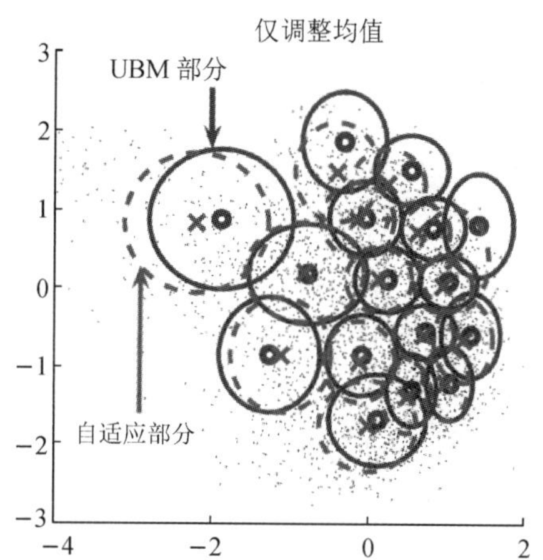

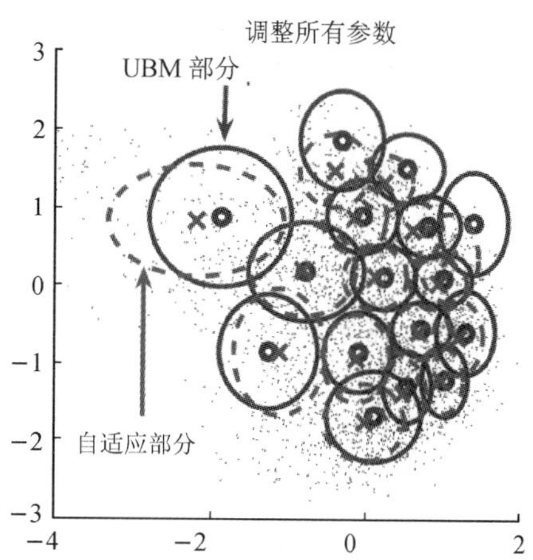

图 4 - 12　从 UBM 微调得到用户 GMM 的示例

对所有说话人使用同一个 UBM 可使不同说话人的匹配分数具有可比性。在测试阶段，最终 GMM-UBM 模型(参数 λ_{target})和 UBM 模型(参数 λ_{UBM})共同决定着测试结果。匹配分数由平均对数似然表示为

$$\mathrm{LL}_{\text{avg}}(Y, \lambda_{\text{target}}, \lambda_{\text{UBM}}) = \frac{1}{N}\sum_{n=1}^{N}\{\log p(\boldsymbol{y}_n \mid \lambda_{\text{target}}) - \log p(\boldsymbol{y}_n \mid \lambda_{\text{UBM}})\} \tag{4-20}$$

综上所述，GMM-UBM 是 GMM 的一种改进模型，是一种用于解决当前目标说话人语音数据量不够问题的模型。它通过收集其他说话人的语音数据来进行一个预先的训练，并通过 MAP 算法的自适应性将预先训练过的模型向目标说话人的声纹模型进行微调，这种模型可以大大减少训练所需要的样本量和训练时间(通过减少训练参数)。

4.3　步态识别

4.3.1　步态识别简介

步态是一个人走路或跑步时的行为特征。步态识别就是基于步态这一行为特征来识别一个人的身份信息的。相比于其他生物特征识别模态，步态识别起步较晚，这是因为步态识别的被处理信号为视频，它的发展是在计算机的内存和处理速度足以应对图像数据序列时才开始的。

从医学角度来看，人的步态具有周期特性，且不同的人呈现的步态是不同的。从生物力学的角度来看，步态是人的众多肌肉和关节的组合运动，可描述成身体结构的函数。人的身体结构各不相同，该函数涉及数百个参变量，因此可以认为人的步态是唯一的。最早的步态识别系统是由 Niyogi 等人于 1994 年针对一个小型的步态识别数据库提出的，他们

验证了步态作为生物特征用于身份信息鉴别的可行性。随后美国国防部高级研究计划局(DARPA)开发了著名的HumanID程序，该程序建立了第一个可公开访问的步态识别数据库。自此，越来越多的研究者不断涌入这个新兴的生物特征识别领域进行研究。

步态识别相比于其他生物特征识别模态(如人脸识别、指纹识别、虹膜识别、掌纹识别等)具有以下独特的优势。

(1) 步态识别可以在较远的距离对个体的步态特征进行采集，这极大地提高了生物特征的可采集性，尤其是在其他生物特征无法被采集的场景中。相比之下，其他生物特征识别模态往往要求被采集的个体足够靠近采集器(如虹膜识别等)，甚至与采集器进行物理接触(如指纹识别、掌纹识别等)，才能进行生物特征的采集工作。

(2) 步态识别不需要采集对象的配合。而其他生物特征识别模态(如指纹识别)通常要求采集对象主动配合。

(3) 步态识别可以在低分辨率的视频图像上完成。当获取的视频分辨率较低时，其他生物特征识别模态(如人脸识别)可能无法很好地工作。

(4) 步态识别可以通过简单的仪器完成，并不需要额外的采集设备。普通相机、地板传感器、雷达都可以用来收集人的步态。

(5) 步态特征难以被模仿和伪造，这是因为步态识别通常使用人体轮廓和行为等特征，这一特性对犯罪分析、安全监控等场景非常重要。

(6) 在其他生物特征被隐藏遮盖的情况下，步态识别仍然可以很好地工作。例如，人脸特征容易被装饰物(如围巾、帽子、口罩等)掩盖，导致人脸识别系统无法利用人脸特征进行身份鉴别，但是此时步态特征依然可以被采集到。

尽管基于运动学参数的研究为步态识别提供了理论基础，但步态捕获技术的局限性使得全面记录和识别所有影响步态的参数变得异常困难。步态识别主要依赖于在受控或非受控环境中拍摄的视频序列。尽管部分步态参数的测量准确性已有提升，但这些参数信息是否足以支撑高效的步态辨别仍是未知数。步态识别的正面识别率偏低，且易受到性别、步长、节奏、速度等多种因素的干扰。此外，相机角度、天气条件、遮挡物、附属物、道路状况以及衣服光照等因素亦会对识别准确性造成显著影响。尤为值得注意的是，对于特殊人群，如腿部残疾者，步态识别技术往往并不适用。这些困难和挑战无疑限制了步态识别技术的大规模应用与普及。

步态识别作为多模态生物特征识别系统的重要组成部分，它能够辅助其他生物特征识别技术进行更加精准的判断。多模态生物特征识别系统就是通过研究在不同条件下采集的多个主体生物特征，共同对主体的身份信息进行决策的。步态识别领域目前的研究表明，步态与其他生物特征相结合是可靠的。相比于掌纹识别、指纹识别、虹膜识别等强迫型生物特征识别，人脸识别与足压力识别等非强迫型生物特征识别可以比较好地与步态识别相结合。多模态生物特征识别时，可以先用步态识别和足压力识别缩小受试者数据库的范围，然后用人脸识别从已缩减的候选数据库中测试受试者；或者同时直接使用多生物特征识别进行综合判别。研究表明，步态识别与其他生物特征识别相结合具有很大的应用价值。

4.3.2　步态识别的过程

步态识别是一个包含多个阶段的过程。一个典型的步态识别通常包含五个步骤，即数据采集、背景去除、特征提取、数据降维和匹配分类。

1. 数据采集

数据采集指采集人的步态数据。一般来说，人的步态数据是一组时空数据，它包含了人体在一段时间内的活动。具体来说，人的步态数据可以利用相机、地板传感器和连续波雷达等进行采集。采集到的原始数据中包含了个体的步态特征。在数据采集过程中，应尽可能地在背景均匀的环境中进行步态采集。此外，由于步态识别时的采集视角通常不是固定的，因此必须注意从适当的视角进行采集。最好的情况是，行走主体应该沿着垂直于捕捉装置光轴的方向行走，因为行走主体的侧视图会展现主体步态的大部分信息。

2. 背景去除

背景去除又称为前景检测，是图像处理和计算机视觉领域中用于提取图像前景并方便后续进一步处理的技术。通常，图像处理感兴趣的区域是前景中的物体，如人类、汽车、文本等。在图像预处理(包括图像去噪、形态学处理等)之后，需要使用该技术进行目标定位。

背景去除是一种应用广泛的视频动态目标检测技术。在步态识别中，我们需要从采集的视频图像中去除非人的背景(即干扰信息)，从而获取构成步态视频帧的前景区域，如图 4-13 所示。

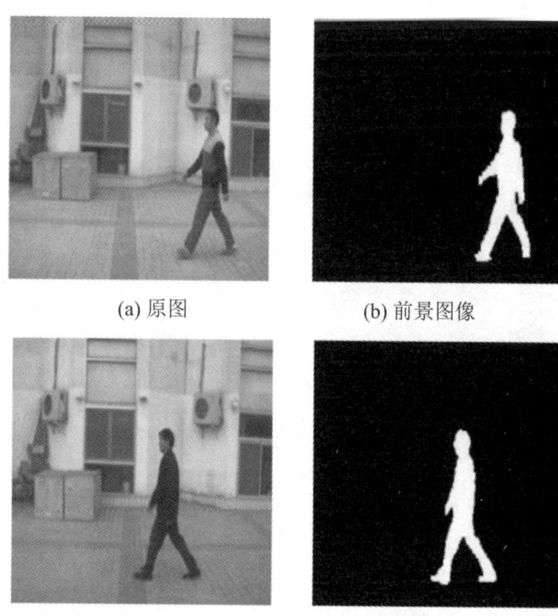

(a) 原图　(b) 前景图像

(c) 原图　(d) 前景图像

图 4-13　背景去除示意图

3. 特征提取

步态识别的一个关键步骤是特征提取，即从描述个体步态的视频序列中提取出可用于识别的信号。这一步骤十分重要，因为有许多方法可以从步态视频序列中提取信号，例如空间、时间、时空或频域上的特征提取方法。同时，所提取的特征还必须具有足够的身份区分度，目的是使后续的识别过程可以顺利进行。

4. 数据降维

通常情况下，在特征提取步骤中从原始数据中提取的特征的维数要高于从训练数据中提取的特征的维数，这便导致了著名的“维度灾难”问题，使得传统分类算法难以进行下去。因此，需要使用数据降维算法来筛选出有用的、信息丰富的特征，用于后续的分类与识别。为了解决这一问题，人们提出了许多降维方法。其中，主成分分析(PCA)和线性判别分析(Linear Discriminant Analysis，LDA)两种降维算法应用较为广泛。通过这一步骤，可以大量的计算资源，减少计算时间。

5. 匹配分类

步态识别过程的最后一步是匹配分类，即输出最终的识别结果，目的是将提取的步态特征与存储在数据库中的步态特征进行比较。对于验证问题，通常是计算待比较的两个特征之间的相似度，若相似度高于指定阈值，则认为匹配成功；否则，匹配失败。对于辨识问题，可以用训练的分类器(如支持向量机(SVM)等)直接对测试步态特征进行分类，决定其具体属于哪一个人。

4.3.3 步态图像背景去除

背景去除也称为运动分割，其目的是从序列图像中将运动区域从背景图像中分割出来。有效的运动区域分割对后续的特征提取与识别等处理过程是非常重要的，因为后续的处理过程仅仅考虑图像中运动区域的像素。然而，由于背景图像受到天气、光照、影子等动态变化的影响，因此运动分割成为一项相当困难的工作。运动分割可以分为静止背景下和运动背景下对运动目标的检测和分割。下面是几种常见的运动目标检测和分割方法。

1. 基于帧间差分的方法

基于帧间差分的方法是最为常用的运动目标检测和分割方法之一。此方法的特点是处理速度快，因此适用于对实时性要求较高的应用场景。然而，这种方法也存在一些不足之处，例如它对环境噪声较为敏感。并且基于帧间差分法的运动目标分割的精度无法保证。

2. 基于背景估计的方法

背景估计是解决静止或缓变背景下运动目标检测和分割的另一种思路。基于背景估计的方法在处理复杂背景时效果较好，它一般能够提供最全面的特征数据。然而，这种方法对动态场景的变化(如光照和外来无关事件的干扰等)特别敏感，这可能影响其性能。

3. 基于运动场估计的方法

基于运动场估计的方法通过对视频序列的时空相关性进行分析来估计运动场，建立相邻帧之间的对应关系，进而利用目标与背景在运动模式上的差异进行运动目标的检测与分割。视频序列运动场估计方法主要有光流(Optical Flow，OF)法、块匹配算法(Block Match Algorithm，BMA)以及基于贝叶斯最大后验概率(Maximum A Posteriori Probability，MAP)模型的统计方法。与基于帧间差分的方法相比，基于运动场估计的方法能够更好地处理背景运动的情况，适用范围更广，但其计算的时空复杂度远高于前者的。

4.3.4　步态特征提取

在步态识别的研究中，假设已经使用标准的图像处理技术从步态序列中提取出来了行走主体。那么下一个关键步骤就是从背景去除的视频序列中提取步态特征。步态特征提取的方法主要分为基于模型(Model-Based)的方法与免模型(Model-Free)的方法。

1. 基于模型的特征提取方法

基于模型的特征提取方法旨在对人体进行建模，并从模型中提取特征。基于模型的特征提取方法与规模和视角无关。然而，由于基于模型的特征提取方法依赖步态序列中特定步态参数的识别，因此该方法通常要求高质量的步态序列。此外，行走主体的自遮挡等因素的影响甚至可能使模型参数的计算无法实现。基于这个原因，多摄像机系统，即多视角步态采集系统更适合于基于模型的步态特征提取。

最早的基于模型的特征提取方法通过对每个人的跨步结构参数(如步幅和指定时间内的步数等)进行建模来实现个体识别。大多数基于模型的特征提取方法都是针对整个人体进行建模的，即将人体各部分与连接关系进行建模，如将步态视频序列简化成“火柴人”的行走序列，并对运动节点间的关系进行建模。

基于模型的特征提取方法通常在对人体进行建模后，利用人体的距离或关节角度进行步态识别。例如，Johnson 等人提出了一种多视角的步态识别方法，该方法利用从静态步态帧中获取的静态身体参数进行识别。其中使用的静态参数为人体高度 d_1、头与骨盆之间的距离 d_2、骨盆与脚之间的最大距离 d_3、两脚之间的距离 d_4，如图 4-14 所示，这些参数组成一个 4 维的特征向量 $\boldsymbol{w}=[d_1, d_2, d_3, d_4]$。需要注意的是，只有当受试者的脚在行走过程中最大限度地展开时，才能对这些参数进行测量。当受试者行走时，会有多个参考点，通过计算这些点处特征向量的平均值，会生成每个行走序列的一个特征向量。由于静态参数是视图不变的，因此它们非常适合于基于模型的识别场景。

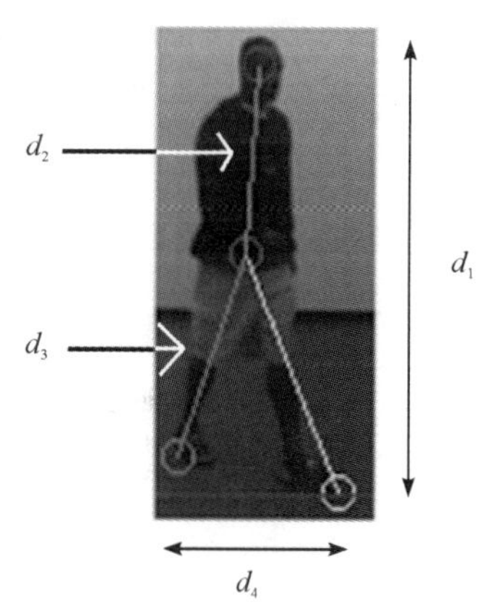

图 4-14　人体模型参数

2. 免模型的特征提取方法

免模型(或模型无关)的特征提取方法旨在表征人体剪影(Silhouette)的运动或形状。免模型的特征提取方法有两个显著的优点：其一，它对视频质量的要求不高，这使得它可以部署在远离被采集个体的地方；其二，它的计算成本低于基于模型的特征提取方法。因此，免模型的方法更受人们欢迎。然而，免模型的特征提取方法有一个缺点，就是它依赖视角和缩放，即采集视角的改变会对步态识别系统的性能产生不良的影响。

最简单的一种免模型的方法就是直接使用剪影作为特征。剪影反映了一个人的像素面积，通过将视频中的图像序列转换为剪影，我们可以直接将剪影用于识别过程。这种方法的操作简单，只需将背景去除，保留个体的前景区域(即剪影)，然后将其用于后续的识别过程。但是分割过程不准确容易导致识别失败。此外，分割过程又受到诸如阴影、背景和前景的分类阈值、背景中的移动物体以及个体边缘的伪影等因素的影响。

运动历史图(Motion History Image, MHI)与运动能量图(Motion Energy Image, MEI)可将三维模式的剪影序列转化成二维模式的剪影序列，即去掉时间维度。设给定个体的步态剪影序列为 $D(a, b, t)$，则二值的 MEI 定义为

$$E_\tau(a, b, t)=\bigcup_{i=0}^{\tau-1} D(a, b, t-i) \tag{4-21}$$

式中，τ 是个体运动的时间，(a, b)是图像像素坐标，t 是序列的时间索引。

MHI 是剪影序列的另一种二维模式的表征，其定义如下：

$$H_\tau(a, b, t)=\begin{cases}\tau, & D(a, b, t)=1 \\ \max[0, H_\tau(a, b, t-1)-1], & \text{其他}\end{cases} \tag{4-22}$$

从上面的定义可以看出，MEI 和 MHI 可以很好地表示个体的运动部分，但不能表示个体的静态部分。

步态能量图像(Gait Energy Image, GEI)(如图 4-15 所示)与步态历史图像(Gait History Image, GHI)同样可将步态剪影序列转换为二维图像。但是，不同于 MEI 和 MHI，GEI 是由序列各像素点的均值构成的灰度图像。

图 4-15 步态能量图像

给定步态剪影序列 $D(a, b, t)$，GEI 的计算公式为

$$G(a, b)=\frac{1}{N}\sum_{t=1}^{N} D(a, b, t) \tag{4-23}$$

式中，N 是总帧数，t 是序列的时间索引，(a, b)是图像像素坐标。

GEI 可以同时反映剪影序列的静态部分和动态部分，其具有以下优良特性：

(1) 序列中每个剪影都是空间归一化的能量图像；

(2) GEI 将剪影序列转换为时间归一化的累积能量图像；

(3) GEI 的高灰度值像素意味着个体在这一点的活动频繁发生。

GHI 是对 GEI 的拓展，其定义为

$$\mathrm{GH}_\tau(a, b, t)=\begin{cases}\tau, & S(a, b)=1 \\ \sum_{t=1}^{\tau} D(a, b, t)(t-1), & \text{其他}\end{cases} \tag{4-24}$$

式中，$S(a, b)=\bigcap_{t=1}^{\tau} D(a, b, t)$，指的是不参与运动的像素。

从上面的定义可以看出，GEI 和 GHI 不仅可以代表个体的运动部分，也可以代表个体的静态部分。因此，GEI 和 GHI 被广泛使用。

帧差能量图像(Frame Difference Energy Image，FDEI)是 GEI 的一个变种，它利用簇的平均值来修复剪影序列中帧的不完整性。FDEI 的计算分为以下四个步骤：

(1) 聚类和计算 GEI。剪影序列被划分为许多簇(例如时间相邻的簇)。第 l 个簇(C_l)的 GEI 计算为 $G_l(a, b)=\frac{1}{N_l}\sum_{t\in C_l}B(a, b, t)$，其中 $B(a, b, t)$ 为剪影帧，t 是帧的索引。

(2) 对 GEI 进行去噪。第 l 个簇(C_l)的 GEI 去噪公式如下：

$$D_l(a, b)=\begin{cases}G_l(a, b), & G_l(a, b)\geqslant T\\ 0, & \text{其他}\end{cases} \tag{4-25}$$

式中，T 是阈值，$D_l(x, y)$为 $G_l(a, b)$去噪后的图像。

(3) 计算帧之间的差异，公式如下：

$$F(a, b, t)=\begin{cases}0, & B(a, b, t)\geqslant B(a, b, t-1)\\ B(a, b, t-1)-B(a, b, t), & \text{其他}\end{cases} \tag{4-26}$$

(4) 构建 FDEI。FDEI 的计算公式为

$$\mathrm{FD}(a, b, t)=F(a, b, t)+D_l(a, b)$$

4.3.5　步态特征降维

在步态分析的背景下，一个问题出现了——我们需要从步态序列中提取多少信息才能捕获最具鉴别性的信息？在时间轴上，形状信息似乎可以使用 4 个或 5 个帧或特征向量进行捕获。然而，这些帧或特征向量本身可以用一种更紧凑的方式表示。由于并非所有在特征提取过程中提取的特征都对后续的匹配与识别过程有帮助，有些可能增加模型与计算的复杂度。因此，使用诸如主成分分析或线性判别分析等数据降维方法来保留贡献度高的特征是非常必要的。特征降维方法是一种去除不相关特征的降维方法，可以提高步态特征识别的有效性和效率。

分段线性表征(Piecewise Linear Representation，PLR)是一种简单的特征降维方法，它可以丢弃小的波动，将时间序列信号的主要部分保留下来。主成分分析(PCA)是目前最流行的特征降维方法，它试图将所有数据向量表示为少量特征向量的线性组合，并过滤掉偏离正常值的样本点。线性判别分析(LDA)作为一种监督学习的特征检测方法，通过训练可以找到一个映射，使得各原始样本点经过映射后能够更好地被区分开来，从而使同一个类的数据映射后更加聚拢，不同类的数据映射后仍保持分离。

离散余弦变换(DCT)是另一种使用余弦函数表示步态信号的特征降维方法。DCT 利用余弦函数来表示信号，可以减少变量之间的相关性，去掉对能量贡献不大的频率分量。例如，Fan 等人首先使用 GEI 表示步态轮廓，并通过 DCT 提取和降维步态特征。对于 $N\times N$ 的 GEI，它的二维离散余弦变换为

$$F(u, v)=a(u)a(v)\sum_{s=0}^{N-1}\sum_{t=0}^{N-1}\cos\left[\frac{(2s+1)u\pi}{2N}\right]\cos\left[\frac{(2t+1)v\pi}{2N}\right] \tag{4-27}$$

式中，GEI 中的(s, t)位置处的像素值为 $f(s, t)$，且

$$a(u)=a(v)=\begin{cases}\sqrt{\dfrac{1}{N}}, & u, v=1 \\ \sqrt{\dfrac{2}{N}}, & u, v=2, 3, \cdots, N-1\end{cases} \tag{4-28}$$

离散余弦变换后，可以删除对能量贡献不大的频率分量。最后，采用线性判别分析技术提高分离性。

4.3.6 步态特征匹配与分类

从步态序列中提取出步态信息并形成相应的特征向量后，接下来需要执行实际的匹配或分类操作以实现步态识别，可由以下几种方法实现。

1. 基于距离的方法

最常见且最直接的分类方法是使用距离度量来做决策。这种方法通过计算测试步态数据与数据库注册步态数据间的距离，并根据预先设置的距离阈值做出决策。欧氏距离是步态生物识别系统中最具代表性的距离，其公式如下：

$$D_{\mathrm{E}}(\boldsymbol{A}, \boldsymbol{B})=\sqrt{\sum_{i=1}^{n}(x_i-y_i)^2} \tag{4-29}$$

式中，$D_{\mathrm{E}}(\boldsymbol{A}, \boldsymbol{B})$表示测试步态数据 $\boldsymbol{A}=(x_1, x_2, \cdots, x_n)$与数据库注册步态数据 $\boldsymbol{B}=(y_1, y_2, \cdots, y_n)$间的欧氏距离。在最后的决策过程中，这种平方范数可以与许多其他分类方法相结合。

类似地，曼哈顿距离也常被使用于步态识别中，其公式为

$$D_{\mathrm{M}}(\boldsymbol{A}, \boldsymbol{B})=\sum_{i=1}^{n}|x_i-y_i| \tag{4-30}$$

除此之外，动态时间规整(Dynamic Time Warping，DTW)距离也是一种常用距离，迁移自声纹识别中，用于计算测试步态数据与数据库注册步态数据之间的相似度。该距离可用于步态识别，特别是当这些序列的速度和时间不同时。给定两个步态数据序列 $Q=\{q_1, q_2, \cdots, q_n\}$和 $R=\{r_1, r_2, \cdots, r_m\}$，DTW 首先构建一个 $m\times n$ 的矩阵$\boldsymbol{M}$，其中每一个元素 $M_{i,j}$ 是$q_i\in Q$ 和$r_j\in R$ 的距离$d(q_i,r_j)$，则Q 和R 的相似度是$M_{1,1}$ 到 $M_{m,n}$ 的累积距离(即$D(m,n)$)，其中 $M_{i,j}$ 处的累积距离 $D(i, j)$可由下式计算得到：

$$D(i, j)=\min[D(i, j-1), D(i-1, j), D(i-1, j-1)]+d(q_i, r_j) \tag{4-31}$$

注意：边界处的累积距离定义为

$$D(1, 1)=d(q_1, r_1)$$
$$D(i, 1)=D(i-1, 1)+d(q_i, r_1)$$
$$D(1, j)=D(1, j-1)+d(q_1, r_j)$$

2. 基于统计的方法

尽管使用基于距离的方法可以定量描述步态之间的相似度，但该方法依然存在着不足。一方面，利用这类方法计算的距离可能没有一个清晰的解释。而另一方面，行走过程中与姿态连续性相关的状态模式没有被充分考虑在内。因此，基于统计的方法(如隐马尔可夫

模型(Hidden Markov Model，HMM)等)也被使用于步态识别中。

在实际的基于 HMM 的步态识别中，我们假设每个行走对象在行走过程中都会经历若干个姿态。换句话说，步态序列中的每一帧都被认为是由有限数量的姿态之一所生成的。先验概率、转移概率都可用于定义参考数据库中每个注册个体的模型。对于特征向量为 $\boldsymbol{f}$ 的测试序列，它关于数据库中存储的序列模型所产生的概率为

$$P(\boldsymbol{f} \mid \lambda_j), \quad j=1, \cdots, N \tag{4-32}$$

式中，λ_j 为 HMM 的参数，N 是参考或注册数据库中受试者的数量。产生的概率最高的数据库模型被认定为测试特征所属模型，即

$$\mathrm{Identity}(i)=\underset{j}{\mathrm{argmax}} P(\boldsymbol{f} \mid \lambda_j), \quad j=1, \cdots, N$$

基于 HMM 的方法在许多方面都优于其他方法，因为它不仅考虑了测试和参考序列中形状之间的相似度，而且还考虑了特定个体的行走周期中某形状出现和相继出现的概率。

3. 其他方法

步态识别系统的分类学习通常是有监督的。通过在训练阶段将步态特征和相应的标签迭代地输入机器学习模型中，机器学习分类往往可以捕捉到一些其他分类无法捕捉到的代表被试身份的重要信息。常见的步态识别机器学习分类方法有支持向量机、LDA、决策树、集成分类器和神经网络等。

神经网络是一种受大脑神经结构启发而产生的计算方法，在神经网络中，许多神经元高度相连，共同处理输入数据。由于这种分类方法能够学习训练阶段提取的特征之间的复杂关系，因此在步态识别中得到了广泛的应用。通常，一个神经网络包含三层，即输入层、隐藏层和输出层。其中，输入层接收步态特征，隐藏层以自组织的方式处理输入特征，输出层输出步态数据的类别信息。

近年来，深度学习(即深度神经网络)在图像解译、计算机视觉、自然语言理解等领域取得成功的基础上，已成功应用于步态识别。深度神经网络的结构多样，包括卷积神经网络、循环神经网络和深度信念网络等，这些网络的不同层学习不同的数据表示。深度学习的一个关键优势是其数据驱动型方法，这种方法摒弃了烦琐的手动设计特征的过程，使得特征学习更加自动化和高效。

4.4 掌纹识别

4.4.1 掌纹识别简介

掌纹识别(Palmprint Recognition)是近年来兴起的一种生物特征识别技术，它基于手掌上的独特纹线来识别个体身份。作为一种非接触式的生物特征识别技术，掌纹识别具备高准确度、高稳定性、高用户接受度、高便利性以及低采集成本等优点。与指纹相比，掌纹

的有效识别区域显著更大，因此能够提取更为丰富的特征信息；与人脸识别相比，掌纹的特征更加稳定，不受表情、姿态、年龄及遮挡等因素的影响；与虹膜、静脉以及 DNA 等其他生物特征识别相比，掌纹在用户接受度和采集成本方面也具有显著优势。掌纹识别技术正逐渐成为生物特征识别领域的新热点，其应用场景也日益受到业界的广泛关注。

对掌纹的研究最早可追溯到中国，早在中国商朝的甲骨文中就有掌纹辨病的记载。早期人们主要利用手掌的纹线等手相(Palmistry)进行占卜。例如，西汉时期的许负在《许负相法·相手篇第十一》一文中对掌纹进行了详细的描述与分析，包括手掌的颜色、掌纹的线特征和点特征等。至唐朝时期，掌纹已被用作签订契约的凭证。而到了宋朝，掌纹在刑侦与诉讼中也开始得到应用。图 4－16 展示的是利用掌纹进行手相占卜和签订契约的图例。

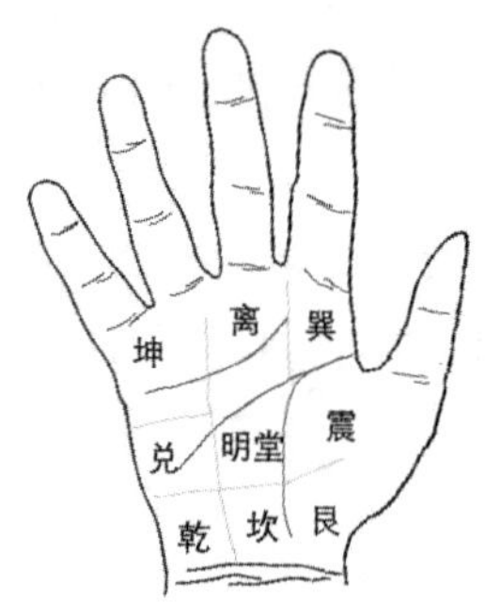

(a) 利用掌纹进行手相占卜

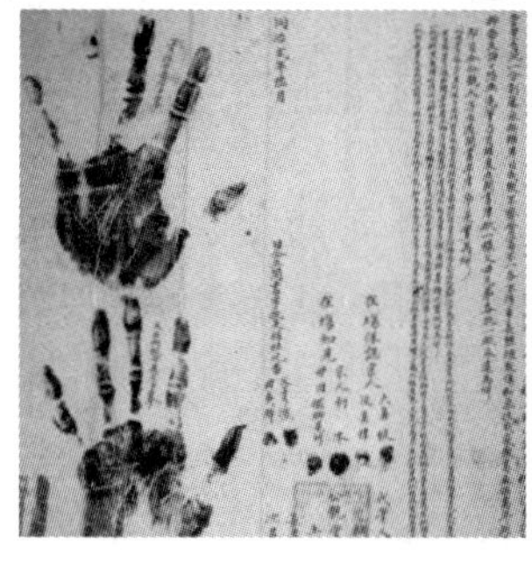

(b) 利用掌纹签订契约

图 4－16 利用掌纹进行手相占卜和签订契约的图例

现代意义上的自动化掌纹识别技术起步于 20 世纪末期。1998 年，香港理工大学的张大鹏教授通过计算机程序成功地从掌纹图像中提取到可靠的主线等特征，从而首次实现了脱机式(Offline)的识别。他的团队在掌纹识别领域持续发表了一系列重要的研究成果，并构建了公共的掌纹数据库，这些举措极大地推动了掌纹识别技术的发展。然而，脱机式掌纹识别技术在操作上存在烦琐之处，且受限于图像质量，其识别性能往往不够理想。

进入 21 世纪，掌纹识别的发展进入了一个新阶段——在线(Online)掌纹识别技术逐渐成了主流，美国的密歇根州立大学、马来西亚的多媒体大学，以及我国的清华大学、北京大学等均陆续投入到在线掌纹识别技术的研究中。在线掌纹识别技术能够直接获取质量较高的掌纹图像，并且避免了脱机掌纹识别采集烦琐的缺点。2008 年，世界上首套自动在线掌纹识别系统研制成功，其准确性和可靠性均达到了令人满意的效果。此后，在掌纹的采集、预处理、特征提取以及匹配等方面，均陆续出现了大量优秀的算法。例如，Wu 等人设计了基于高斯函数导数的掌纹主线检测算子。Huang 等人对掌纹纹线进行了更细致的分类，并提出了一种基于纹理线的掌纹识别方法。You 等人借助 Prewitt 算子提取了掌纹的纹理信息，并使用 Hausdorff 距离计算了最终的掌纹匹配分数。随后，Lu 等人提出了一种基于 PCA(主成分分析)的掌纹图像识别方法。此外，Kong 等学者提出了基于竞争码(Competitive Code)的掌纹编码方法，该方法成了掌纹识别领域最著名的方法之一。该方法启发了后续各种基于编码的掌纹识别方法，如 PalmCode、Robust Line Orientation Code(RLOC)等。另外，基于点特征的掌纹识别方法也被提出。例如，Wu 等人提出了基于尺度不变特征变换

(Scale-Invariant Feature Transform，SIFT)算子的掌纹识别方法，这种方法可以较好地解决掌纹形变的问题。

近年来，随着掌纹成像与采集技术的不断进步，各种新型的掌纹识别技术也层出不穷，例如高分辨率掌纹识别技术、多光谱掌纹识别技术以及三维(3D)掌纹识别技术。其中，高分辨率掌纹识别技术借鉴了高分辨率指纹识别的原理，主要利用更细微的特征(如细节点)等进行识别，尤其在犯罪现场勘察与法医鉴定等对掌纹图像要求高的场景中发挥着重要作用。多光谱掌纹识别技术则利用可见光和红外线等不同波段的光源来获取多光谱掌纹图像，并进行身份识别。与常规可见光掌纹图像相比，红外掌纹图像甚至能够捕获手掌静脉信息，因此，多光谱掌纹识别不仅提升了识别准确性，还增强了对抗假掌纹攻击的能力。随着 3D 成像技术在人脸识别等领域的成功应用，3D 掌纹识别也逐渐成为研究热点。3D 掌纹识别通常通过 3D 相机等设备捕获 3D 掌纹图像，并利用其曲率等特征进行识别。由于 3D 掌纹图像包含深度信息，相较于 2D 掌纹图像，它对于假掌纹攻击具有更高的鲁棒性。然而，3D 掌纹识别技术也面临着挑战，如手掌姿态、形变等因素对其识别效果的影响较大，目前尚未有具体的商用产品问世。此外，如何将 3D 掌纹图像信息和 2D 掌纹图像信息进行融合以提高识别性能，也是当前研究的热点之一。

此外，采用包含掌纹在内的多种生物特征进行身份认证的多模态生物特征识别技术正逐渐受到业界的瞩目。多模态生物特征识别技术通常通过多个单模态特征在分数级或决策级进行融合，以增强生物特征识别系统的整体性能。例如，Raghavendra 等人结合掌纹和人脸特征建立了一个多模态生物特征识别系统，并利用 Log-Gabor 变换在特征级和分数级分别对掌纹和人脸信息进行融合。又例如，马来西亚多媒体大学的 David Ngo 教授针对手掌与手型特征融合提出了相应的方法。同样地，多源或异源(Heterogeneous)掌纹的融合研究也预示着未来掌纹识别技术发展的一个重要方向。

到目前为止，掌纹识别系统主要应用于刑侦和民用两个方面。据统计，在刑侦案件审理中，现场残留的犯罪人员身份信息中，掌纹信息约占 30%，对这些信息的提取与分析对案件侦破与审理具有重要影响。目前，较成熟的商用掌纹识别系统包括日本研制的自动掌纹识别系统、美国摩托罗拉(Motorola)公司研发的 Omnitrak 掌纹识别系统、美国 Redrock Biometrics 公司的 PalmID 系统以及中国汉王科技公司的掌纹识别系统等。2020 年 9 月，美国商业巨头亚马逊在其多个线下门店试用了其“刷掌支付”系统——Amazon One。2023 年 5 月，中国腾讯公司针对微信支付需求，继扫码、刷脸支付之后，又发布了新功能——刷掌支付，并率先在北京试点刷掌乘车。总的来说，虽然掌纹识别技术相较于指纹和人脸等识别技术出现较晚，但其在特定领域已展现出广泛的应用潜力。未来，随着技术的不断完善和市场的逐步接受，掌纹识别技术仍有较大的发展空间。

一个典型的掌纹识别系统主要包含掌纹图像采集、掌纹图像预处理、掌纹特征提取以及掌纹特征匹配等四个模块。在掌纹图像采集模块中，通常使用传感器、照相机或扫描仪来获取数字化的掌纹图像，以便于后续在计算机上进行处理。掌纹图像采集完成后，在正式进入特征提取阶段之前，通常需要加入掌纹图像预处理模块。这是因为采集掌纹图像时往往会不可避免地引入平移、旋转和扭曲等因素，且所采集的原始掌纹图像往往尺寸较大、包含较多无效的冗余信息，因此需要进行去噪、定位、分割、归一化等预处理步骤，以得到理想的掌纹感兴趣区域(Region of Interest，ROI)。掌纹特征提取模块是掌纹识别系统的核心，其目的是从预处理后的掌纹图像中提取出具有高区分度的信息作为特征，例如线特征、方向特征等。最后，在掌纹特征匹配模块中，将提取到的待匹配掌纹特征与注册阶段所建立的掌纹特征模板库中的特征进行比对，通过距离计算或选定分类器进行匹配，从而得到最终的识别结果。

4.4.2 掌纹采集

掌纹是指手指根部与手腕之间的手掌表面上的各种纹线。掌纹具有显著的稳定性和独特性。掌纹的形态主要由遗传基因决定，即使后天由于某种原因出现表皮剥落，但新生的掌纹纹线仍会保持与原始的掌纹纹线相似的结构。特别地，每个个体的掌纹都是独一无二的，即使是孪生同胞，他们的掌纹也只是高度相似，而不会完全相同。

掌纹采集方法大体可以分为两类：接触式掌纹采集方法和非接触式掌纹采集方法。早期的接触式掌纹采集方法一般采用按压方式，即事先在手掌上涂抹油墨或其他显像试剂，然后按压在采集面上，最后对采集面进行物理或化学处理以获得掌纹图像。通过调整显像试剂与采集面的接触方式，这种采集方法能够较为准确地采集掌纹各处的细节信息。例如，在刑事侦查中，常使用硝酸银溶液作为显像试剂来提取犯罪分子残留的掌纹信息。图 4-17(a)展示了使用油墨接触式方法采集得到的掌纹图像实例。然而，接触式掌纹采集方法存在以下三个缺点。

(1) 由于需要在手掌上涂墨等，用户可能会感到不便或不易接受。

(2) 采集的掌纹质量容易受油墨深浅、纸张质量、按压方式等因素的影响，尤其对于手掌中心区域的掌纹采集效果可能不够理想。

(3) 这种采集方法通常速度较慢，且难以实现自动化，从而限制了其在大规模或快速识别场景中的应用。

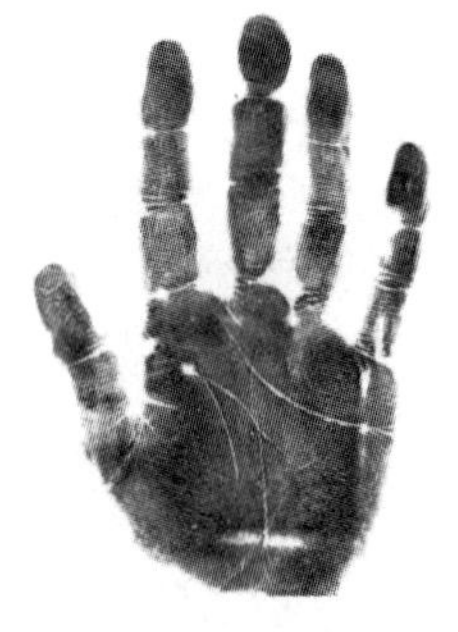
(a) 油墨采集法

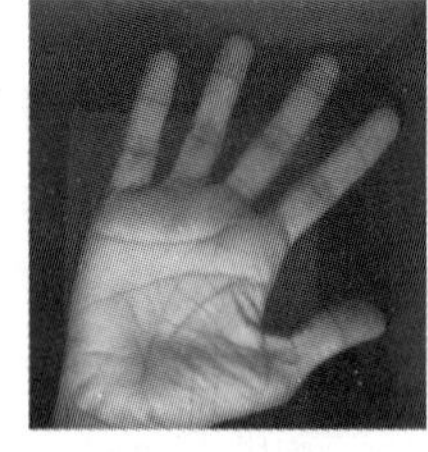
(b) 相机采集法

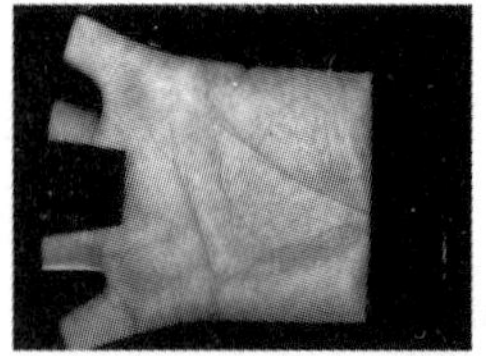
(c) 固定CCD摄像头采集法

图 4-17 不同掌纹采集方法示意图

基于扫描仪的掌纹采集方法是另一种常见的接触式掌纹采集方法，通过将手掌直接按压在数字扫描仪上来获取掌纹图像。这种方法更为便捷，并且通常不受外界光照条件的直接影响。然而，它的缺点在于扫描过程可能耗时较长，并且当扫描仪的采集表面不够清洁时，获取的掌纹图像容易模糊并带有污损。总体而言，尽管基于扫描仪的采集方法相较于油墨按压方法有一定的优势，但在需要实时识别的在线掌纹图像系统中，其应用仍然受到一定的限制。

非接触式掌纹采集方法主要利用相机、固定 CCD 摄像头、手机摄像头等设备来进行掌纹图像采集，整个采集过程无须手掌与采集设备之间发生直接接触。基于相机的掌纹采集方法(如图 4－17(b)所示)是通过拍照来获取掌纹图像的，图像的质量(包括清晰度)主要取决于相机的分辨率。然而，这种采集方法的一个主要缺点是容易受到拍摄时光照条件的影响，从而导致图像质量不稳定。另外，由于采集时手掌未进行固定，所获取的掌纹图像可能会存在较大的平移、旋转与缩放等变化，这对后续的掌纹图像预处理及特征提取步骤构成了一定的挑战。

基于固定 CCD 摄像头的掌纹采集方法(如图 4－17(c)所示)是当前流行且广泛应用的掌纹图像采集方法之一。该方法通过使用集成了 CCD 芯片的摄像头，将模拟的掌纹图像转换为数字掌纹图像，并输入计算机进行处理。这种方法的主要优点是获取的掌纹图像质量高、采集速度快。基于 CCD 摄像头的掌纹采集系统通常会对手掌进行一定程度的固定，并在采集过程中不与手掌直接接触，从而有效减少了图像的平移、旋转以及模糊等的影响。然而，CCD 摄像头的体积相对较大，且造价较高，这在一定程度上限制了基于 CCD 摄像头的掌纹采集方法在大规模应用中的推广。尽管如此，其在保证图像质量和采集速度方面的优势仍然使得这种方法在许多专业场合得到广泛应用。

近年来，基于手机摄像头的非接触式掌纹采集方法也愈发常见。随着智能手机的快速发展，高清摄像头已成为手机的标配，这为高分辨率掌纹图像采集提供了基础条件。作为一种非接触式掌纹采集方法，基于手机摄像头的掌纹采集方法具有快捷方便、成本低廉、用户接受度高、卫生安全且无传染风险等显著优点。然而，由于采集时手掌的姿势以及与摄像头的距离都难以量化控制，因此，这种方法对后续的掌纹图像预处理以及识别算法提出了更高要求，这也是当前该领域的研究热点与难点之一。

常见的公开掌纹数据集包括以下几个。

(1) 香港理工大学掌纹数据库。香港理工大学掌纹数据库(PolyU Palmprint Database)由香港理工大学生物特征识别与智能系统研究组(Biometrics and Intelligent Systems Research Group)通过采集 193 名被试人员的 386 次手掌图像而获得。这些被试人员包括 131 名男性和 62 名女性，他们的年龄分布在 10 岁至 55 岁之间。每位被试人员均被采集了 10 幅左手掌纹图像和 10 幅右手掌纹图像(即每位被试人员共被采集了 20 幅掌纹图像)。整个数据库分两次采集完成，间隔两个月，前后两次采集时光照强度有所变化，因此前后两次采集到的图像间存在明显差异。整个数据集总共包含 7720 幅掌纹图像。

(2) 香港理工大学多光谱掌纹数据库。香港理工大学多光谱掌纹数据库(PolyU Multispectral Palmprint Database)同样由香港理工大学生物特征识别与智能系统研究组建立。该研究组分别使用红光(Red)、绿光(Green)、蓝光(Blue)和近红外(NIR)四个波段的光源照射手掌，对 250 名被试人员进行掌纹图像采集，其中包括 195 名男性和 55 名女性，他们的年龄在 20 岁至 60 岁之间。采集间隔在一个星期到两个星期之间。每个独立光谱的掌纹数据库均包含来自 500 只手掌的 6000 幅掌纹图像。该数据库提供原始的掌纹图像与已分割好的 ROI 图像，每幅图像的原始分辨率为 352×288 像素。

(3) CASIA 掌纹数据库。CASIA 掌纹数据库是由中国科学院自动化研究所(Institute

of Automation, Chinese Academy of Sciences)通过自主研发的无定位掌纹采集设备采集获得的。该数据库涵盖了 310 名被试人员，对每位被试人员的每只手掌采集了大约 8 幅掌纹图像，总计获得 5502 幅掌纹图像。与香港理工大学掌纹数据库不同，CASIA 掌纹数据库在采集时未对手掌的姿势和位置进行限定，因此该数据库中的掌纹图像存在较大的多样性，包括扭曲、模糊以及尺度变化等。由于这种无定位采集方式，同一个人同一只手的掌纹图像也可能存在较大的差异。该数据集仅提供原始掌纹图像，每幅图像的分辨率均为 640×480 像素。

(4) IITD 掌纹数据库。IITD 掌纹数据库中的掌纹图像是由新德里印度理工学院的师生通过非接触式方法，在一个封闭箱子内使用数码相机对手掌进行拍照得到的。采集过程中没有使用固定的装置来限制手掌的姿势，因此手掌的姿势在每次采集时都有所不同。该数据库共包含 235 名年龄在 12 岁至 57 岁之间的志愿者的掌纹图像，每人提供了 7 幅左手掌纹图像和 7 幅右手掌纹图像。在采集过程中，每位志愿者都提供了实时反馈，以确保手掌能够正确呈现在成像区域内。该数据库提供了整幅掌纹图像以及分割后的掌纹 ROI 图像，图像的分辨率为 800×600 像素。总体来说，相对于前述掌纹数据库，该数据库的掌纹图像质量较差，包含较大的畸变、平移、旋转等变化。

4.4.3 掌纹图像预处理

掌纹图像在采集过程中往往会出现一定程度的旋转、平移和形变等变化，这些变化可能会影响后续的特征提取和匹配过程。因此，在进行特征提取和匹配之前，需要先对掌纹图像进行预处理操作。掌纹图像预处理通常包含两个主要的步骤，即掌纹分割和掌纹感兴趣区域(ROI)提取。

掌纹分割是通过识别和提取掌纹轮廓，将掌纹前景区域从整幅图像中分离出来的过程。从模式识别的角度看，掌纹分割本质上可以被视为一个二分类问题，即区分掌纹前景区域和背景区域。掌纹分割是后续掌纹感兴趣区域(ROI)提取的基础步骤。常用的前景分割算法包括 OTSU 阈值分割等算法，其通过形态学操作(如腐蚀、膨胀等)可以获得一个更加清晰和准确的掌纹前景图像。掌纹感兴趣区域(ROI)提取是指从掌纹图像中定位和裁剪出包含主要纹理信息的中心区域。通常，会选择适当大小的掌纹中心区域作为掌纹 ROI。掌纹 ROI 的准确提取对于克服光照变化、模糊等外界因素带来的干扰具有重要意义，它能够提高整个掌纹识别系统的鲁棒性和准确性。

1. 掌纹分割方法

在掌纹图像预处理的过程中，掌纹分割是一个至关重要的步骤，它决定了后续特征提取和识别的准确性。下面将介绍两种常用的掌纹分割方法，即基于颜色差异的阈值分割法和基于高斯肤色模型的分割方法。

(1) 基于颜色差异的阈值分割法。

由于掌纹前景区域和背景区域在颜色信息上存在显著差异，因此可以利用基于颜色空间的阈值分割法来实现掌纹分割。例如，在 YCbCr 颜色空间中，Cr 和 Cb 分量分别代表像素的红色和蓝色色度信息，Y 分量代表像素的亮度。首先，我们需要分析手掌颜色在 Cb 和 Cr 分量上的分布，并确定一个合适的阈值范围。然后，对图像中的每个像素，根据其在 Cb

和 Cr 分量上的值判断其是否落在该阈值范围内。如果像素在 Cb 和 Cr 分量上的值均位于预设的阈值范围内，则判断该像素属于掌纹前景区域，否则判断该像素不属于掌纹前景区域。通过这种方法，我们可以将掌纹前景区域从背景中有效地分离出来。

（2）基于高斯肤色模型的分割方法。

基于高斯肤色模型的分割方法主要分为模型训练与模型应用两个阶段。在模型训练阶段，首先选取一定数量的已标记掌纹图像数据作为训练集，然后对这些掌纹图像中像素对应的颜色通道进行统计分析，并进行聚类分析，以获取像素在颜色空间中的聚类特性。基于这些统计数据和聚类结果，构建高斯肤色模型，该模型能够描述掌纹图像中肤色像素的分布情况。在模型应用阶段，将训练好的高斯肤色模型应用于输入的待分割掌纹图像。对于图像中的每个像素，根据其在颜色空间中的值，利用高斯肤色模型判断其是否属于肤色类别。如果像素的颜色值符合高斯肤色模型的分布，则判断该像素属于掌纹前景区域；否则，判断该像素属于掌纹背景区域。通过这种方法，可以实现掌纹前景区域与背景区域之间的有效分割。

2. 掌纹 ROI 提取方法

不同的掌纹 ROI 提取方法适用于不同的应用场景和采集条件。下面将介绍三种常见的掌纹 ROI 提取方法，即基于采集设备的掌纹 ROI 提取方法、基于最大内切圆的掌纹 ROI 提取方法和基于谷点检测的掌纹 ROI 提取方法。

（1）基于采集设备的掌纹 ROI 提取方法。

这种方法主要依赖于采集设备的特定硬件设计来规范被采集者的手掌放置，从而简化掌纹 ROI 的定位与提取过程。该方法不仅简单，而且高效，因为它在一定程度上避免了设计复杂的掌纹 ROI 提取方法。如图 4-18 所示，掌纹采集专用设备内部设有固定大小的方形采集窗口，底部安装高分辨率摄像头，其视野与方形窗口精确重合。设备外部通过固定装置来确保被采集者的手掌以正确的姿势放置在采集窗口内。通过此设备，我们可以直接获得尺寸固定的掌纹图像，随后通过软件简单地截取图像中间的固定大小区域，即可得到掌纹 ROI。

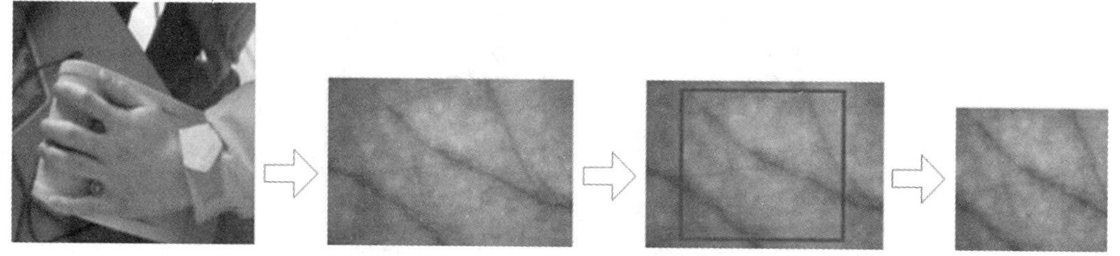

图 4-18 基于采集设备的掌纹 ROI 提取方法示意图

（2）基于最大内切圆的掌纹 ROI 提取方法。

基于最大内切圆的掌纹 ROI 提取方法首先需要对掌纹图像进行二值化处理，以突出掌纹与背景的对比度。接着，在二值化的掌纹图像内搜索与手掌两侧边缘相切的最大内切圆，这个最大内切圆的圆心通常被认定为待提取的掌纹 ROI 的中心（参见图 4-19）。该方法具有较高的鲁棒性，因为它不依赖固定的手掌位置，能够适应一定程度的手掌位置和角度变化。然而，该方法的计算过程相对复杂，因为需要精确搜索和确定最大内切圆的位置。此外，虽然通过最大内切圆能够截取到包含掌纹主要信息的区域，但同时也可能包含一些冗余的背景信息。在实际应用该方法时，可能需要进一步处理以去除这些冗余信息。

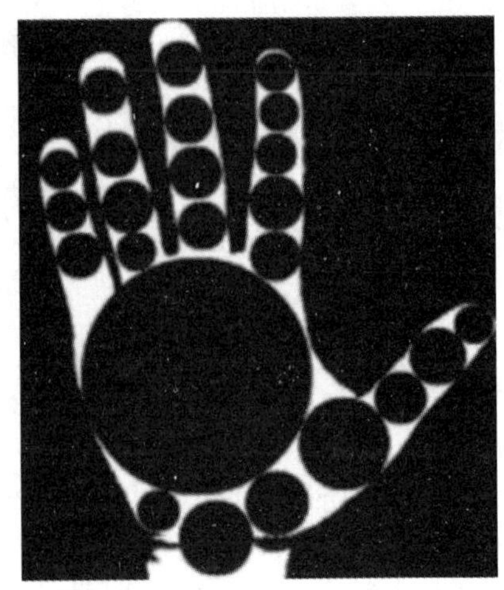

图 4-19 基于最大内切圆的掌纹 ROI 提取方法示意图

(3) 基于谷点检测的掌纹 ROI 提取方法。

基于谷点检测的掌纹 ROI 提取方法是目前被广泛应用的掌纹 ROI 提取方法之一。该方法依赖谷点检测算法来精确定位掌纹图像中的关键位置。基于谷点检测的掌纹 ROI 提取方法的流程如图 4-20 所示，首先，对输入的掌纹图像进行高斯低通滤波处理以减少噪声干扰；然后，利用肤色特征对滤波后的图像进行二值化处理，得到仅包含手掌区域的二值化图像；接着，利用边界追踪法提取手掌的轮廓，并根据轮廓上的曲率变化确定食指与中指、无名指与小指之间的交点(这些交点被称为谷点)；其次，以两个谷点连线为基准建立直角坐标系，其中纵轴为两个谷点的连线，横轴为两个谷点连线的中垂线；最后，以中垂线的中点为中心，根据手掌的大小和形状构建适当大小的矩形区域，此区域即为所提取的掌纹 ROI。这种方法能够较为准确地定位掌纹图像中的关键区域，为后续的特征提取和识别提供有力的支持。

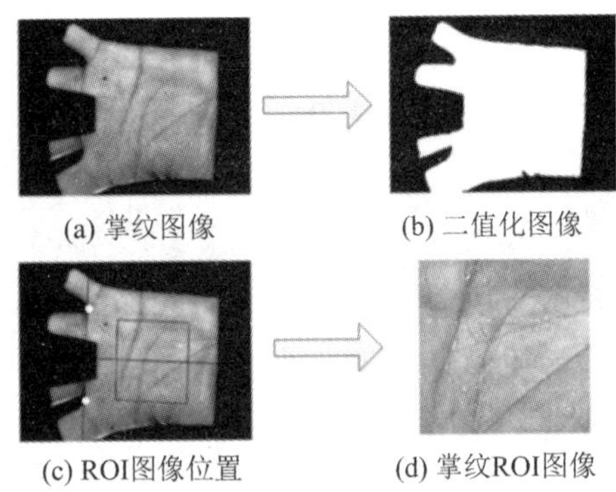

图 4-20 基于谷点检测的掌纹 ROI 提取方法的流程

4.4.4 掌纹特征提取

1. 掌纹特征

常见的掌纹特征(如图 4-21 所示)主要包括以下几种。

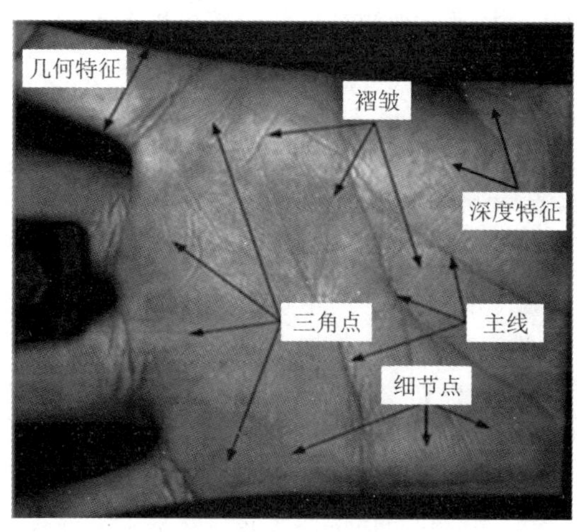

图 4-21 常见掌纹特征

(1) 主线(Principal Line)。主线是手掌表面最为明显(即最长、最深、最宽)的 3 条纹线。从手腕开始到手指根部，三条主线依次称为近侧主线、纵向主线、远侧主线。主线的几何分布、位置、长度等都是重要的掌纹特征。

(2) 褶皱(Wrinkle)。褶皱是指不规则分布在手掌表面的细小纹线。这些褶皱一部分是先天形成的，另一部分则是由于后天手掌习惯性的收缩与伸展所形成的。大量无规律的褶皱特征在掌纹识别中也具有重要意义。

(3) 几何特征(Geometrical Feature)。掌纹几何特征主要指的是手掌的宽度和长度等手掌形状特征，以及由多条独立的纹线构成的几何形状。

(4) 细节点(Minutia)。与指纹识别类似，手掌表面也布满了乳突纹(即脊线)，脊线的终结处和分叉处被称为细节点。细节点特征十分稳固，具有终身不变的特性，是高分辨率掌纹识别中的重要特征。

(5) 三角点(Delta Point)。三角点是由手掌表面乳突纹形成的三角形区域的中心点，通常分布在指根下方以及靠近手腕的位置。然而，由于三角点特征较为特殊且数量较少，其在掌纹识别中的应用并不广泛。

(6) 深度特征(Depth Feature)。深度特征通常是指以手掌内表面最凸点所在的面为基准面，掌纹表面所有点到这个基准面的距离。这种特征在三维掌纹识别中尤为重要。

以上各种掌纹特征都具有各自独特的特点，这些特点在掌纹识别过程中扮演着不同的角色。主线在所有特征中稳定性最高，因此在一些追求高速率的识别场景中，基于主线的掌纹识别方法是十分可靠且高效的；褶皱数量众多且不规则，其纹理特征丰富，有助于确保掌纹的唯一性；几何特征的独特性相对一般，因此更适合用于粗匹配的场景；而细节点和三角点特征虽然独特性强，但通常需要高分辨率的掌纹图像才能有效提取，这增加了采集成本；深度特征是近年来随着 3D 掌纹识别技术的出现而新开发的特征，利用深度特征可以有效规避 2D 掌纹识别中易受拷贝图像攻击的风险。在一个成熟的掌纹识别算法中，只有综合利用各种特征，才能获得更为准确和可靠的效果。

2. 掌纹特征提取方法

常见的掌纹特征提取的方法包括基于结构的掌纹特征提取方法、基于统计的掌纹特征提取方法、基于子空间的掌纹特征提取方法、基于编码的掌纹特征提取方法和基于深度学习的掌纹特征提取方法。

（1）基于结构的掌纹特征提取方法。

基于结构的掌纹特征提取方法在早期文献中较为常见，该方法主要利用直线段或特征点来描述掌纹的主线与褶皱(线特征)以及细节点(点特征)等。在线特征提取方面，通常使用各种线检测算子和边缘检测算子，这些算子对图像分辨率的要求相对较低。例如，张大鹏等人构建了 12 个方向模板来处理掌纹图像，通过划分出来的直线段来近似表示掌纹纹线，并将拟合线段的端点、截距和倾斜角等作为特征进行表达，用于后续的匹配。在点特征提取方面，You 等人提出了一种基于兴趣度的特征点提取方法，该方法利用 Plessey 算子在掌纹图像中提取感兴趣点作为特征点，以减少冗余点的数量。然而，这种方法对图像分辨率的要求相对较高，且容易受到噪声的影响。

总的来说，基于结构的掌纹特征提取方法在直观性和简易性方面具有一定优势。然而，这类方法通过直线段来近似表示掌纹纹线，可能会丢失大量的细节信息。特别地，一些包含丰富判别信息的细小而模糊的纹线可能会被忽略，因此这类方法的性能通常并不高。为了提升识别性能，该方法需要结合其他特征提取方法或技术来弥补其不足。

（2）基于统计的掌纹特征提取方法。

基于统计的掌纹特征提取方法主要依赖对掌纹图像中灰度均值、方差、熵、能量、重心等统计信息的分析。根据统计方式的不同，这类方法可以进一步细分为基于局部统计的掌纹特征提取方法和基于全局统计的掌纹特征提取方法。基于局部统计的掌纹特征提取方法通常将掌纹图像划分为若干个图像块(或称为子区域)，并对每个图像块进行独立的统计特征提取。随后，这些局部特征会被组合或连接起来，形成完整的掌纹特征向量。这种方法能够捕捉掌纹图像的局部细节和变化。而基于全局统计的掌纹特征提取方法则直接对整个掌纹图像进行计算，提取出整个图像的特征向量。这种方法能够概括掌纹图像的整体统计特性。在基于统计的掌纹特征提取方法中，Zernike 矩是一种常用的统计特征。由于 Zernike 矩具有平移和旋转不变性，它能够有效地减少掌纹图像平移和旋转对特征提取的影响，从而提高特征提取的鲁棒性和准确性。因此，Zernike 矩在基于统计的掌纹特征提取方法中得到了广泛的应用。

此外，在进行统计分析之前，可以先对掌纹图像进行某种图像变换，如傅里叶变换、小波变换、Gabor 变换等，随后在变换后的图像上提取统计特征。这类方法的优点是在变换域中能够提取到更稳定、更具判别性的掌纹特征。例如，Li 等人利用傅里叶变换将掌纹图像转换到频域，并在频域内对图像进行分块处理，进而提取和表示掌纹特征。近年来，随着图像处理技术的发展，许多更为先进的变换方法，如离散曲波(Curvelet)变换、里兹(Riesz)变换、力场变换以及剪切波(Shearlet)变换等，也逐渐被应用于掌纹特征提取中，以进一步提升特征提取的准确性和鲁棒性。

（3）基于子空间的掌纹特征提取方法。

受人脸特征提取方法的启发，基于子空间的特征提取方法也被应用于掌纹识别领域。具体而言，该方法将原始的掌纹图像视为高维空间中的向量或矩阵，通过寻找最优的投影方向，将其转换为低维空间中的向量或矩阵作为特征信息，进而进行图像的识别与匹配。基于子空间的掌纹特征提取方法可分为基于线性子空间的掌纹特征提取方法和基于非线性子空间的掌纹特征提取方法。基于线性子空间的掌纹特征提取方法包括主成分分析(PCA)、独立成分分析(ICA)、线性判别分析(LDA)等。例如，Lu 等人利用掌纹训练图像来寻求 PCA 方法所对应的特征向量，这些特征向量被称为特征掌(EigenPalm)。随后，新录入的待提取特征的掌纹图像被投影到由这些特征掌组成的子空间中，以获得相应的掌纹特征。这种方法能够有效地降低数据的维度，减少计算复杂度，同时保留掌纹图像的主要信息。基于非线性子空间的掌纹特征提取方法主要包括基于核映射的核主成分分析(Kernel PCA)、核线性判别分析(Kernel LDA)等算法。当前，一种有效的方法是 Li 等人提出的基于稀疏表示的核技巧算法。该算法在提高稀疏编码效率的同时，降低了特征量化的误差，从而提高了特征提取的准确性和鲁棒性。

(4) 基于编码的掌纹特征提取方法。

基于编码的掌纹特征提取方法计算速度较快，使用的存储空间也较小，并且通常能够获得较高的识别率，是目前使用较多的一类掌纹特征提取方法。这类方法主要使用一个或多个滤波器对掌纹图像进行滤波处理，然后将滤波响应的相位、幅度等信息按照一定规则编码为特征码，最后通过计算特征码之间的相似度来进行匹配。

Kong 和 Zhang 等人提出了最早的基于编码的掌纹特征提取方法。该方法首先对掌纹图像使用 Gabor 滤波器进行滤波，然后对滤波响应的结果进行二值化编码，最后通过计算特征码之间的汉明距离得到匹配分数。然而，由于最初的方法仅使用了一种方向的 Gabor 滤波器，这导致其他方向的特征信息被忽略，从而降低了掌纹识别系统的性能。为了解决这个问题，Kong 等人提出了一种基于融合码的掌纹特征提取方法。该方法使用一组不同方向的 Gabor 滤波器处理掌纹图像，随后将滤波响应的相位和幅度等信息按照一定规则转化为二进制特征码并用于匹配，从而提高了识别效果。另一种方法是 Kong 等人提出的基于竞争码的识别方法。该方法使用了 6 个方向的 Gabor 滤波器进行滤波，然后对滤波响应中最小幅值所对应的方向进行记录，并将该方向进行二进制编码。由于匹配时可以在一定范围内对图像进行平移处理，因此这种方法能够有效地克服预处理过程中可能导致的旋转与平移等不利影响，从而增强了算法的鲁棒性。

此外，Shen 等人对 PalmCode 进行了改进。他们首先利用 Gabor 滤波器处理掌纹图像，然后通过分析中心像素处的响应与其邻域响应之间的关系，采用局部二值模式(LBP)方法进行编码，进一步提升了掌纹识别的性能。

(5) 基于深度学习的掌纹特征提取方法。

近年来，深度学习在生物特征识别领域已经取得了显著的效果。传统的掌纹特征提取与识别方法通常泛化能力较低，且性能易受参数设置的影响，每当面对不同的数据库时，都需要重新调整参数以获得最优的识别效果。然而，深度学习能够通过大量数据的自我学习获取强大的泛化能力，有效解决了这一问题。例如，Liu 等人提出了一种基于卷积神经网络的非接触式掌纹特征提取与识别方法，并通过该方法在不同的公共数据库上进行了实验，证明了该方法具有出色的泛化能力。又比如，Trabelsi 等人利用卷积神经网络构建了一个掌纹识别系统，该系统能够提取多光谱掌纹特征。通过在大型多光谱数据库上的实验，他们证明了多光谱融合方法的识别性能优于单一光谱识别方法的性能。这些研究都展示了深度学习在掌纹特征提取与识别领域的潜力和优势。

接下来，我们选取基于编码的掌纹特征提取方法中的著名代表——MFRAT 算法来详细讲解掌纹特征提取的过程。在掌纹中，最明显的特征是三条主线，这三条主线是掌纹图像中最粗、最宽且最长的纹线。此外，掌纹中还包含大量的小纹线，这些通常被称为褶皱。当考虑掌纹图像中选定的一个小的局部区域(即掌纹图像小块)时，由于掌纹纹线的连续性和渐变特点，该局部区域的纹线走向可以近似视为一条直线段。因此，我们可以利用有限 Radon 变换来检测掌纹图像中的主线和褶皱。有限 Radon 变换是一种在图像中检测直线特征的有效方法，它可以通过对图像进行不同角度的投影来检测直线段，并提取其位置和角度等参数，进而用于掌纹特征的提取和识别。

Radon 变换最早由 Johann Radon 于 1917 年提出。它通过建立 Radon 变换平面来计算被考察函数(在此场景下，可以是灰度图像)沿不同直线的线积分，并将这些积分值投影到该平面上。Radon 变换通过分析角度变化时的局部峰值来确定直线的方向和位置，同时，峰值的大小还可以用来估计直线上的点数。Radon 变换被广泛应用于医学成像领域，特别是计算机断层扫描(Computed Tomography, CT)影像技术中，以获取人体截面投影图像。Radon 变换与 Hough 变换类似，但 Radon 变换不仅限于检测二值图像中的直线，对于灰度图像也同样适用。它适用于任何可以在空间内用直线表示的特征检测。

给定欧氏平面 $\mathbf{R}^2$ 中的任意连续函数 $f(x, y)$，其二维 Radon 变换的定义如下：

$$R_f(\rho, \theta)=\iint_{\mathbf{R}^2} f(x, y)\delta(x\cos\theta+y\sin\theta-\rho)\mathrm{d}x\mathrm{d}y \tag{4-33}$$

式中，$R_f(\rho, \theta)$表示 Radon 变换的结果，θ 为直线与 y 轴之间的夹角，ρ 为原点到直线的距离，$\delta(\cdot)$表示狄利克雷函数。由于狄利克雷函数的限制，以上积分只有沿着直线 $\rho=x\cos\theta+y\sin\theta$ 进行时取值不为零。

但由于掌纹图像中的主线等线特征并不是以完整的直线形式存在的(而表现为长度不一的线段和曲线)，因此，式(4-33)中描述的全局 Radon 变换无法直接应用于提取掌纹线特征。为了解决全局 Radon 变换的这一局限性，后续学者提出了局部 Radon 变换(Local Radon Transform, LRT)的概念。局部 Radon 变换的具体定义为

$$R_f(\rho, \theta)=\int_{x_{\min}}^{x_{\max}}\int_{y_{\min}}^{y_{\max}} f(x, y)\delta(x\cos\theta+y\sin\theta-\rho)\mathrm{d}x\mathrm{d}y \tag{4-34}$$

局部 Radon 变换是全局 Radon 变换的一种改进，主要通过 $x_{\max}$、$x_{\min}$、$y_{\max}$ 和 $y_{\min}$ 这四个参数对 Radon 变换的作用区域进行了限制。

此外，Matus 等人进一步提出了有限 Radon 变换(Finite Radon Transform, FRAT)，这种变换是在有限数量的信号上进行的，适用于信号的局部信息处理。然而，由于内在固有的模运算，有限 Radon 变换可能展示出“振铃”效应，这不利于掌纹中线特征的有效提取。为了解决这个问题，贾伟等人在 2008 年提出了一种改进的有限 Radon 变换(Modified Finite Radon Transform, MFRAT)。具体来说，给定某整数集合 $Z_p=\{0, 1, \ldots, p-1\}$，$p$ 为某正整数，那么在有限网格 Z_p^2 上，对于任意离散函数 $f[i, j]$的 MFRAT 变换可由下式给出：

$$r[L_k]=\mathrm{MFRAT}_f(k)=\frac{1}{S}\sum_{(i, j)\in L_k} f[i, j] \tag{4-35}$$

式中，S 为调整 $r[L_k]$尺度的参数；L_k 表示在有限网格 Z_p^2 中所形成的某条直线的所有像素的集合，L_k 的具体定义为

$$L_k=\{(i, j): j=k(i-i_0)+j_0, i\in Z_p\} \tag{4-36}$$

式中，(i_0, j_0)表示有限网格 Z_p^2 的中心点坐标，k 表示直线 L_k 的斜率。需要注意的是，在

MFRAT 变换中，网格的中心点是网格内所有直线的交点，不同的斜率代表不同的直线。

当进行掌纹纹线特征提取时，首先以掌纹图像中的某个像素点(i_0, j_0)为中心建立一个有限网格 Z_p^2，然后沿不同的直线方向在该网格内计算像素灰度值的累加和。灰度值累加和最小的直线方向就是该像素点所在纹线的主要方向 α_k，具体计算方法如下：

$$\begin{cases}\alpha_k(i_0, j_0)=\arg\min\limits_k[r(L_k)]\\ \varepsilon(i_0, j_0)=\left|\min\limits_k[r(L_k)]\right|^2\end{cases}\tag{4-37}$$

式中，$k=1, 2, \cdots, N$，$\alpha_k(i_0, j_0)$表示掌纹图像中像素点(i_0, j_0)所在纹线的方向，$\varepsilon(i_0, j_0)$为像素点(i_0, j_0)的能量。

对整幅掌纹图像 $I_{m\times n}$ 的所有像素点均进行 MFRAT 变换处理，并计算其相应方向和能量，便可获得整幅掌纹图像的方向图 D_m 和纹理图 E_m，可分别表示为

$$D_m=\begin{vmatrix}\alpha_k(1, 1) & \alpha_k(1, 2) & \cdots & \alpha_k(1, n)\\ \alpha_k(2, 1) & \alpha_k(2, 2) & \cdots & \alpha_k(2, n)\\ \vdots & \vdots & & \vdots\\ \alpha_k(m, 1) & \alpha_k(m, 2) & \cdots & \alpha_k(m, n)\end{vmatrix}\tag{4-38}$$

$$E_m=\begin{vmatrix}\varepsilon(1, 1) & \varepsilon(1, 2) & \cdots & \varepsilon(1, n)\\ \varepsilon(2, 1) & \varepsilon(2, 2) & \cdots & \varepsilon(2, n)\\ \vdots & \vdots & & \vdots\\ \varepsilon(m, 1) & \varepsilon(m, 2) & \cdots & \varepsilon(m, n)\end{vmatrix}\tag{4-39}$$

为举例说明，我们选取大小为 7×7 的有限网格，且选取 6 个不同的直线方向$\left(\text{即 }\alpha_k=0, \frac{\pi}{6}, \cdots, \frac{5\pi}{6}\right)$，所得到的对应 6 个不同方向的 MFRAT 模板如图 4－22 所示。

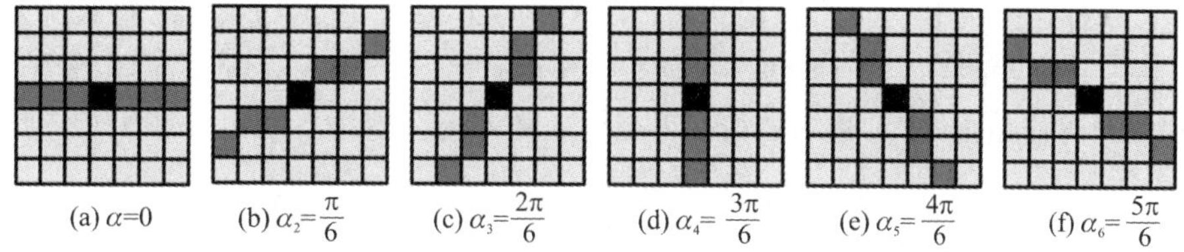

图 4－22　对应 6 个不同方向的 MFRAT 模板

相应地，输入一幅掌纹图像(即掌纹 ROI 图像)后，通过应用 MFRAT 变换得到的变换结果(以编码图的形式展示)如图 4－23 所示。

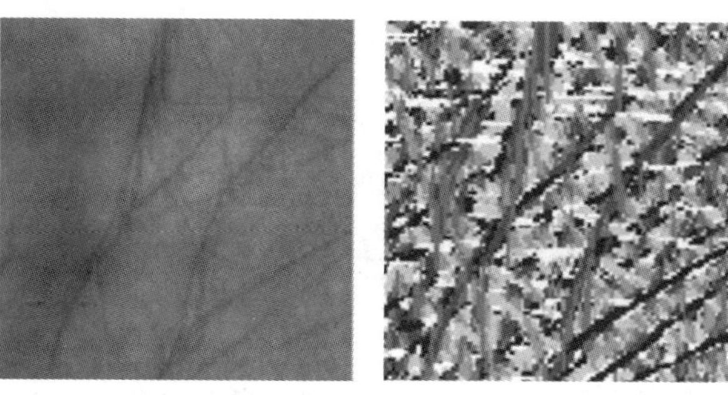

图 4－23　掌纹图像的 MFRAT 编码实例

需要说明的是，如果掌纹图像的噪声水平相对较低，MFRAT 算法可以在很大程度上起到抑制噪声的作用。例如，当掌纹的主线特征强于由噪声引入的其他方向伪特征时，噪声在 MFRAT 编码过程中会被自动削弱或忽略。从上述掌纹图像的 MFRAT 编码实例也可以观察到，经过编码后的掌纹图像，其线特征相比原始掌纹图像中的线特征更加明显。

4.4.5 掌纹特征匹配

在提取到掌纹特征后，可以使用各种不同的测度工具(通常为某种距离函数)来计算任意两幅掌纹图像间的相似度(即匹配分数)，从而判断两者是否匹配。常见的距离函数包括汉明距离和余弦距离等。在计算距离时，点对点(Pixel-to-Pixel)的方式虽然直观且便捷，但存在鲁棒性不够强的缺陷。为了提升匹配的精度和鲁棒性，下面介绍一种点对区域(Pixel-to-Area)的匹配方式。这种方式通过比较一幅图像中某个特征点与另一幅图像中相应特征点周围区域的整体相似性，来减少点对点比较中的局部噪声或误差影响。

给定两幅待匹配掌纹图像，假设使用 MFRAT 算法提取到的方向特征图分别为 A 和 B，其大小均为 $m\times n$。如果 $A(i, j)$中的点(i, j)与$B(x, y)$中的点(x, y)相对应，那么应该存在 $i=x$ 和 $j=y$ 的关系。然而，由于采集姿势等因素的干扰，同一手掌的两幅不同掌纹图像之间存在一定程度的平移、旋转和形变，导致 $i=x$ 和 $j=y$ 相对应的情况并不常出现，即 $B(x, y)$有较大概率会落在$B(i, j)$的邻域内。因此，可以通过下式来计算 A 相对 B 的匹配分数：

$$\mathrm{MS}(A \mid B)=\frac{1}{mn}\sum_{i=1}^{m}\sum_{j=1}^{n}A(i, j)\cup \widetilde{B}(i, j) \tag{4-40}$$

式中，MS 代表匹配分数；$\cup$表示或运算，即若$A(i, j)$和$\widetilde{B}(i, j)$至少有一个取值为 1，则$A(i, j)\cup\widetilde{B}(i, j)$的值为 1，否则为 0；$\widetilde{B}(i, j)$为像素 $B(i, j)$所在的八邻域(即以$B(i, j)$为中心像素的 3×3 图像块，共有 9 个像素点)。

反过来，再使用 B 对 A 进行匹配，得到对应的匹配分数为

$$\mathrm{MS}(B \mid A)=\frac{1}{mn}\sum_{i=1}^{m}\sum_{j=1}^{n}B(i, j)\cup \widetilde{A}(i, j) \tag{4-41}$$

最后，将上述两个匹配分数进行综合考虑，可以得到 A 和 B 之间的匹配分数为

$$\mathrm{MS}(A, B)=\mathrm{MS}(B, A)=\sqrt{\mathrm{MS}(A \mid B)\cdot\mathrm{MS}(B \mid A)} \tag{4-42}$$

4.5 生物电身份识别

生物电(Bioelectricity)是生物的细胞、组织和器官在生命活动过程中因物理或化学变化所产生的电位。它是生物活组织的一个基本特征，反映了正常生理活动的状态。由于不

同个体之间的生物电具有明显差异，因此，如何利用生物电来进行身份识别成了近年来生物特征识别领域的一个研究热点。常见的生物电身份识别模态包括心电和脑电，相较于前述章节所介绍的基于视觉的识别方式，心电身份识别和脑电身份识别在信号的特征提取和处理技术方面具有一定的相似性。本节以脑电身份识别为例进行介绍。

4.5.1　脑电的产生与采集

人类大脑皮层包含大量神经元，这些神经元通过突触相互连接，形成错综复杂的神经网络。神经网络的整体活动所产生的电信号即为脑电，这些电信号通过置于头皮上或植入大脑内部的电极捕捉后形成脑电图(Electroencephalography，EEG)。

脑电的本质是大量神经元突触后电位的总和，而突触后电位是神经递质释放并与突触后膜结合后所产生的电位变化。大量神经元的突触后电位往往是同步的，这种同步可持续数十毫秒至数百毫秒。脑电图反映了垂直于头皮排列的皮质神经元的突触后电位总和。

脑电具有如下几种用途：

(1) 脑电在临床上被广泛用于诊断癫痫、脑病变和其他神经系统疾病。例如，癫痫患者的脑电图表现为棘波、尖波、棘-慢复合波等特殊波形，脑电图上的痫样放电是诊断癫痫的主要依据。

(2) 脑电可以用于睡眠研究，通过监测脑电图，我们可以区分和判别不同的睡眠阶段，如快速眼动睡眠和非快速眼动睡眠，从而进行睡眠障碍的诊断并制定相应的治疗方案。

(3) 脑电信号是脑机接口技术的基础，通过这项技术，人类大脑的思维活动可以与外部设备进行信息交互。该项技术有望在医疗和娱乐等领域得到广泛应用，如帮助瘫痪患者恢复运动和语言能力以及开发脑机接口游戏等。

(4) 通过对脑电信号的分析，我们可以提取出用于区分不同个体的特征，进而实现身份认证与识别。

脑电作为一种出现相对较晚且研究相对较少的生物特征识别模态，具有很好的普遍性、稳定性、唯一性和反欺骗能力。

(1) 普遍性。脑电现象是生命活动的一个基本特征，活体大脑总是伴随着神经元放电，大脑无时无刻不在产生脑电信号，即使人处于深度沉睡甚至昏迷状态。因此，脑电对于所有生命体而言具有普遍性。

(2) 稳定性。由于神经元构成的神经网络一旦形成便难以改变，而脑电信号是神经网络在同一时刻发生突触电位变化的结果，因此，脑电信号具有稳定性。

(3) 唯一性。脑电信号依赖个体的大脑活跃模式，对于同样的外部刺激、同样的生理活动或任务，不同个体的神经活动情况存在显著差异，因此，脑电具有高度的个体依赖性(即唯一性)。

(4) 反欺骗能力。脑电可以作为个体的生命指标，为活体检测提供依据。并且由于个体间的思维状态是独特的且难以伪造或复制，因此，脑电具有很好的反欺骗能力。

脑电图可由放置于头皮的采样电极获得，通常按照“国际 10－20 系统”所规定的规则进行放置(如图 4－24 所示)。系统中的“10”与“20”指的是采样电极之间的相对距离，即电极间距占头围总长的百分比(10％或 20％)。电极的命名规则如下：每个电极名称的开头用一个或两个字母来表示电极区域，Fp＝额极（Frontal Pole），F＝额(Frontal)，C＝中央(Central)，P＝顶(Parietal)，O＝枕(Occipital)，T＝颞(Temporal)；每个电极名称后用一个数字或者字母来表示它与中央电极 Cz 的远近，其中，左半球为奇数，右半球为偶数。

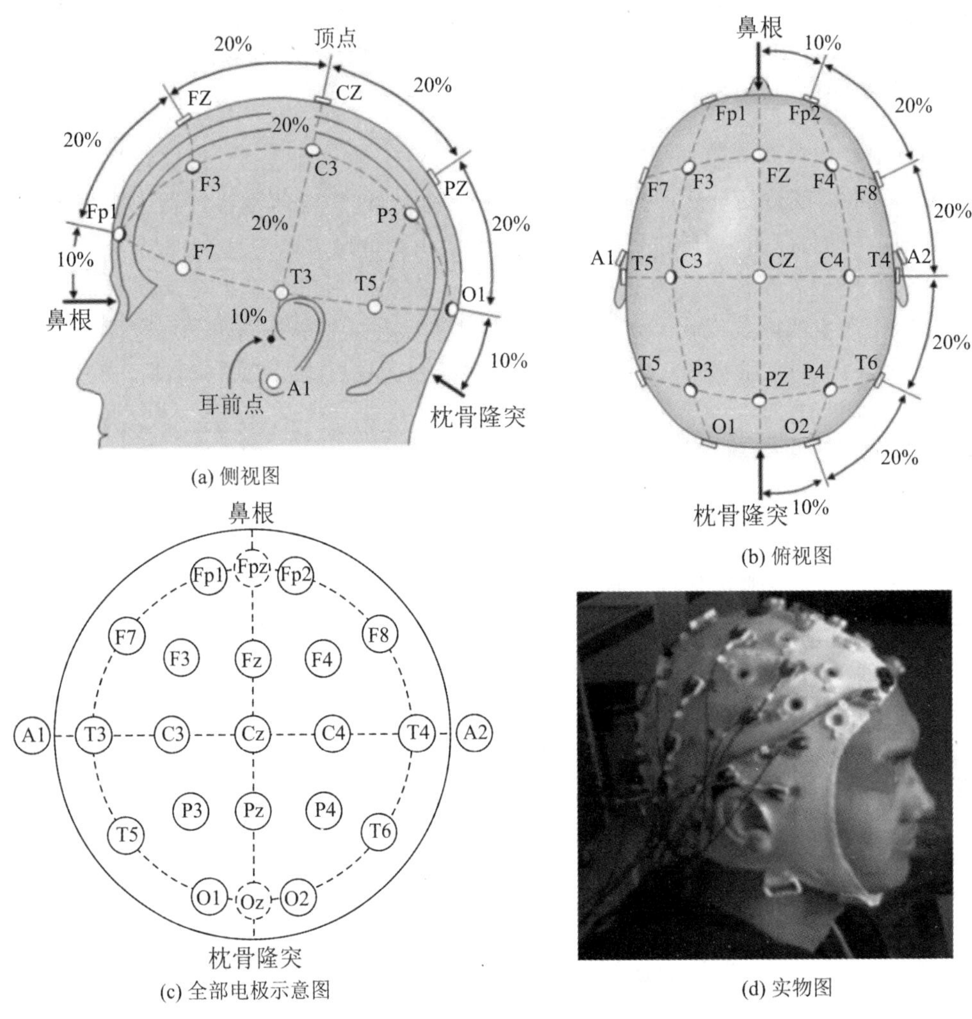

图 4-24 "国际 10-20 系统"所规定的脑电电极放置规则

具体来说，国际 10-20 系统首先在头皮表面确定一条通过鼻根(Nasion，位于鼻子上方的两眼之间的凹陷点，标记为 Nz)、枕骨隆突(Inion，头后部的隆起位点，标记为 Lz)和左、右耳前点(Preauricular Point，紧靠中部耳翼前面的凹陷点，分别标记为 A1 和 A2)的赤道线；然后，选取从鼻根至枕骨隆突的前后矢状线，并在此线上由前至后确定 5 个点，依次为额极中点(Fpz)、额中点(Fz)、中央点(Cz)、顶点(Pz)和枕点(Oz)。其中，额极中点至鼻根的距离和枕点至枕骨隆突的距离各占前后矢状线全长的 10%，其余各点均以此线全长的 20%相隔；接着，取通过左、右耳前点的直线作为左右冠状线，沿着冠状线自左耳前点(A1)起、至右耳前点(A2)止，依次选取位点 T3、C3、Cz、C4、T4，其中，A1 与 T3 的间隔为左右冠状线总长的 10%，A2 与 T4 的间隔也为左右冠状线总长的 10%，T3～T4 之间各相邻点的间距为左右冠状线总长的 20%；最后，其余各点均按照连线全长的 20%相隔的规则在头皮上放置电极。

健康大脑的脑电波信号的幅值在几十到几百微伏之间，频率一般分布在 0.5～40Hz 的范围内。按照其频率大小，脑电波可分为五种：δ 脑电波(0.5～4 Hz)、θ 脑电波(4～8 Hz)、α 脑电波(8～13 Hz)、β 脑电波(13～30 Hz)和 γ 脑电波(30～40 Hz)。图4-25 展示了在闭眼状态下通过 O2 电极通道获得的 δ、θ、α、β 和 γ 五种脑电波的实例。

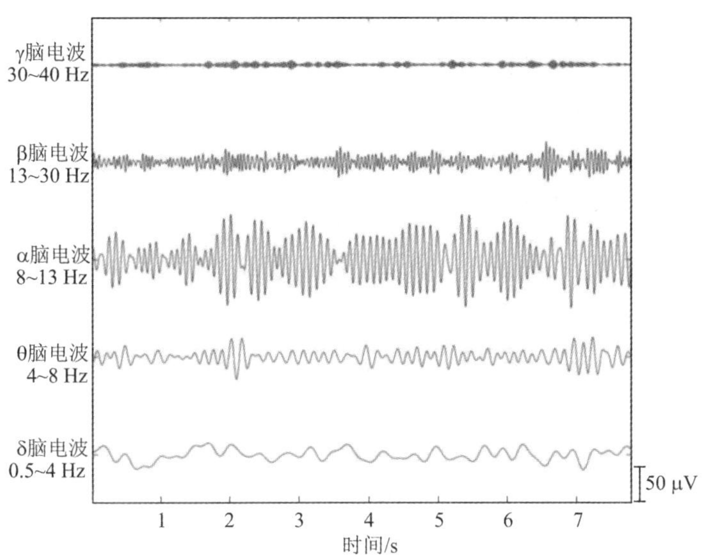

图 4-25 在闭眼状态下通过 O_2 电极通道获得的 δ、θ、α、β 和 γ 脑电波

学者们经过研究发现，各脑电波的差异和各种心理状态与认知功能有关。

(1) δ 脑电波。δ 脑电波主要在深度睡眠时或麻醉状态下出现，可在颞叶和枕叶被记录到，且 δ 脑电波的波动幅度通常较为明显。特别地，在新生儿中，δ 脑电波活动的增加主要与新生儿的大脑发育有关。

(2) θ 脑电波。θ 脑电波是人们刚入眠或进入幻想时发出的脑波，一般很难被直接测出来，需要使用特定的计算方法从原始脑电图中获取。θ 脑电波主要出现人类的少年时期。当成年人的 θ 脑电波较高时，这通常说明该成年人存在精神不集中或抑郁等现象。

(3) α 脑电波。α 脑电波是正常成年人最常出现的脑电波形，通常可以很清晰地在放松且保持清醒状态的正常成年人的脑电图中观察到。研究表明，当被试受到特定的刺激或进行特定的心理活动时，α 脑电波会消失并转化成 β 波。

(4) β 脑电波。β 脑电波是当被试处于兴奋状态或进行有意识的思考时产生的，主要存在于额叶、顶叶等大脑皮层区域。通过调整 β 脑电波的活动，可以改善警觉度和注意力。但是，过多的 β 脑电波活动可能与焦虑和紧张等状态有关。

(5) γ 脑电波。γ 脑电波是脑波中频率最高的，主要与跨大脑区域的神经活动的瞬时功能整合有关，它代表了涉及主动信息处理的各种功能活动。人们发现，γ 脑电波对学习、记忆和认知处理非常重要，与感知、注意力和意识等高级功能密切相关。

4.5.2 脑电信号的类型

根据产生方式的不同，脑电信号可分为自发脑电和诱发脑电。自发脑电指的是当个体不接受任何外部环境刺激时所产生的脑电信号。自发脑电通常在个体周边环境安静且自身处于闭眼放松的状态下采集得到。而诱发脑电指的是个体受到外界刺激或执行特定任务时产生的脑电信号。依据刺激通道的不同，诱发脑电可分为听觉诱发电位、视觉诱发电位、体感诱发电位等。为了实用起见，临床上将诱发脑电分为外源性诱发电位和内源性诱发电位，其中，外源性诱发电位包括视觉诱发电位（Visual Evoked Potential，VEP）和稳态视觉诱发电位（Steady-State Visual Evoked Potential，SSVEP），内源性诱发电位即为事件相关电位（Event-Related Potential，ERP）。

自发脑电中最常见的一种是静息态脑电。静息态指的是个体不执行特定任务，保持放松且清醒的状态。静息态脑电能够反映大脑中最基础、最本质的状态。但是，静息态脑电信号存在信噪比较低的缺点，且当被试闭眼时，其自身的心理活动会对所采集到的脑电信号产生较大的干扰。

下面详解介绍 VEP、ERP 和 SSVEP。

1）VEP

VEP 的原理是视网膜受光或特定图形刺激后产生神经兴奋，这些兴奋信号通过视路传导至视觉中枢，将这些电位活动记录下来即可得到视觉诱发电位。VEP 的产生方式有图形视觉诱发方式和闪光视觉诱发方式。当采用图形视觉诱发方式时，记录的是图形刺激所诱发的从视网膜神经节细胞至视觉皮层的脑电信号。常用的刺激图形为黑白翻转的棋盘格图案或光栅。

2）ERP

ERP 是一种较为特殊的诱发脑电，它是个体在从事认知加工活动时所记录的脑电信号，表示的是个体在认知过程中神经电生理的变化情况。因此，ERP 一方面反映了大脑本质的生理活动，另一方面也体现了个体的心理活动，这使得 ERP 在个体间的特异性更强。利用 ERP 进行身份识别研究已经取得了不错的成绩。然而，由于在 ERP 的采集过程中需要被试高度配合并执行特定的认知任务，因此，对于认知障碍者来说，ERP 的采集方式可能并不适用。

3）SSVEP

SSVEP 指的是个体在接受固定频率闪烁刺激时所记录下的脑电信号。SSVEP 具有如下优点：

（1）SSVEP 的产生与频率刺激的特定时间和刺激部位相关，因此检测方便。

（2）SSVEP 对被试的要求也较低，对于视觉功能正常的个体均适用。对于需要录入系统的人员，无须过多训练即可满足要求。

（3）SSVEP 的信噪比较高且特征明显，稳态视觉诱发的脑电信号频谱在与其所受到刺激的基波以及谐波上均会出现明显的波峰。因此，对于个体来说，选用 SSVEP 可以很好地进行身份识别。

个体在进行运动想象时，能够激活所对应的初级感觉运动区。此外，运动想象前的波和运动想象时的波的幅度均会减小，EEG 在功率谱上会出现事件相关同步/去同步现象。不同的运动想象模式所激活的脑区有所不同，并且所产生的脑电信号在不同频段上也存在差异，因此运动想象产生的脑电具有空间特异性。通过运动想象方式诱发的脑电信号能够较好地适用于身体残疾、视觉缺陷等类别的病人。然而，当通过运动想象所获取的脑电信号作为特征用于身份识别时，存在一些不足。在通过运动想象采集脑电的过程中，被试要保持高度配合状态，且被试所想象的类型也尤为重要，因为不同的范式将会对个体产生巨大的影响。

4.5.3 脑电信号的预处理

在采集脑电信号时，会因为采集仪器的不稳定性而产生基线漂移的现象，也会因为外界电气设备的工作而引入干扰(即 50Hz 工频干扰)。此外，电极、各种电子器件和其他外界因素也都可能引入噪声。为了去除这些噪声和干扰，我们在进行脑电特征提取和识别前，需先对原始脑电信号进行相应的预处理操作，以获得较为理想的脑电信号，从而减少因噪声与干扰导致的性能损失。

1. 基线漂移和工频干扰的去除

针对基线漂移现象，我们可以使用截断频率为 0.5Hz 的高通滤波器对脑电信号进行滤波，以消除造成基线漂移的极低频或直流信号成分，从而解决基线漂移问题。

可使用设计带阻滤波器的方式去除工频干扰。但是，这样做可能会导致与工频频率相近的脑电信号损失，即在滤除 50Hz 工频信号成分的同时也可能滤除部分频率接近 50Hz 的脑电信号。由于脑电信号和工频干扰是由不同信源产生的，因此也可以采用独立分量分析(Independent Component Analysis，ICA)方法来去除工频干扰。但使用 ICA 方法去除工频干扰时，通常需人为增加工频观测信号。另外，由于脑电信号的主要信息量集中在 40Hz 以下的频段，因此，可以使用截断频率大于 40Hz 的低通滤波器去除工频干扰。

对于时变信号而言，可以依据其脉冲响应对线性滤波器进行分类，一般分为两类：无限脉冲响应(Infinite Impulse Response，IIR)滤波器和有限脉冲响应(Finite Impulse Response，FIR)滤波器。线性滤波的过程可以看作输入信号与脉冲响应间进行卷积的结果。线性滤波器既可以用于去噪，也能作为一种特征提取方法以提取信号中的特定频率成分。IIR 和 FIR 滤波器之间区别明显，各自具有不同的用途和优势。在实际使用时，除了考虑滤波器对信号产生的延时和增益等影响，还需关注滤波器的稳定性、结构、设计方法、运算误差以及快速算法等方面的差异。

(1) 在稳定性方面，由于 FIR 滤波器的所有极点均位于原点，因此 FIR 滤波器总是稳定的，即在稳定性方面相较于 IIR 滤波器具有一定的优势。

(2) 在结构方面，IIR 滤波器采用递归结构，FIR 滤波器采用非递归结构。

(3) 在设计方法方面，IIR 滤波器一般仅需适量运算便可，而 FIR 滤波器一般来说并没有解析公式，因此需要使用计算机方可完成。

(4) 在运算误差方面，FIR 滤波器的误差比 IIR 滤波器的误差更小。

(5) 在快速算法方面，IIR 滤波器本身不支持快速算法，而 FIR 滤波器可以利用快速傅里叶变换等算法来加速运算。

脑电信号进行基线漂移和工频干扰去除的实例如图 4-26 所示。

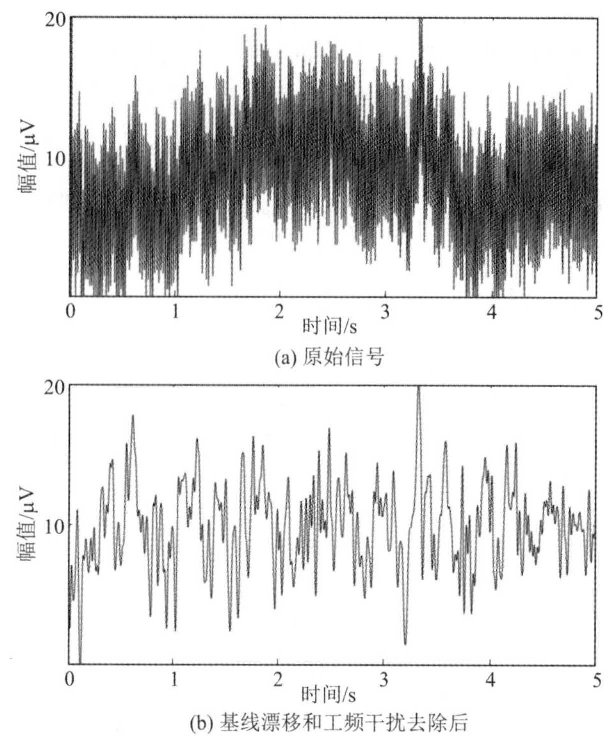

(a) 原始信号

(b) 基线漂移和工频干扰去除后

图 4-26　脑电信号进行基线漂移和工频干扰去除的实例

2. 基于叠加平均的脑电去噪

叠加平均是一种简单且有效的脑电去噪方法。一般来说，脑电信号的表征都是具有特定规律的，而噪声信号的出现和幅值则是随机的。当对多段脑电信号进行叠加平均处理后，噪声信号往往会得到抑制，而有用的脑电信号则会得到增强。

将采集到的原始脑电信号分解为稳态视觉诱发脑电信号和噪声信号，即

$$X(n)=S(n)+N(n) \tag{4-43}$$

式中，$X(n)$为原始脑电信号；$S(n)$为目标脑电信号，即干净的稳态视觉诱发脑电信号；$N(n)$为由各种外部因素或内部因素引入的噪声信号，其出现是随机的。

若进行适当的诱发实验设置，则可使得稳态视觉诱发脑电信号在特定的时间段内产生，而噪声信号则随机产生且与稳态视觉诱发脑电信号无直接关联。相应地，假设$X_i(n)$为第i个原始脑电信号、$S_i(n)$为第i个稳态视觉诱发脑电信号、$N_i(n)$为第i个噪声信号，则经过K次叠加后的脑电信号可表示为

$$\sum_{i=1}^{K}X_i(n)=\sum_{i=1}^{K}S_i(n)+\sum_{i=1}^{K}N_i(n) \tag{4-44}$$

式中K为叠加次数。

当所使用的诱发范式不变时，所诱发产生的稳态视觉诱发脑电信号也保持不变，因此，无论i取何值，$S_i(n)$均保持不变。但是，噪声信号因其随机性而彼此独立，且通常假设它们具有相同的方差和均值，因此叠加后的噪声仍然是幅值相同的噪声，即

$$\begin{cases} \sum_{i=1}^{K} S_i(n) = KS_1(n) \\ \sum_{i=1}^{K} N_i(n) = N_1(n) \end{cases} \tag{4-45}$$

故，式(4-44)可改写为

$$\sum_{i=1}^{K} X_i(n) = KS_1(n) + N_1(n) \tag{4-46}$$

对叠加后的脑电信号再进行平均操作，可得叠加平均后的脑电信号 $\overline{X}(n)$为

$$\overline{X}(n) = \frac{1}{K}\sum_{i=1}^{K} X_i(n) = S_1(n) + \frac{1}{K}N_1(n) \tag{4-47}$$

对于脑电信号 $X(n)$而言，经过 K 次叠加平均后，其信噪比提高了 $\sqrt{K}$ 倍，采集的原始脑电信号 $X(n)$更接近于稳态视觉诱发脑电信号 $S(n)$。由此可知，信号叠加平均能够有效抑制脑电信号中的噪声信息，其去噪能力与所用信号数据叠加次数的平方根成正比。基于叠加平均的脑电去噪示例如图 4-27 所示。

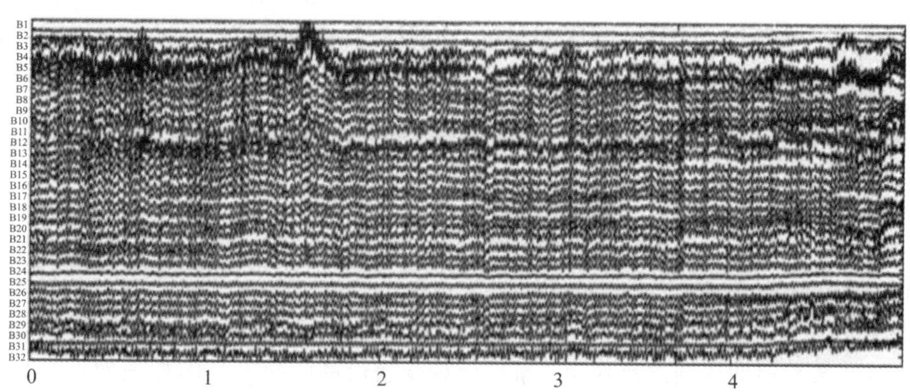

(a) 原始脑电信号

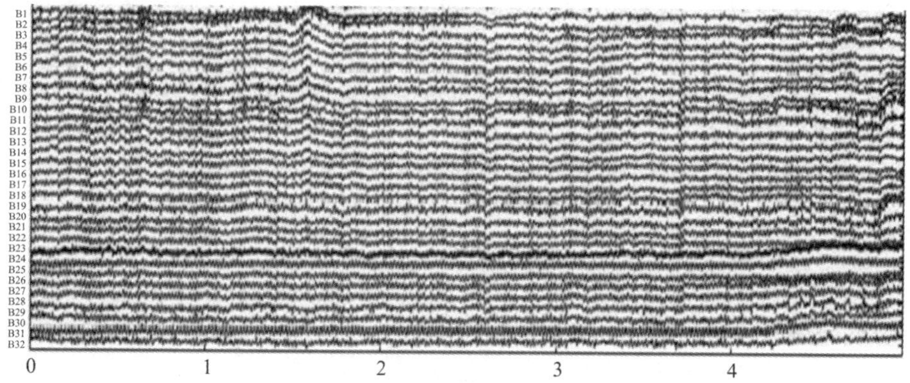

(b) 叠加平均去噪后的脑电信号

图 4-27　基于叠加平均的脑电去噪的示例

4.5.4 脑电特征提取

脑电特征的提取是脑电身份识别的核心。一般来说，特征提取方法可分为时域特征提取方法(如 AR 模型)、频率特征提取方法(如傅里叶变换、功率谱密度)、时频域特征提取方法(如小波变换)和分解域特征提取方法(如经验模态分解)。下面以具有代表性的 AR 模型和小波变换进行讲解。

1. AR 模型

自回归(Autoregressive, AR)模型是一种用于处理时间序列数据的回归模型，它通过组合前期若干时刻的某个随机变量的值来预测后期某时刻的同一个随机变量的值，其本质上是一种线性预测方法。因为这个模型不使用某个随机变量来预测另一个随机变量，而使用该随机变量自身的历史值来预测其未来的值，所以这个回归模型被称为自回归模型。

考虑某脑电信号对应的时间序列$\{x_i | i=1, 2, \ldots, t\}$，则 AR 模型可表示为

$$x_t = \alpha_0 + \alpha_1 x_{t-1} + \alpha_2 x_{t-2} + \cdots \alpha_k x_{t-k} + \varepsilon_t \tag{4-48}$$

式中，α_i 是 AR 模型的系数；ε_t 是均值为 0、方差为 σ^2 的白噪声；k 是 AR 模型的阶数，表示序列中紧接其前的用于预测当前时间值(x_t)的过往时间值的个数。

在 AR 模型中，时间序列的过去值被称为滞后值，很显然，自回归模型的阶数就是模型中使用的时间序列滞后值的数量。k 阶 AR 模型可以简记作 AR(k)。

时间序列中两个值之间的相关系数称为自相关函数(Autocorrelation Function, ACF)，即

$$\text{ACF} = \text{Corr}(x_t, x_{t-k}) \tag{4-49}$$

式中，Corr 代表相关系数。

有时我们可能希望只测量 x_t 和 x_{t-k} 间的关系并滤除介于这两者之间的其他随机变量的影响，这需要对时间序列进行变换。通过计算变换后的时间序列的相关性可以得到偏自相关函数(Partial Autocorrelation Function, PACF)。

建立好自回归模型后，其阶数 k 的选择是接下来的首要任务。这可以通过目视检查的方法来进行，即计算时间序列的自相关函数和偏自相关函数，并通过观察其自相关函数图和偏自相关函数图中的峰值来确定阶数。此外，贝叶斯信息准则也可以用于模型阶数的选择。

模型的阶数确定后，便可以使用不同算法来确定自回归模型的系数，可以通过最小二乘法来确定。对于自回归模型 AR(k)，假设脑电时间序列的长度为 N，则有

$$\underbrace{\begin{bmatrix} x_{k+1} \\ x_{k+2} \\ \vdots \\ x_N \end{bmatrix}}_{\boldsymbol{b}} = \underbrace{\begin{bmatrix} x_k & x_{k-1} & \cdots & x_1 \\ x_{k+1} & x_k & \cdots & x_2 \\ \vdots & \vdots & & \vdots \\ x_{N-1} & x_{N-2} & \cdots & x_{N-k} \end{bmatrix}}_{\boldsymbol{A}} \underbrace{\begin{bmatrix} \alpha_1 \\ \alpha_2 \\ \vdots \\ \alpha_k \end{bmatrix}}_{\boldsymbol{\alpha}} \tag{4-50}$$

用矩阵形式可写为

$$\boldsymbol{A\alpha} = \boldsymbol{b} \tag{4-51}$$

式中，$\boldsymbol{b}$ 和 $\boldsymbol{A}$ 为已知的观察值，$\boldsymbol{\alpha}$ 为待求系数。

对式(4-50)进一步变换，可得

$$\mathbf{A}^{\mathrm{T}}\mathbf{A}\boldsymbol{\alpha}=\mathbf{A}^{\mathrm{T}}\boldsymbol{b} \tag{4-52}$$

则

$$\boldsymbol{\alpha}=(\mathbf{A}^{\mathrm{T}}\mathbf{A})^{-1}\mathbf{A}^{\mathrm{T}}\boldsymbol{b}$$

2. 小波变换

小波变换(Wavelet Transform)是一种时频分析方法，它继承并发展了短时傅立叶变换的局部化思想，同时又克服了窗口大小不随频率的变化而变化的局限，能够提供一个随频率变化的“时间-频率”窗口。因此，基于小波变换的脑电特征提取算法能够很好地提取脑电中的时间-频率特征，从而实现脑电身份识别。

小波变换的基函数即小波，它们是一组在时间和空间上局部化的函数，类似于傅里叶变换中的正弦函数和余弦函数。小波定义为

$$\psi_{a,b}(t)=\frac{1}{\sqrt{a}}\psi\left(\frac{t-b}{a}\right) \tag{4-53}$$

式中，a 是时间尺度参数(取值为正实数)；b 是时间延迟参数；$\psi(t)\in L^2(\mathbf{R})$是某已知的平方可积函数(即能量有限)，被称作母小波，$\psi(t)=\psi_{1,0}(t)$。母小波需满足以下条件：

$$\begin{cases}\int\psi(t)\mathrm{d}t=0\\ \int\psi^2(t)\mathrm{d}t=1\\ \int|\psi(t)|\mathrm{d}t<+\infty\end{cases} \tag{4-54}$$

给定一个母小波和一组通过缩放和延迟得到的小波函数，则任意函数 $f(t)$的小波变换为

$$W_{\psi}f(b,a)=\int_{-\infty}^{+\infty}f(t)\psi_{a,b}(t)\mathrm{d}t \tag{4-55}$$

式中，$W_{\psi}f(b,a)$为小波变换结果。

本章小结

本章主要介绍了虹膜识别、声纹识别、步态识别、掌纹识别、生物电身份识别等其他较为常见的生物特征识别模态。首先以 Dougman 方法为例讲述虹膜识别的完整流程，包括虹膜图像采集、虹膜分割、虹膜归一化与增强、虹膜特征提取、虹膜特征匹配等步骤；其次介绍声纹特征提取和声纹模型，具体介绍了梅尔频率倒谱系数、向量量化模型、高斯混合模型、GMM-UBM 模型等内容；接着介绍步态识别的过程，包括数据采集、背景去除、特征提取、特征降维、匹配与分类等内容；然后介绍掌纹识别的相关知识点，如掌纹特征、掌纹采集、掌纹图像预处理、掌纹特征提取和匹配；最后介绍脑电的产生、采集、预处理和特征特取。

思 考 题

1. 虹膜识别相比于指纹识别的优势是什么？它又有什么劣势？
2. 虹膜识别的一般流程包括什么？
3. 虹膜分割原理是什么？虹膜分割包括哪些步骤？
4. 虹膜识别的归一化和增强等步骤的意义是什么？
5. 两幅虹膜图像的 Daugman 编码图像是否可能完全相同？
6. 声纹识别和语音识别有什么区别？
7. 声纹识别相比于人脸识别有什么优缺点？
8. 声纹识别有哪些常见的提取特征方法？请举例说明。
9. 相比于其他模态(如指纹识别)，为什么步态识别对计算资源要求更高？
10. 免模型的方法相比于基于模型的方法有什么优势？
11. 步态识别匹配时用到的曼哈顿距离和欧氏距离有什么区别？若两个步态特征向量分别为[1，－1，2]和[0，1，3]，分别计算其曼哈顿距离和欧氏距离。
12. 掌纹分割、ROI 检测、特征提取及匹配分别有哪些常见方法？
13. 脑电有哪些波段，其产生方式有哪些？请总结脑电的预处理和特征提取方法。

第 5 章　生物特征识别信息安全

信息安全是信息化时代的主题之一。生物特征识别的信息安全也是生物特征识别领域的重点关注问题之一，它是完整的生物特征识别系统不可或缺的因素，关系着生物特征识别技术的可行性和实用性。本章在前述章节的基础上，分别以指纹识别和人脸识别为例，进一步介绍生物特征模板保护和生物特征反欺骗等问题。生物特征模板保护方法包括生物特征变换和生物特征加密，生物特征反欺骗主要指生物活体检测。

5.1　信息安全简介

计算机和互联网等技术的发明将人类社会推向了信息化时代，深刻地影响了人类的生产和生活方式。近年来，随着人工智能和大数据等技术的进一步突破，无论是信息量还是信息的传播、处理速度以及应用程度等都以几何级数的方式增长。但是，人们在享受信息化社会所带来的高效、便捷的同时，也遭受着个人信息泄露和滥用的隐痛。在利益的驱使下，非法获取、出售、利用个人信息的现象屡见不鲜，并由此滋生了大量诈骗、勒索等犯罪活动。

如何开展信息安全治理已成为国际社会普遍关注的问题。例如，2020 年 8 月，美国参议院提出《2020 年国家生物识别信息隐私法案》(NBIPA 2020)，要求以类似保护社会安全号码等其他机密和敏感信息的方式保护个人生物识别信息；2019 年 12 月，印度公布了《个人数据保护法案》，明确规定在处理任何敏感个人数据(如生物特征数据)时必须征得数据主体的同意；2021 年 8 月，第十三届全国人民代表大会常务委员会第三十次会议通过了《中华人民共和国个人信息保护法》，明确了个人信息收集、处理和使用的规则，对个人信息处理者的义务等内容进行了明确的规定；2021 年 1 月，英国修订了《2018 年数据保护法案》(DPA 2018)，为用于生物识别的个人生物特征等信息提供了更强有力的法律保护；2021 年 2 月，新加坡《2020 年个人数据保护(修订)法案》正式生效，加强了对生物特征等个人数据的保护。

国际标准化组织(ISO)对信息安全的定义为：为数据处理系统建立和采用的技术、管理上的安全保护措施，以保护计算机硬件、软件、数据不因偶然和恶意的原因而遭到破坏、更改和泄露。信息安全的目标在于保证信息的可用性(Availability)、机密性(Confidentiality)、完整性(Integrity)、可靠性(Reliability)和不可抵赖性(Non-Repudiation)等五个属性。其中，可用性是指有授权的实体在需要时可以得到所需要的信息资源和服务；机密性是指网络中的信息不泄露给非授权的个人和实体；完整性是指网络信息的真实可信性，即网络中的信息不会被偶然或者蓄意地进行删除、修改、伪造、插入等；可靠性是指系统在规定的条件下和规定的时间内，完成规定功能的概率；不可抵赖性(也称为不可否认性)是指通信的双方在通信过程中，对于自己所发送或接收的消息的事实和内容不能抵赖。对以上信息属性造成危险的人、物、事件、方法或概念等称为信息安全威胁。信息安全威胁的常见类型有信息泄露(如窃取、窃听、截取、重放、人员疏忽泄露等)、完整性破坏(如篡改)、业务拒绝(如植入木马)、非法使用(如伪造)等。保障信息安全的基本技术包括密码技术、安全控制技术(如身份鉴别和反欺骗)和安全防范技术(如防火墙技术)。针对生物特征识别的信息安全举措主要有以下方面。

1. 生物特征模板保护

生物特征识别系统普遍需要存储生物特征模板，即个体生物特征的集合。当安全防范措施不足时，这些模板可能会在用户不知情的情况下被不法分子窃取，有可能由于生物特征数据库被攻击而泄密。而生物特征是用户特有的，具有唯一性和稳定性，与用户永久关联，无法更改或撤销。因此，生物特征模板一旦泄露或丢失，会造成不可挽回的后果，无法像更改口令或挂失银行卡那样来进行弥补。以指纹识别为例，传统的指纹识别系统大多采用细节点作为识别特征，并且把细节点位置存储到模板中并用于匹配。若系统不采取任何加密措施，则不法分子可以通过窃取模板恢复出原始指纹图像，进而利用该图像攻击指纹识别系统，因此指纹一旦丢失则永不可用。

此外，在当今万物互联的大背景下，身份认证早已从早期局限于地区的认证方式扩展到网络认证方式。在网络认证背景下，个人生物特征数据更容易泄露，其相应的隐私保护需求变得更为迫切。

更一般化地，除了生物特征模板生成环节的信息安全问题，信号采集、特征提取、模板存储、特征匹配和结果识别等各环节均存在潜在安全威胁，如图 5-1 所示。

在信号采集时，攻击者可以通过伪造生物特征的方式来欺骗系统；在特征提取时，攻击者可以重写特征提取器来进行篡改；在特征匹配过程中，攻击者可以通过重写匹配器来进行攻击；在信号传输过程中，攻击者可以通过截获模板进行替换或篡改；在应用时，攻击者甚至可以直接篡改决策结果来攻击系统。总的来说，攻击生物特征识别系统的方式多种多样，而其中的生物特征模板所受到的威胁尤其应受到关注。

生物特征模板保护(Biometric Template Protection，BTP)是确保生物特征模板安全的

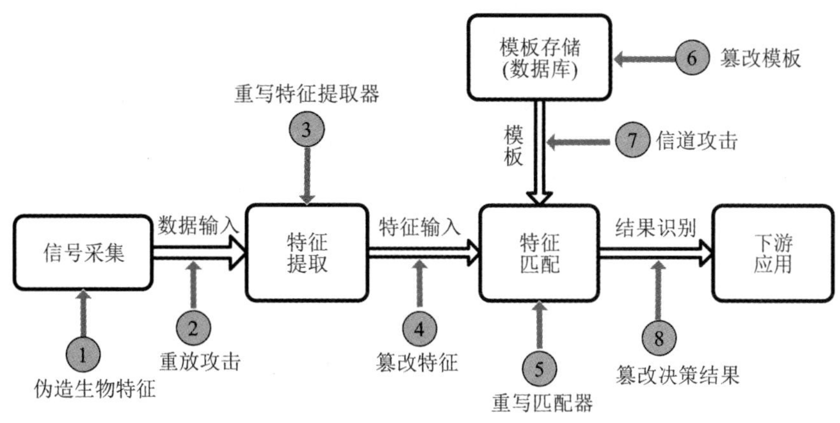

图 5－1　生物特征识别系统各环节的潜在信息安全问题

措施，其基本思想是将原始生物特征信息不可逆地转换成某种变换域内的新模板，该模板即使丢失，人们也无法从中恢复出原始生物特征信息。生物特征模板保护方法一般分为两大类：生物特征加密和生物特征变换。这两类方法总的思路都是利用某种新的生物特征模板来替代原始生物特征模板，从而实现信息保护的目的。但是这两类方法具体的实现方式具有明显区别。表 5－1 总结了不同生物特征模板保护方法。

表 5－1　生物特征模板保护方法分类

类 别	子类别	代表方法	年份	代表学者
生物特征加密	密钥释放	Tomoko 方法	1996 年	Tomoko
	密钥绑定	Fuzzy Vault 方法	2002 年	Juels 和 Sudan
	密钥生成	Fuzzy Extractor 方法	2004 年	Dodis
生物特征变换	生物加盐	Biohashing 方法	2004 年	Jin
	不可逆变换	表面揉皱变换方法	2007 年	Ratha

生物特征加密(Biometric Encryption，BE)方法结合了密码学技术和生物特征识别技术，其一般框架如图 5－2 所示，其核心思想是将密钥与生物特征进行关联，从而生成辅助

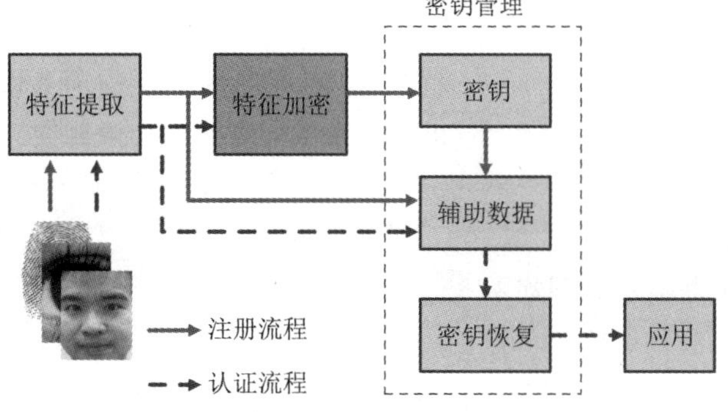

图 5－2　生物特征加密方法的一般框架

信息(即辅助数据)和安全模板。该辅助信息在随后的匹配过程中进行辅助加密。常见的生物特征加密方法又可细分为密钥释放、密钥绑定、密钥生成等三个子类。具体来说，密钥释放和密钥绑定中的密钥来自外界输入，而密钥生成中的密钥由原始模板生成。常见的密钥绑定方法包括 Juels 等人于 1999 年提出的模糊承诺(Fuzzy Commitment)方法，以及 Juels 与 Sudan 在 2002 年提出的模糊保险箱(Fuzzy Vault)方法。典型的密钥生成方法是 Dodis 等人于 2004 年提出的模糊提取器(Fuzzy Extractor)方法。

与之相对的，生物特征变换方法的核心思想是通过某种函数变换，把原始模板从原始特征域变换到另一个安全域，从而生成安全模板，其一般框架如图 5-3 所示。相比生物特征加密方法，生物特征变换方法无须解密过程，可直接在变换域进行匹配。常见的生物特征变换方法又可细分为生物加盐和不可逆变换等两个亚类。具体来说，生物加盐方法中的函数变换是可逆的，不可逆变换方法中的函数变换是不可逆的。典型的生物加盐方法有 Jin 等人于 2004 年提出的生物哈希(Biohashing)方法，不可逆变换方法有 Ratha 等人于 2007 年提出的表面揉皱变换(Surface Folding)方法。

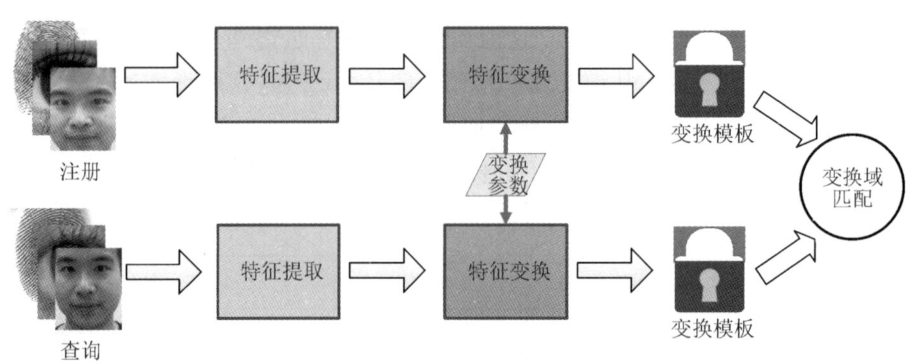

图 5-3　生物特征变换方法的一般框架

一个生物特征模板保护方法能够成功应用，需要具备以下四个基本属性：

(1) 不可逆性(Irreversibility)。不可逆性是指攻击者无法从变换后的模板通过逆变换反推出原始生物特征数据，即使变换算法已知或者其他辅助信息被获取。

(2) 可撤销性(Cancellability)。可撤销性是指如果系统中存储的变换模板丢失，那么用户可以通过修改变换函数的参数来生成一个新的变换模板，且新生成的变换模板与已丢失的变换模板不能匹配。

(3) 无关联性(Unlinkability)。无关联性要求不同数据库中来自同一用户的变换模板之间不能相互匹配。该属性主要用于防止多应用系统之间的交叉匹配。

(4) 性能稳定性(Performance Stability)。性能稳定性是指变换后模板的识别精度(即加密域内的匹配精度)较变换前模板的识别精度无损失或仅有较小的损失。

不可逆性和无关联性示意图如图 5-4 所示。

生物特征加密方法虽然彼此各异，但都需要解决若干核心问题，即如何选取合适的特征，如何对该特征进行加密，如何进行配准，以及如何保证识别性能的同时不泄露原始生物特征信息。实际解决这些问题时往往碰到各种矛盾。

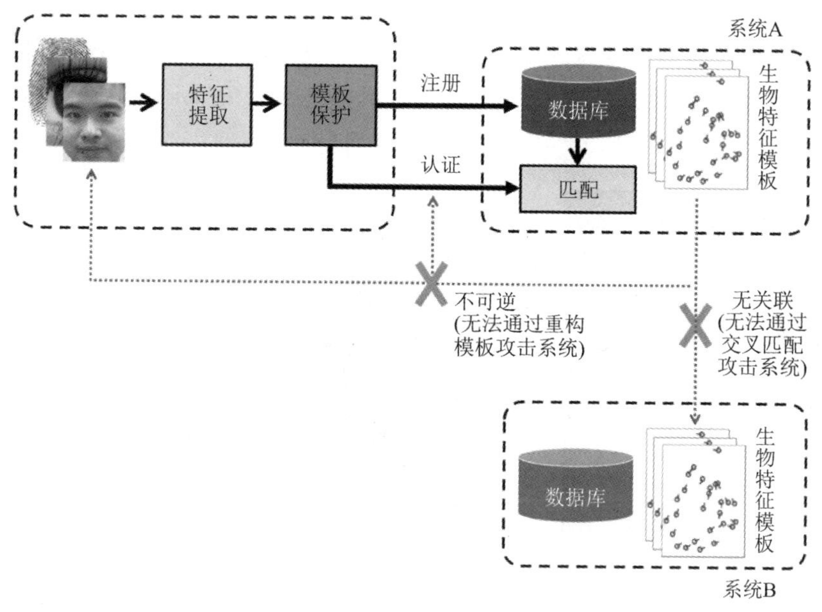

图 5-4　不可逆性和无关联性的示意图

首先，对于生物特征加密方法来说，存在着密码精确性与生物特征模糊性之间的矛盾。由于同一个个体不同次的采集图像之间有差别，因此提取的特征集合(即生物特征模板)往往也具有差异。而密码的精确性意味着原始模板稍有不同，就会导致加密后的模板产生非常大的差异，使得注册和认证时的模板不能在加密域中进行匹配，即匹配之前需要先解密出原始模板。如何在加密域或变换域内进行特征配准仍然属于生物特征加密领域的研究热点和研究难点。

其次，特征选取存在矛盾。配准特征时不能泄露主要模板信息。生物特征加密要求辅助数据既能反映生物特征的部分本质属性，又不足以使攻击者凭借这些特征恢复出原始生物特征图像或用于识别的其他特征。也就是说，一方面，特征要具有充足的信息以有利于匹配，即识别性能得到保证；另一方面，信息过多则更容易泄露，从而影响生物特征加密的安全性。

生物特征加密领域其他一些前沿研究问题包括如何设计出稳定且随机、有强区分性的定长特征，如何减小模板不可逆导致的性能下降等。随着深度学习技术的快速发展，近年来如何使用深度神经网络实现非手动设计的生物特征识别加密方法也得到广泛关注，相关的技术正处在研究中。

2. 生物特征反欺骗

除了窃取生物特征模板，另一种常见的对生物特征识别系统进行攻击的手段为生物信号伪造和欺骗。伪造虚假生物信号之后，攻击者可以在生物特征识别系统的信号采集阶段对系统进行攻击。对伪造的生物信号进行真实性和虚假性判断的技术叫作生物特征反欺骗(Biometric Anti-Spoofing)技术。反欺骗一般需要判断采集仪前的物体是不是活体，因此反欺骗技术也称为活体检测(Liveness Detection)技术。

例如，攻击者可以通过硅胶等材料倒模来制作假手指指纹模型，从而实现伪造攻击，如图 5-5(a)所示；也可以通过胶带粘贴来提取遗留在物体表面的指纹图像，再通过拓印倒模的方式制造三维指纹模型来进行攻击，如图 5-5(b)所示；甚至还可以通过细节点反向生成指纹图像来进行攻击，如图 5-5(c)所示。

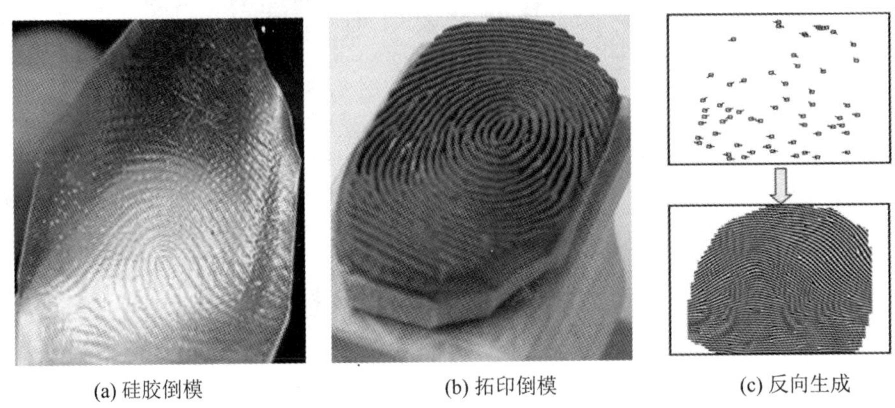

图 5-5　不同的指纹模型伪造和攻击方式

而且这些指纹模型可以使用不同材质来制作，如图 5-6 所示。使用伪造模型采集得到的指纹图像与真实指纹图像十分类似，很容易骗过不采取相应措施的指纹识别系统。

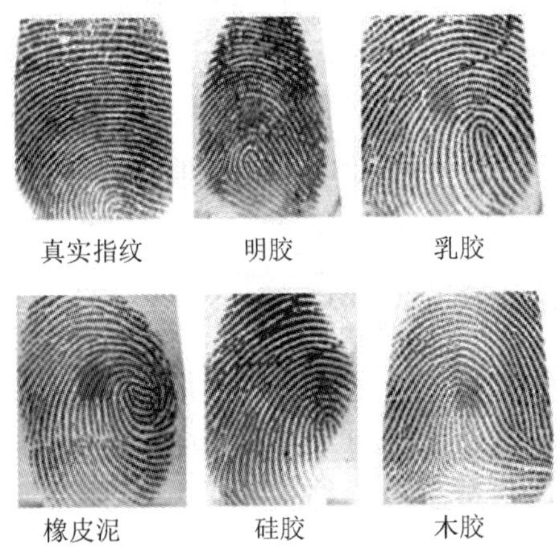

图 5-6　利用不同材质制作的指纹模型对应的指纹图像(来源：LivDet2011 数据集)

相比于指纹模态，人脸反欺骗问题更加普遍且严峻。由于照相机等人脸采集仪器的价格低廉和现代社交需求等因素，导致人脸图像的存在十分普遍，非常容易被盗取或非法获取。例如，当今社交网站和平台(如微信朋友圈、QQ 空间、个人博客、Facebook 等)上经常存放着公开的个人照片。又例如，一些名人的照片和视频出现在各种新闻媒体中，非常容易通过搜索得到。此外，公共场合的监控摄像头随处可见，大量普通人的人脸图像和视频很容易被非法获取。因此，只要攻击者获取了目标的人脸照片，他们就可以使用打印机等设备打印出人脸照片来攻击人脸识别系统，这也是最常见的人脸欺骗攻击方式之一。

除了打印照片这种攻击方式，使用手机或 iPad 等电子产品的显示器展示照片来进行攻击也是一种非常方便的攻击方式，该方式称为展示攻击(Presentation Attack)。采用这种攻击方式时，假脸照片也可以通过网络或各种媒体获得。此外，攻击者还可以使用电子设备播放一段视频流(即电子回放)进行攻击，视频流中包含旋转头部、张嘴和眨眼等动作。与上述两种攻击方式相比，利用视频流进行攻击是一种更高级的攻击方式，通常用于对动作/视频反欺骗系统进行欺骗。视频流可以手动获取或通过 AI 软件自动生成。此外，使用化妆品进行伪装也是一种有效的攻击方式。例如，罪犯利用专业化妆技术将自己伪装成受害者，这种伪装可以达到非常逼真和相似的程度。与化妆的方式类似，制作面具也是一种攻击方式。面具通常由与人体皮肤最相似的柔性材料(如硅胶)制成，眼睛周围可以留洞。面具可以攻击 3D 和基于运动的反欺骗系统。

近年来，随着 3D 打印技术的突破，人体模型的制作可以达到很高的精度和与主体的相似性。在获得潜在受害者的 3D 面部信息后，攻击者可以全自动和精确地制作人体模型来进行攻击。常见的人脸欺骗攻击方式如图 5－7 所示。

照片打印　　显示器展示

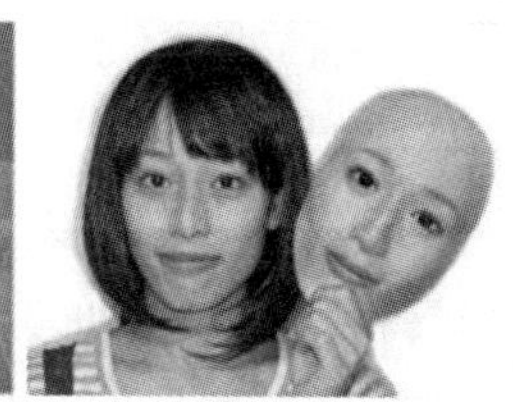

面具

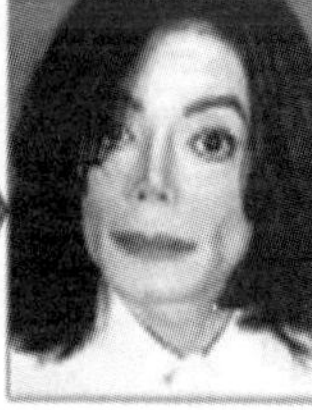

化妆

3D打印

图 5－7　常见的人脸欺骗攻击方式

以上不同的人脸欺骗攻击方式具有不同的特点，其造价和对不同系统的攻击能力也有差别，其总结如表 5－2 所示。

表 5－2　不同人脸欺骗攻击方式的总结

攻击方式	价格	对静态图像的攻击能力	对视频的攻击能力	对 3D 系统的攻击能力
照片打印	低	是	否	否
显示器展示	中	是	否	否
电子设备回放	中	是	是	否
化妆	高	是	是	是
面具	高	是	是	是
3D 打印	高	是	是	是

对人脸图像进行真实性判断叫作人脸反欺骗(Face Anti-Spoofing，FAS)，也称为人脸

活体检测(Face Liveness Detection, FLD)或展示攻击检测(Presentation Attack Detection, PAD)。目前,人脸活体检测方法主要有传统方法和基于深度学习的方法两大类。传统的人脸活体检测方法又可分为四小类:基于面部特征分析(如纹理分析)的方法、基于图像质量评估的方法、基于背景差异的方法、基于面部运动分析的方法。其中,基于面部特征分析的方法通过使用各种算子和变换(例如傅里叶变换、纹理特征、边缘特征等)来提取面部特征,并根据真假人脸的面部特征差异来进行区分;基于图像质量评估的方法则使用图像质量评价指标来计算真假人脸的质量差异或者图像扭曲程度并进行真假二分类;基于背景差异的方法则利用人脸区域和背景区域间的差异来区分真实人脸和伪造人脸,具体方法包括场景线索(Scenic Clue)法和上下文(Context)信息法等;基于面部运动分析的方法利用人体部位(如头部)的运动或人机交互动作(如眨眼睛和张嘴等)来判断被采集对象是否为活体。

以上四种方法中前三种属于基于静态图像的方法,只需要单张图像即可进行真假活体的判断。但是静态图像极易伪造,而且,随着相机质量的不断提高,伪造图像的质量也在提升,因此更好的方法是采用一段视频来判断个体是否为活体。而第四种方法(即基于面部运动分析的方法)就属于基于视频的方法,不过这类方法不仅要求采集一段视频录像,导致耗时较长,而且还需要增设额外的互动环节,降低了使用简便性。最为严重的是,随着对抗学习等技术的出现,已经出现了利用静态人脸图像生成面部运动视频的技术,这种技术可以有效破解基于视频的反欺骗方法。

随着成像技术的发展,基于新型硬件的反欺骗方法也开始出现。例如,使用3D摄像机可以采集包含场深信息的三维人脸数据,而无论是伪造的静态图像还是视频都不具备场深信息,因此可以轻松判断出图像和视频展示等伪造手段下的真假人脸,反欺骗准确率大大提高。但是,3D反欺骗方法的缺点是成本更高。而且,随着3D打印技术的发展,制造3D头部模型和佩戴3D面具等伪造手段也可以有效破解3D反欺骗方法。除了3D摄像机,其他新型成像设备(如光场相机和红外成像相机等)也被运用到人脸反欺骗中。

此外,信息融合和多模态的方法也开始被运用到人脸反欺骗中。在这些方法中,有的将多种人脸特征进行融合,例如将纹理特征和Gabor、HOG等多种其他特征相融合;有的把多种反欺骗方法相结合,如将基于面部特征分析的方法与基于图像质量评估的方法相结合;有的把人脸和语音模态相结合,例如在人机交互时除了要求用户进行面部运动,还要求录入一段语音信号。信息融合的方法可以有效提高反欺骗的准确率,也可以抵抗更多种伪造手段。

近年来,随着深度学习的发展,大量学者利用深度学习方法解决人脸反欺骗问题,在传统的人脸活体检测方法的基础上取得了更好的效果。基于深度学习的人脸活体检测方法主要有四种。第一种方法是使用单帧图片作为输入,使用卷积神经网络(CNN)进行反欺骗。第二种方法是在基于面部运动分析方法的基础上使用多帧图片,利用深度学习方法区分真实人脸和伪造人脸,这类方法一般结合CNN和时间序列处理网络(如RNN或LSTM等)来使用。由于使用深度学习方法进行人脸反欺骗时需要用到大量的真实人脸数据与伪造人脸数据,不同环境中大量数据的制作成本高,因此研究者们设计了一种通过扩充数据集再结合深度学习等方式进行人脸活体检测的方法，这是第三种方法。第四种方法是将深度学习中的监督学习与无监督学习结合进行人脸反欺骗。除了上述四类方法，最新的基于深度学习的人脸活体检测方法是使用域自适应(Domain Adaption)和域泛化(Domain Generalization)等思想，结合生成对抗网络(GAN)和神经网络进行人脸反欺骗。这类方法的优势在于跨采集设备和跨数据库下的反欺骗泛化性能更高。

人脸反欺骗方法分类与总结如表 5-3 所示。

表 5-3　人脸反欺骗方法分类与总结

类别	方法	举例	特点
静态图像	基于面部特征	纹理、频谱、颜色	成本低、便捷性好
	基于图像质量	MSE、PSNR、扭曲程度	
	基于背景差异	场景线索、上下文	
视频	基于面部运动	头部运动、眨眼、张嘴	成本中等、便捷性差、对照片攻击抵抗性高
新型硬件	3D 成像	3D 场深、3D 反射	成本高、对照片及视频攻击抵抗性高
	光场成像	光场调整、光场差异	
	红外成像	近红外、热红外	
信息融合	特征融合	LBP+Gabor+HOG	性能好、可抵抗更多攻击手段
	多种方法融合	面部特征+图像质量	
	多种模态融合	视频+语音	
深度学习	单帧图像	图像分块+CNN	训练需求高、反欺骗性能好
	多帧图像	LSTM-CNN	
	数据扩充	Deep Transfer、Virtual Synthesis	
	监督学习与无监督学习结合	Meta Model	

目前，人脸反欺骗研究中常见的挑战如下。

(1) 现有的人脸反欺骗方法主要解决可见光场景中使用照片和视频播放进行的攻击。在可见光下，真实人脸与伪造人脸的差别很小。尤其是近些年来随着高分辨率相机、高分辨率打印机、高清电子屏幕和 3D 打印机的普及，真实人脸和伪造人脸相差无几，很难区分。

(2) 很多反欺骗方法往往只适用少数或特定的欺骗手段。某种反欺骗方法在应对某特定的欺骗手段(如照片欺骗)时会有很好的效果，但是一旦欺骗手段改变(如变为视频欺骗)，该反欺骗方法的性能就会显著下降，甚至完全无效。

(3) 人脸反欺骗方法的鲁棒性普遍比较低。在不同时间、不同光照环境中，利用不同相机采集的数据具有较大差别，这导致利用在一个数据库下训练得到的系统对另一个数据库进行测试时，得到的结果会变差。

常见的人脸反欺骗公共数据库包括 Replay-Attack、CASIA-FASD、MSU MFSD、Replay-Mobile、Oulu-NPU，如表 5－4 所示。各个数据库中数据的采集设备、采集方式、采集背景有所不同。例如，Replay-Attack 数据集是瑞士 IDIAP 研究院在 2012 年发布的。该数据库包含 50 个人脸和假冒攻击的视频片段。采集人员使用笔记本电脑的内置摄像头采集了控制场景和复杂场景下的 50 个样本人员的视频样本，涉及打印照片攻击、移动攻击、显示器展示攻击等三种攻击类型。又例如，Replay-Mobile 数据库包含 1190 个视频，采集人员使用 iPad Mini2 平板电脑和 LG G4 智能手机采集了不同光照条件下的 40 个样本人员的数据。该数据库有五种不同的场景，涉及场景的背景是否统一、背景是否复杂以及光线条件是否一致等因素。该数据库中每个样本人员都有 16 个攻击视频，且该数据库涉及两种采集设备和两种攻击类型。再比如，Oulu-NPU 数据库是 2017 年 IJCB 人脸反欺骗检测大赛上提供的数据库，是针对视频攻击的活体检测数据库，其中主要数据是手机设备拍摄的高清视频。Oulu-NPU 总共包含来自 55 个样本人员的 5940 个视频片段。采集人员使用 6 部不同的智能手机录制视频，再利用两台打印机和两台显示设备来创建高质量的打印和视频回放攻击。

表 5－4　常见的人脸反欺骗公共数据集

数据集	年份	采集设备	样本人数	采集方式	真实/伪造样本
Replay-Attack	2012 年	1 台笔记本电脑	50	1 种打印，2 种重放	200/1000
CASIA-FASD	2012 年	3 个网络摄像头	50	1 种打印，1 种重放	150/450
MSU MFSD	2015 年	1 台笔记本电脑＋1 部智能手机	35	1 种打印，2 种重放	110/330
Replay-Mobile	2016 年	1 台平板电脑＋1 部智能手机	40	1 种打印，1 种重放	390/640
Oulu-NPU	2017 年	6 部智能手机	55	2 种打印，2 种重放	1980/3960

除了指纹和人脸等模态存在反欺骗问题，虹膜、声纹等模态也存在反欺骗问题。例如，对于虹膜识别系统来说，也渐渐出现了各种不同形式的伪造攻击方式，比如窃取虹膜图像并将其打印在纸上、将被攻击者的虹膜图像用显示器进行展示攻击、佩戴彩色印花隐形眼镜、制作具有丰富虹膜纹理的人造眼球(如图 5－8 所示)等。

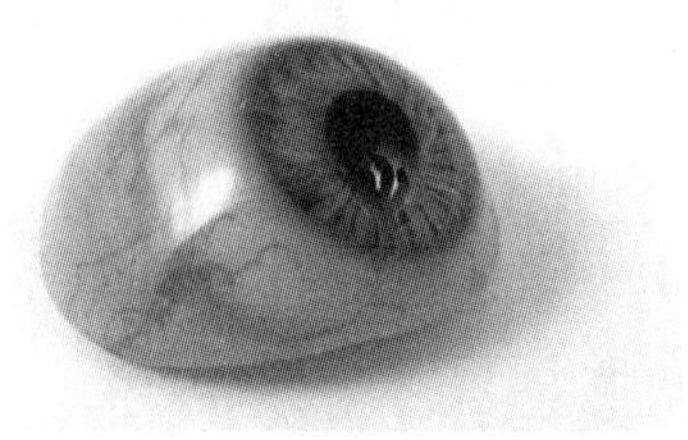

图 5－8　通过人造眼球模具来进行的虹膜欺骗攻击

对于声纹识别系统来说，其面临的欺骗攻击方法主要包括语音重放攻击和语音合成攻击两种。语音重放攻击是一种很通用、简单而且最有效的欺骗方法，即通过录音设备进行二次录音，然后通过重放(Replay)的方式进行攻击。语音重放攻击的缺点是语音内容固定，难以攻破非固定内容的系统。另外，录音设备的频响会造成录音数据在频域上缺失和扭曲，使得机器通过学习能分辨出是录音还是真人原声。而语音合成(Text To Speech，TTS)攻击是利用波形拼接、参数生成等手段，通过发生器模拟人工制造语音来发动攻击，但是攻击者需要针对人工语音的非自然特性(如情感特征和韵律特征等)进行调节。近年来，GAN等深度学习网络被用来实现语音合成，合成效果和欺骗性越来越高。

5.2 生物特征变换技术

生物特征变换技术属于可撤销生物特征识别(Cancelable Biometrics)技术，最早由Ratha等人于2001年提出，其基本思想是通过某种参数可调的变换函数将生物特征数据不可逆地变换到另一个空间，以生成新的模板。对注册数据和查询数据使用相同变换生成模板后，可通过在变换域内对两者进行匹配来完成身份认证。如果发生模板泄露，则用户只需修改变换函数的参数即可生成新模板，从而保障了可撤销性。

生物特征变换方法主要分为两种，即生物加盐法和不可逆变换法。其中，生物加盐法利用外部矩阵或密钥与生物特征混合生成变换模板，这与传统的加密方法有相似之处。不可逆变换法则利用单向变换函数将原始生物特征映射到变换空间，且要求变换函数全局非线性且不可逆，这样能够使原始模板无法从变换模板中恢复出来。

5.2.1 生物加盐法

生物加盐(Biometric Salting)法借鉴了密码学中“加盐”的概念，即在原有材料中加入其他成分，以增加系统的复杂度。具体来说，将用户特定(User-Specific)且独立的输入因子(如密码或随机数字)与生物特征数据混合，以生成失真的生物特征模板。由于辅助数据是从外部获取的，因此可以很容易地更改和撤销，但必须秘密保存，以实现最大的信息安全保护。

生物加盐法中比较有代表性的是Jin等人于2004年提出的生物哈希(Biohashing)法。该方法的基本思路是：首先对原始指纹图像进行小波-傅里叶-梅林变换，以得到特征向量，然后对特征向量和存储在用户令牌中的一组伪随机数进行迭代内积运算，最后根据预先设定的阈值将结果转化为二值码(称为BioCode码)。在认证时，通过计算查询指纹和注册指纹的BioCode码之间的汉明距离即可输出识别结果。若模板受到安全威胁，则可随时通过更换用户令牌来生成新的模板。生物哈希法的基本流程如图5-9所示，下面对其进行详细介绍。

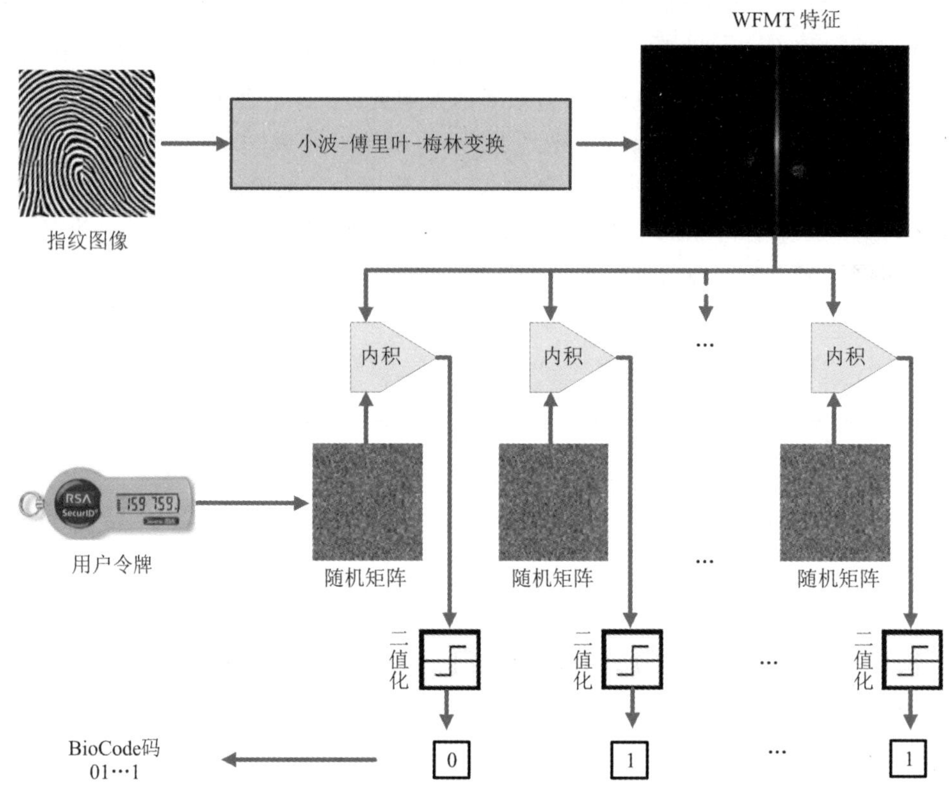

图 5-9 生物哈希法的基本流程

1. 小波-傅里叶-梅林变换

生物哈希法的第一步是使用小波-傅里叶-梅林变换(Wavelet-Fourier-Mellin Transform，WFMT)进行特征向量的提取。具体来说，首先使用图像处理技术进行必要的去噪处理，并通过与指纹中心点相匹配的滤波器的强响应实现指纹中心点的定位，根据指纹中心点的位置将指纹图像裁剪为尺寸合适的系统输入图像。然后对裁剪后的图像进行小波变换，并保留分解后指纹图像的低频部分作为特征指纹图像。小波变换的计算公式为

$$(W_\psi I)(a, b_x, b_y)=\int_{-\infty}^{\infty}\int_{-\infty}^{\infty} I(x, y)\frac{1}{a}\psi\left(\frac{x-b_x}{a}, \frac{y-b_y}{a}\right)\mathrm{d}x\mathrm{d}y \tag{5-1}$$

式中，$I(x, y)$为输入的指纹图像，W_ψ 为小波变换结果，ψ 为母小波函数，a 为扩张系数，b_x、b_y 分别为 x、y 方向的变化系数。

然后，对选定的特征指纹图像进行傅里叶-梅林变换。对经过平移、旋转和缩放变换后的特征指纹图像进行傅里叶变换，公式如下：

$$\begin{cases} I_2(x, y)=I_1[\sigma(x\cos\theta+y\sin\theta)-x_0, \sigma(-x\sin\theta+y\cos\theta)-y_0] \\ F_2(u, v)=\mathrm{e}^{-\mathrm{j}\varphi(u, v)}\sigma^{-2}F_1[\sigma^{-1}(u\cos\theta+v\sin\theta), \sigma^{-1}(-u\sin\theta+v\cos\theta)] \end{cases} \tag{5-2}$$

式中，I_1 为特征指纹图像，I_2 为经过平移、旋转和缩放变换后的特征指纹图像，F_1、F_2 分别为对应的傅里叶变换，$\varphi(u, v)$是图像 I_2 的谱相位，(x_0, y_0)、θ、σ 分别为平移量、旋转

角和缩放尺度。

接下来进行对数极坐标变换。对参数 θ、σ 进行解耦合处理，并将其转换到极坐标空间中，即 $I_{2p}(\phi, r)=\sigma^{-2}I_{1p}(\phi-\theta, r/\sigma)$，其中 (ϕ, r) 为对数坐标；然后再进一步转换为对数极坐标形式：$J_{2p}(\phi, \lambda)=\sigma^{-2}J_{1p}(\phi-\theta, r-\eta)$，其中 $\lambda=\log(r)$，$\eta=\log(\sigma)$；最后使用高通滤波器滤除低频分量，同时保留高频分量，以获得具有平移、旋转和缩放不变性的指纹特征。该指纹特征再经过一次傅里叶变换即得到 WFMT 特征。最后将得到的 WFMT 特征按行连接，即生成指纹 WFMT 特征向量。指纹 WFMT 特征向量的提取过程如图 5-10 所示。

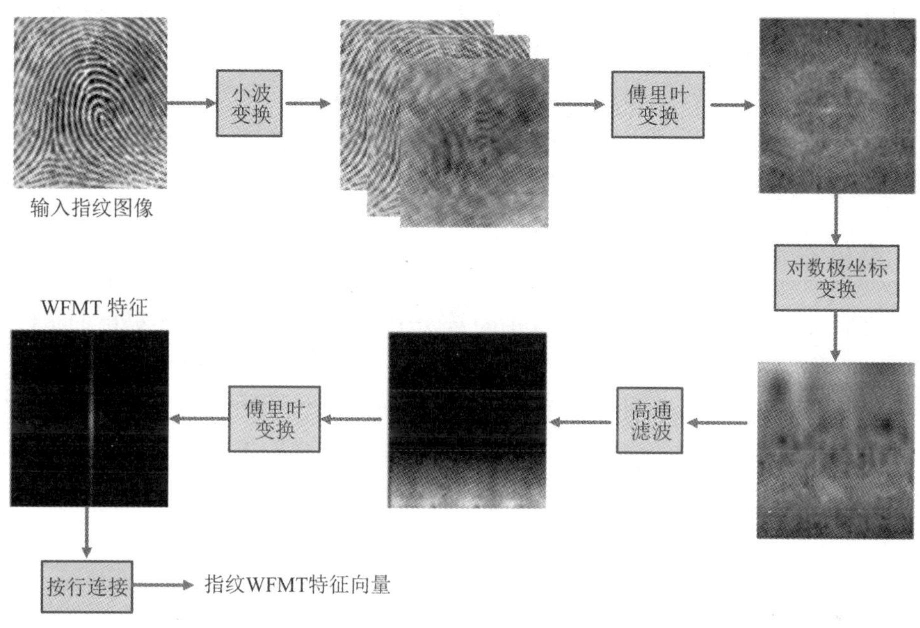

图 5-10　指纹 WFMT 特征向量的提取过程

2. BioCode 码生成

首先使用用户令牌生成一组用户特定的伪随机数，并利用克拉姆-施密特(Gram-Schmidt)正交化将该组伪随机数转化为一个随机正交矩阵。将该随机正交矩阵与指纹 WFMT 特征向量进行内积运算，假设随机正交矩阵记作 $\boldsymbol{R}$，输入的指纹特征向量为 $\boldsymbol{x}$，输出的指纹特征向量为 $\boldsymbol{y}$，则有

$$\boldsymbol{y}=\boldsymbol{R}^{\mathrm{T}}\boldsymbol{x} \tag{5-3}$$

继续对输出的指纹特征向量进行二值化即可得到 BioCode 码。假设经过内积运算后生成的指纹特征向量对应的序列记为 $\{y_1, y_2, \cdots, y_m | y_i\in(-1, 1), i=1, 2, \cdots, m\}$，二值化后的序列(即 BioCode 码)记作 $\{b_1, b_2, \cdots, b_m | b_i\in\{0, 1\}\}$，则二值化过程可表示为

$$b_i=\begin{cases}0, & y_i\leqslant\tau\\ 1, & y_i>\tau\end{cases} \tag{5-4}$$

式中，τ 为预设的阈值。

3. 身份识别

二值化得到 BioCode 码之后，可通过计算查询指纹与注册指纹的 BioCode 码之间的汉

明距离来进行身份识别。汉明距离按下式计算：

$$\mathrm{HD}=\frac{\|\mathrm{code}(R)\oplus\mathrm{code}(T)\|}{m} \tag{5-5}$$

式中，code(R)代表查询指纹的 BioCode 码，code(T)代表注册指纹的 BioCode 码，符号⊕表示异或运算，‖·‖表示计数二值序列中 1 的个数。

生物哈希法的优点是：在指纹数据和令牌都安全时，生物哈希法会使系统具有良好的识别性能，即错误率很小，且引入令牌密钥可以降低系统的错误接受率；使用不同的密钥可以为同一用户生成多个模板，使系统具有可撤销性。但是当用户令牌丢失或泄露时，攻击者可以利用获得的用户令牌进行攻击或冒充合法用户身份，从而使生物特征识别系统的安全性大幅度地下降。原因是在量化生成 BioCode 码的过程中，为了保证二值化序列具有较好的随机统计特性，一般取单一阈值进行二值化处理，这使得二值序列保留了原始特征向量取值的大小分布规律特征，从而增加了系统被攻击的风险。

5.3.2 不可逆变换法

不可逆变换(Non-Invertible Transform)法是 Ratha 等人于 2011 年提出的指纹特征模板保护方法。不可逆变换法通过对原始模板进行某种不可逆变换，使得非法获取者无法从变换后的特征中恢复出原始特征，从而确保生物特征的安全性。

不可逆变换法的一般思路是利用一个参数可调的不可逆变换函数(如图 5-11 所示)将原始的生物特征模板数据变换到某种形变空间中，并在该形变空间中进行模板匹配。

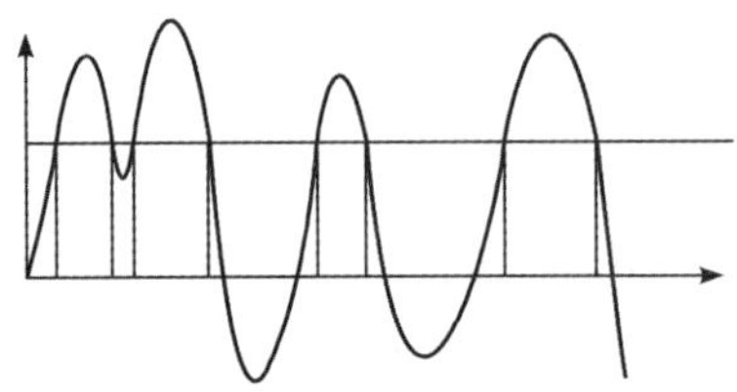

图 5-11 不可逆变换函数示意图

不可逆变换必须满足以下要求：

(1) 变换过程应全局不平滑而局部平滑；

(2) 变换后模板的识别性能不能比原始模板的识别性能降低得太多；

(3) 变换后的模板与原始模板不能被判定为属于同一个用户；

(4) 同一个用户的不同变换模板也要满足一定的距离要求。

以指纹为例，不可逆变换一般旨在确保变换后的细节点的位置和方向具有不可逆性。Ratha 等人提出了三种不同的不可逆变换法：笛卡尔变换、极坐标变换和函数变换。其他不可逆变换法还有免配准变换法、基于三角结构的变换法、几何变换法、基于随机卷积核的变换法等。下面对笛卡尔变换、极坐标变换进行详细介绍。

1. 笛卡尔变换

首先以奇异点所在位置为参考来构建直角坐标系并表示细节点位置，将 x 轴方向选为奇异点的方向。然后将坐标系划分为若干个大小固定的单元格，并用某种固定的顺序给单元格编号。最后对单元格进行变换，并在变换过程中改变单元格的位置，单元格内细节点的相对位置不变。笛卡尔变换示意图如图 5-12 所示，图中 x、y、θ、T 分别代表细节点的横坐标、纵坐标、角度、类型，R 为终结点，B 为分叉点。

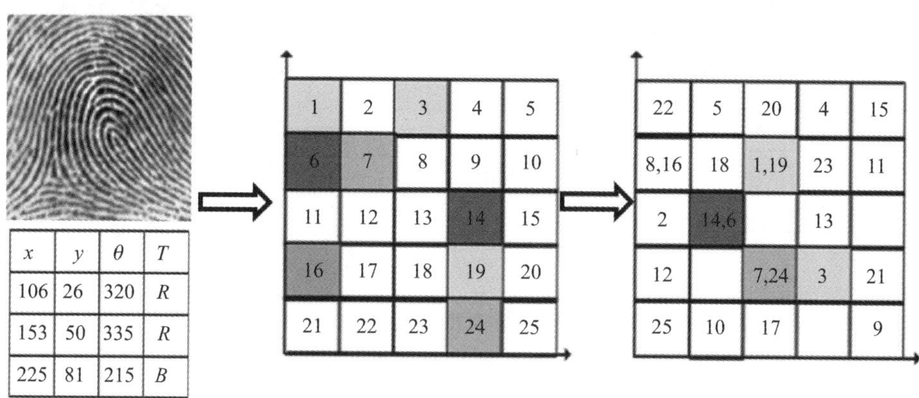

x	y	θ	T
106	26	320	R
153	50	335	R
225	81	215	B

图 5-12　笛卡尔变换示意图

为满足不可逆的要求，在单元格变换过程中，细节点应遵循多对一的非线性映射关系。假设变换前后的单元格组成的向量分别为 $\boldsymbol{C}$ 和 $\boldsymbol{C}'$，单元格映射由一个映射矩阵 $\boldsymbol{M}$ 来控制，则笛卡尔变换可以表示为

$$\boldsymbol{C}' = \boldsymbol{C}\boldsymbol{M} \tag{5-6}$$

考虑一个简单的实例，假设坐标系以 2×2 的模式被分为四个单元格，组成的向量为[1，2，3，4]，经过以下变换：

$$[1,\ 2,\ 3,\ 4]\begin{bmatrix} 0 & 0 & 0 & 0 \\ 0 & 1 & 0 & 0 \\ 1 & 0 & 0 & 1 \\ 0 & 0 & 1 & 0 \end{bmatrix} \tag{5-7}$$

得到变换后的单元格为[3，2，4，3]。

可以看到，单元格 1 和 4 同时被映射到单元格 3。因此，即使知道了变换后的特征模板，也无法反推出单元格 3 的细节点到底是来自原来的单元格 1 还是单元格 4。

2. 极坐标变换

极坐标变换是指以中心点的位置为参考，构建极坐标系来表示细节点的位置，其示意图如图 5-13 所示。细节点的方向角以中心点的方向为参考来度量。然后，将极坐标系划分为若干个扇区(例如级数为 L，角度数为 S)，并以一定的顺序进行编号。在变换的过程中，改变扇区的位置，细节点的角度也随着变换后扇区位置的不同而改变。

变换前后扇区的位置关系为

$$\boldsymbol{C}' = \boldsymbol{C} + \boldsymbol{M} \tag{5-8}$$

一般来说，连续编号的扇区都较为接近，变换矩阵的元素限制为绝对值较小的整数。特别地，需要实施平移限制来防止识别率降低得太多。

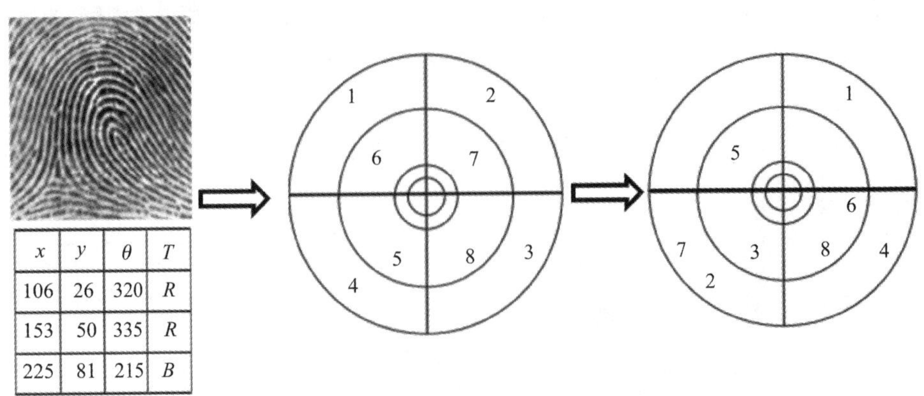

x	y	θ	T
106	26	320	R
153	50	335	R
225	81	215	B

图 5 - 13　极坐标变换示意图

例如，考虑 $L=1$，$S=4$ 的简单极坐标变换，经过变换

$$[1,\ 2,\ 3,\ 4]+[3,\ -1,\ 1,\ -2]=[4,\ 1,\ 4,\ 2] \tag{5-9}$$

之后，可以发现，原来的扇区 1 和扇区 3 同时被映射到了扇区 4。因此，即使知道了变换后的特征模板，也不可能逆向得到变换前的特征模板。

3. 函数变换

笛卡尔变换和极坐标变换最主要的缺点是：如果存在陡峭边界，则原始指纹细节点的细微位置改变都会导致变换后细节点位置发生显著改变，从而导致匹配错误率上升。因此，理想的函数变换应该是局部平滑的，以确保变换前细节点位置的微小改变在变换后也很小。由于基于细节点的匹配器允许细节点的位置和方向存在一定的不确定性，以应对特征提取的类内差，每个变换后的细节点的位置必须超出匹配器允许的误差范围。因此，需要保证变换过程中有一个最小平移。此外，为了满足不可逆性的条件，函数应该有揉皱(Folding)特性，或者已变换的区域来自原始空间的多个位置。

Ratha 等人提出了使用二维随机电荷分布中的二维高斯模型和电势场的混合模型作为细节点变换规则的函数变换法。该方法利用细节点处的幅度值作为对应转换的平移距离，梯度值则作为对应转换的方向，并通过对平移的方向而不是其幅度建立模型来解决揉皱和最小平移问题。

函数变换示意图如图 5 - 14 所示。首先构建直角坐标系，并从指纹图像中提取指纹特征点。然后采用局部平滑但全局不平滑的向量函数进行转换，向量函数的相位决定平移的方向，向量函数的幅值决定平移的距离。该向量函数具体可以选为随机分布点电荷的电势场和混合高斯核函数。

(1) 随机分布点电荷的电势场为

$$\begin{cases} |\boldsymbol{F}(\boldsymbol{z})| = \left| \sum_{i=1}^{K} \dfrac{\boldsymbol{q}_i(\boldsymbol{z}-\boldsymbol{z}_i)}{|(\boldsymbol{z}-\boldsymbol{z}_i)|^3} \right| \\ \Phi_{\boldsymbol{F}}(\boldsymbol{z}) = \dfrac{1}{2}\arg\left\{ \sum_{i=1}^{K} \dfrac{\boldsymbol{q}_i(\boldsymbol{z}-\boldsymbol{z}_i)}{|(\boldsymbol{z}-\boldsymbol{z}_i)|^3} \right\} \end{cases} \tag{5-10}$$

式中，$\boldsymbol{z}$ 表示位置向量，$\boldsymbol{z}=x,\ y$；$\boldsymbol{F}(\boldsymbol{z})$为向量函数，$|\boldsymbol{F}(\boldsymbol{z})|$为其幅值，$\Phi_{\boldsymbol{F}}(\boldsymbol{z})$为其相位；随机

密钥 $K=z_1, z_2, \cdots, z_K, \boldsymbol{q}_1, \boldsymbol{q}_2, \cdots, \boldsymbol{q}_K$。密钥和向量函数共同决定电荷的位置和大小。

（2）混合高斯核函数为

$$\begin{cases} |\boldsymbol{F}(z)| = \sum_{i=1}^{K} \dfrac{\pi_i}{|2\pi\boldsymbol{\Lambda}_i|} \exp\left\{-\dfrac{1}{2}(z-\boldsymbol{\mu}_i)^{\mathrm{T}}\boldsymbol{\Lambda}_i^{-1}(z-\boldsymbol{\mu}_i)\right\} \\ \Phi_{\boldsymbol{F}}(z) = \dfrac{1}{2}\arg\{\nabla\boldsymbol{F}\} + \Phi_{\text{rand}} \end{cases} \tag{5-11}$$

式中，$\boldsymbol{\Lambda}_i$ 为高斯核函数的协方差矩阵；$\boldsymbol{\mu}_i$ 为核函数中心，随机分布在图像表面；π_i 为第 i 个高斯核函数对应的权值；Φ_{rand} 为随机相位偏移量。这几个参数由密钥确定。高斯核函数的梯度 $|\nabla\boldsymbol{F}|$ 代表平移的方向。

最终变换结果由下式给出：

$$\begin{cases} X' = x + K|\boldsymbol{F}(x, y)| + K\cos[\Phi_{\boldsymbol{F}}(x, y)] \\ Y' = y + K|\boldsymbol{F}(x, y)| + K\sin[\Phi_{\boldsymbol{F}}(x, y)] \\ \Theta' = \mathrm{mod}[\Theta + \Phi_{\boldsymbol{F}}(x, y) + \Phi_{\text{rand}}, 2\pi] \end{cases} \tag{5-12}$$

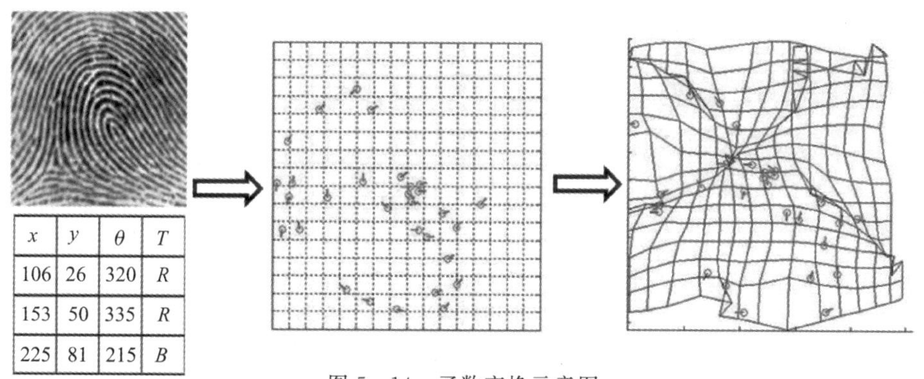

x	y	θ	T
106	26	320	R
153	50	335	R
225	81	215	B

图 5-14　函数变换示意图

总体来说，不可逆变换法的优点为：即使密钥被盗，攻击者也很难恢复原始的生物特征模板，比生物加盐法具有更好的安全性；转换函数和密钥相结合可以实现模板的可撤销性；变换后的特征的表征方式与原始特征的相同（均为细节点的位置和方向信息），因此可以在转换域中使用传统认证中成熟的匹配方法。

不可逆变换法的局限性在于变换函数的可判别性和不可逆性不可兼得，可判别性高则不可逆性相对较低，反之亦然。

5.3　生物特征加密技术

1994 年，George Tomoko 博士首先结合指纹提出了生物特征加密（Biometric Encryption）这一概念。生物特征加密技术是一种信息安全技术，即将一个密钥或者 PIN 码和人的生物特征安全绑定在一起，使得不论是密钥还是生物特征信息都不能从单独的模板中获取到，当且仅当对正确身份的生物特征样本进行认证时，密钥才被重新恢复。

5.3.1 生物特征加密方法分类

根据生物特征的产生方式以及它与密钥结合的紧密程度的不同，生物特征加密方法可分为三大类：密钥释放(Key Release)、密钥绑定(Key Binding)和密钥生成(Key Generation)。

1. 密钥释放

密钥释放是最简单的生物特征加密方法，其原理是为用户设置一个密钥，然后输入用户的生物特征，系统将密钥和生物特征简单地叠加在一起，并存储为一个混合模板。这个混合模板的生成只是将密钥和生物特征进行简单的拼接或合并，并不对密钥和生物特征做任何复杂的操作。解密时，只需将混合模板中的生物特征取出来，并与待查询(Query)的生物特征进行比对，若比对通过，则将密钥取出，否则拒绝并停止算法。密钥释放法的过程如图 5-15 所示。

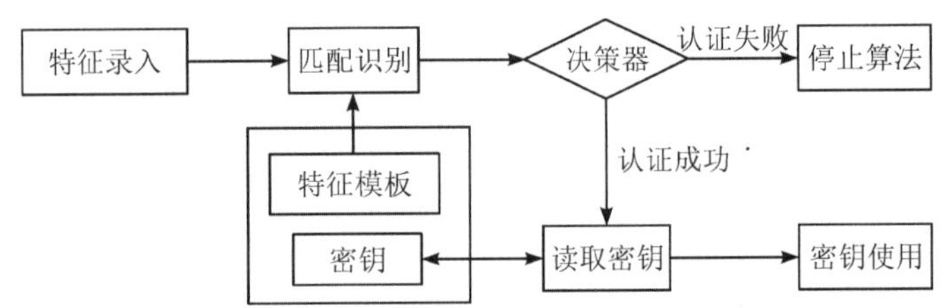

图 5-15 密钥释放方法的流程图

密钥释放法的优点是：原理十分简单，可以直接使用各种生物特征提取和匹配技术，能够充分保证识别性能。但密钥释放的缺点也十分明显，密钥释放只是简单地利用生物特征替代口令进行密钥管理，特征模板和密钥的存储是互相独立的，这导致生物特征的保护机制不够。而且密钥的释放由生物特征的匹配结果控制，因此系统难抵御对模板的蓄意攻击。如果数据库模板被破解，那么用户的生物特征信息和密钥都将丢失。虽然如此，基于密钥释放的生物特征识别加密系统已经投入了市场应用中。例如，一些基于指纹的 USB-Key 产品在银行系统等领域得到了广泛使用。这些产品通过指纹识别与 USB 令牌结合的方式，在某种意义上达到了双因子认证的效果。如果不同时泄露口令和 USB 设备，那么这种产品还是有较高的安全性的。

2. 密钥绑定

密钥绑定是通过一些相对复杂的数学运算或密码技术，将随机生成或用户设置的密钥与生物特征有机地结合在一起，生成并存储在辅助数据(Helper Data)中。辅助数据不会泄露生物特征和密钥的信息，因而不需要秘密保存。只有在用户的生物特征通过身份认证后，辅助数据中的密钥才能被释放出来。密钥绑定方法的流程如图 5-16 所示。

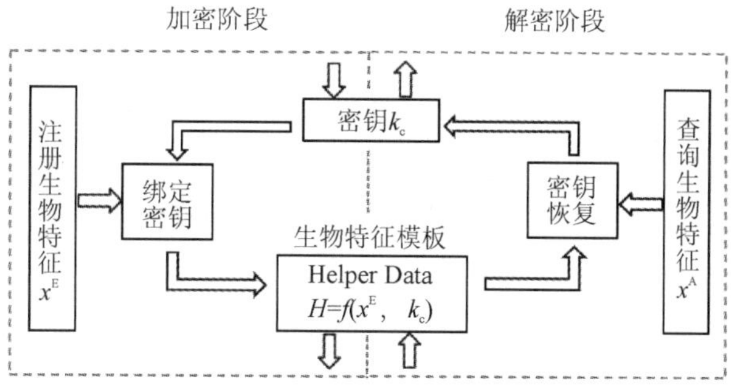

图 5 - 16　密钥绑定方法的流程图

Uludag 等人首先提出了在加密域内对指纹图像进行计算机自动配准的方法。该方法的基本思想就是从指纹图像中提取辅助数据并用以配准。辅助数据的选取标准是：它既能在某种程度上反映指纹的区分度，但又不足以恢复原始指纹图像或者进行身份识别。典型的密钥绑定法包括模糊承诺法以及模糊保险箱法。其中模糊保险箱法是生物特征加密领域的经典方法之一，也是很多其他特征加密方法的基础，我们在下一小节会专门对该方法进行讲解。

3. 密钥生成

前述两种生物特征加密方法都采用了将特征和密钥结合的方式，所以用户需要事先提供密钥，然后以某种方式和生物特征结合在一起。生物特征认证成功后，原有密钥就会被释放，从而可以进行后续应用。如果生物特征和密钥的结合方式不是十分理想，并导致密钥在认证过程中起主导作用，那么整个系统的安全性就是基于密钥的。一旦密钥丢失，系统的安全性则无法保障，甚至还可能泄露生物特征信息。

为解决以上困难，学者们提出了密钥生成的加密方法，以避免人为提供密钥的缺点。该方法中的密钥是由输入的生物特征数据直接生成的，或者是与少量的辅助数据融合后生成的，即密钥数据主要来自输入的生物特征信息，输入不同的生物特征信息将产生不同的密钥。在注册阶段，密钥生成时直接从生物特征中提取辅助数据，并生成与该生物特征对应的唯一密钥；在验证阶段，只有当查询生物特征与注册生物特征足够接近时，才能从辅助数据和查询生物特征模板中重新生成密钥。密钥生成方法的流程如图 5 - 17 所示。

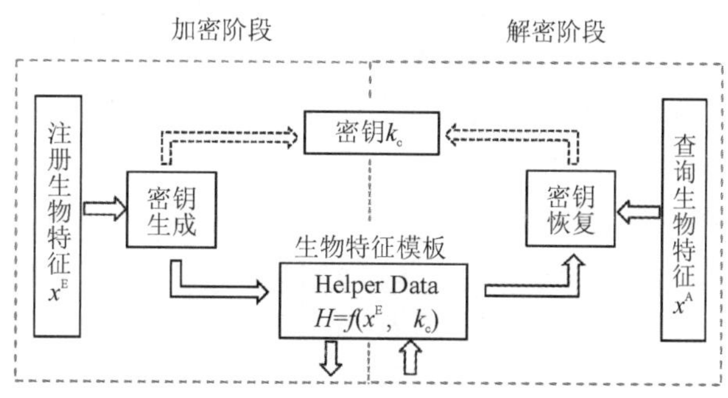

图 5 - 17　密钥生成方法的流程图

密钥生成的方式不是随意的，根据密码学对密钥的基本要求，利用生物特征生成的密钥需要满足以下几个要求。

(1) 模糊性：同一个生物特征(如同一个手指)在限定的差异范围内生成的密钥应相同，以保证每次验证同一个特征时密钥相同。

(2) 个体差异性：不同的生物特征不可以生成相同的密钥。

(3) 安全性：利用生物特征生成的密钥需要满足密钥长度的要求，并且，当生物特征或密钥中任何一种不慎泄露时，不能造成另外一种同时泄露。

目前，最常见的密钥生成方法是 Dodis 等人提出的模糊提取器(Fuzzy Extractor)方法。尽管现有的密钥生成方法还不算成熟，但是由于密钥生成方法中的密钥是临时生成的，这种方法具有比其他两种方法更为便捷、更加安全的优势，因此该方法是未来生物特征加密领域的一个重要研究课题。

5.3.2 模糊保险箱算法

本小节我们以指纹这一具体模态为例，介绍一种典型的密钥绑定方法——模糊保险箱(Fuzzy Vault)算法。它是一种适用于不规则集合(如指纹细节点)形式的生物特征加密框架。指纹模糊保险箱算法将指纹的细节点信息与密钥进行绑定，整个算法分为加密和解密两个阶段。下面我们详细介绍各阶段的具体实现过程。

1. 加密阶段

加密阶段的主要步骤包括构建细节点集、添加杂凑点、混合点集编码、构造多项式、生成保险箱等。假设待绑定密钥为 K，其长度为 128 bit，下面我们分别介绍每一步骤的实现方法。

(1) 构建细节点集。我们首先利用细节点提取算法(详细参见本书第 2 章)得到指纹模板的细节点集 $M=\{m_i=(x_i, y_i, \theta_i)\}_{i=1}^{N}$，其中$(x_i, y_i)$为细节点坐标，$\theta_i$ 为细节点方向，N 是细节点的总个数。根据需要，在提取细节点之前可对指纹图像进行图像增强、二值化等预处理操作，相关内容可参见第 2 章，在此不再赘述。

(2) 添加杂凑点。模糊保险箱算法中重要的一步就是添加杂凑点(Chaff-Point)，以隐藏和保护真实细节点。杂凑点就是一些随机生成的与真实细节点类似但起迷惑作用的点。假设随机生成一个杂凑点集 $C=\{c_i=(u_i, v_i, \phi_i)\}_{i=1}^{D}$，其中$(u_i, v_i)$为细节点坐标，$\phi_i$ 为细节点方向，D 是杂凑点的总个数。通常杂凑点的个数要远大于真实细节点的个数，如果杂凑点个数偏少，那么攻击者有可能通过遍历的方式来暴力破解。一般可以取 $D\approx 10N$(N 是细节点的总个数)。

添加杂凑点时，除了满足随机性的基本要求，还需要满足下述条件：杂凑点不能离任何真实细节点太近，杂凑点之间也不能太近。通常给定一个距离阈值，随机生成的杂凑点需要通过该阈值进行判断。距离阈值可由坐标和方向角同时给出，计算公式如下：

$$d(c_i, m_j)=\sqrt{(u_i-x_i)^2+(v_i-y_i)^2}+\lambda\Delta(\phi_i, \theta_i) \tag{5-13}$$

式中，λ 是人为给定的方向角间差值的权值。

(3) 混合点集编码。将上述杂凑点集 C 添加到真实细节点集 M 中，构成混合点集 H

(注意 H 中点的个数为 $D+N$)。将 H 中每个点的坐标和角度信息量化成长度分别为 B_x、B_y 和 B_θ bit 的字符串。典型字符串的长度之和为 16 bit，即混合点集 H 被编码为长度为 16 bit 的字符串集 $\{X_i\}$。该字符串集用于后续的多项式计算。

(4) 构造多项式。构造多项式前首先需要对密钥 K 进行处理，将 K 分为 8 个长度为 16 bit 的字符串，记作 k_0，k_1，…，k_7。使用 16 位循环冗余校验(CRC-16)对 K 进行处理，得到另一个长度为 16 bit 的字符串 k_8。以 k_0，k_1，…，k_8 作为各次幂的系数构造多项式 $P(x)$：

$$P(x)=k_8x^8+k_7x^7+\cdots+k_0 \tag{5-14}$$

(5) 生成保险箱。用多项式和编码后的混合点集来构造保险箱，即将步骤(3)中生成的字符串集 $\{X_i\}$ 代入多项式 $P(x)$ 中，最终得到模糊保险箱 $V=\{(X_i, P(X_i))\mid i=1, 2, \cdots, N+D\}$。

指纹模糊保险箱方法的加密过程如图 5-18 所示。

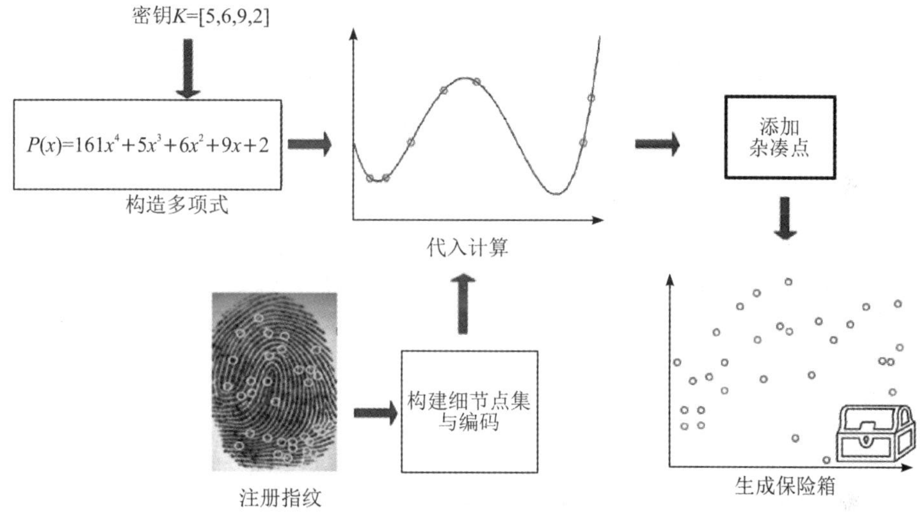

图 5-18　指纹模糊保险箱方法的加密过程

2. 解密阶段

解密阶段与加密阶段相对应，其步骤包括构建细节点集、过滤杂凑点与获取解密点集、重构多项式、解密密钥。下面我们分别介绍每一步的实现方法。

(1) 构建细节点集。在解密阶段，采集某未知身份的查询指纹图像，按照加密时的相同算法提取指纹模板的细节点集，将此时的细节点集记作 $M'=\{(x'_i, y'_i)\mid i=1, 2, \cdots, N'\}$。

(2) 过滤杂凑点与获取解密点集。用与加密阶段相同的编码方式对细节点集 M' 进行编码，得到长度为 16 bit 的字符串集 X'。将 X' 与加密阶段生成的保险箱 V 进行比对，若查询指纹与加密阶段的指纹来自同一手指，则理论上 X' 中会有一定数量的点与 V 中的点相近，从而加密时掺杂的杂凑点大部分会被过滤掉。

在杂凑点过滤阶段，需要根据加密时的细节点个数以及构建的多项式阶数设定一个阈值。若过滤后保留下来的点的个数小于此阈值，则无法重构多项式，因此直接判定为解密失败；若过滤后保留下来的点的个数大于此阈值，则这些点构成解密点集 T，T 将用于后续的多项式重构。

(3) 重构多项式。由于加密和解密时使用的两个指纹图像不是完全一样的，因此在通过杂凑点过滤得到的解密点集 T 中，虽然大部分是真实细节点，但还可能存在少量杂凑点。此时，我们可以从 $T=\{(g_i, h_i)\}$ 中任选 9 个点，并代入如下拉格朗日插值公式中反求多项式的系数：

$$\begin{aligned}P'(x)=&\frac{(x-g_2)(x-g_3)\cdots(x-g_9)}{(g_1-g_2)(g_1-g_3)\cdots(g_1-g_9)}h_1\\&+\frac{(x-g_1)(x-g_3)\cdots(x-g_9)}{(g_2-g_1)(g_2-g_3)\cdots(g_2-g_9)}h_2+\cdots\\&+\frac{(x-g_1)(x-g_2)\cdots(x-g_8)}{(g_9-g_1)(g_9-g_2)\cdots(g_9-g_8)}h_9\end{aligned}\tag{5-15}$$

从而得到了一个多项式：

$$P'(x)=k'_8x^8+k'_7x^7+k'_6x^6+\cdots+k'_1x+k'_0\tag{5-16}$$

很明显，利用任意 9 个点都能得到一组多项式系数。但是，只有当这 9 个点全部是真实细节点时，所求得的多项式才是正确的。因此，每当求得一组多项式系数，我们需要计算其前 8 个系数的 CRC 校验码，并与第 9 个系数比较，若两者相等，则这 9 个系数是正确的多项式系数。

(4) 解密密钥。根据步骤(3)中得到的多项式系数 k'_0，k'_1，…，k'_8，用与加密阶段相同的密钥处理方法，将这些系数合并即可得到密钥 K，至此我们解密出了密钥。

指纹模糊保险箱方法的解密过程如图 5-19 所示。

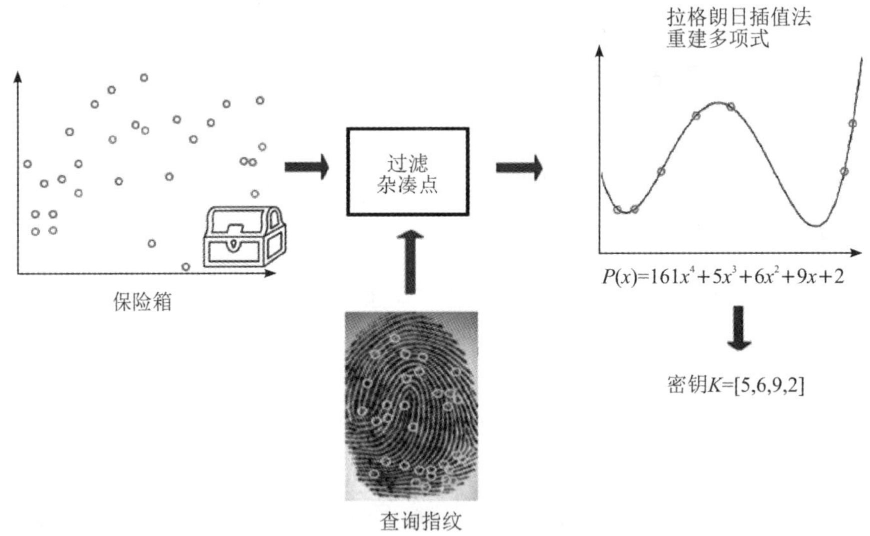

图 5-19 指纹模糊保险箱方法的解密过程

从上述指纹模糊保险箱方法的构造过程容易看出，仅仅凭借保险箱是无法获取密钥 K 和细节点集 M 中的任何一种信息的，因此模糊保险箱算法是一种安全可靠的生物特征加密算法。

模糊保险箱方法的特点是它把生物特征的模糊性和密码算法的精确性很好地结合起来。该方法的安全性是基于多项式重构问题的，它使用无序集(指纹模板的细节点集就是无序集）进行操作，并且能够处理集合之间的误差，包括元素数量和元素本身的误差，因此特别适用于加密生物特征数据。

5.4　人脸反欺骗技术

人脸识别的安全性问题是生物特征识别领域面临的一大挑战。由于人脸模态具有高度的公开性，尤其是知名人物的人脸信息，这使得人脸识别系统非常容易受到伪造和攻击。犯罪分子可以通过打印照片、拍摄视频回放、制作 3D 面具等方式进行攻击。为了提高人脸识别的安全性，必须要求人脸识别系统具有判断相机前方的对象是否为活体的能力，即人脸反欺骗（FAS）能力，也称为人脸活体检测。因此，人脸反欺骗技术是当前人脸识别领域的一个非常重要的研究课题。

5.4.1　基于纹理分析的人脸反欺骗方法

针对单张静态图像的人脸反欺骗，最常见的一类方法是设计各种变换和特征提取算子，并对真实人脸图像和伪造人脸图像进行特征分析，通过真实人脸特征与伪造人脸特征间的差异来进行分类判断。下面我们以基于局部二值模式（LBP）描述子的纹理分析方法为例来解释该类方法的思想。

基于 LBP 描述子的纹理分析方法包括纹理特征提取和二分类两步。其中，纹理特征提取由 LBP 描述子实现。LBP 描述子是一个强大的纹理描述子，其不仅可以描述微观纹理，还可以描述它们的空间信息。二分类由支持向量机（SVM）分类器实现。将利用 LBP 描述子提取的纹理特征输入 SVM 分类器中，从而判断该微观纹理来自真实人脸还是伪造人脸。

图 5－20 展示了 LBP 纹理分析法的一个输入、输出图像示例。图 5－20（a）为真实人脸图像及其 LBP 图像，图 5－20（b）为伪造人脸图像（此例中为打印人脸图像）和相应的 LBP 图像。

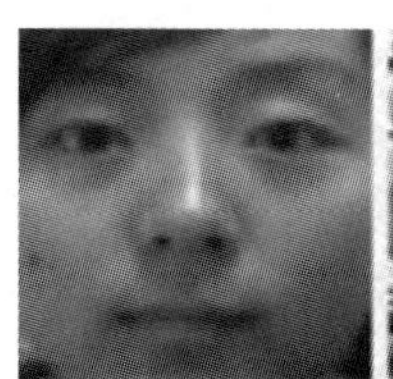
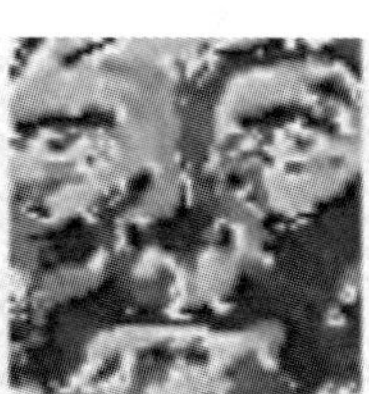

(a) 真实人脸图像及其LBP图像

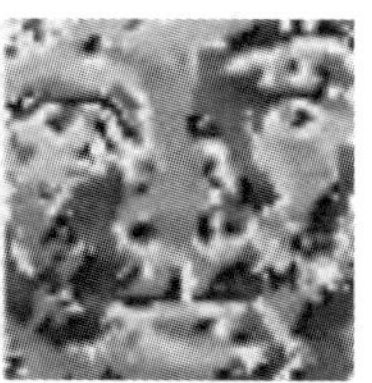

(b) 打印人脸图像及其LBP图像

图 5－20　原始的真实人脸图像和打印人脸图像及与之相应的 LBP 图像

LBP 描述子对真实或伪造人脸图像中的每个像素和它的 3×3 邻域进行阈值化计算，并将结果转换为二进制数，形成图像像素的标签。对于任意像素（x_c，y_c），其 LBP 计算公式如下：

$$\mathrm{LBP}_{n,r}=\sum_{i=0}^{n-1}T(I_i^r-I_c)2^i \tag{5-17}$$

式中，I_c 为中心像素(x_c, y_c)的灰度值；I_i^r 表示半径为 r 的圆上的邻域像素的灰度值；$T(\cdot)$是一个阈值函数，且

$$T(x)=\begin{cases}1, & x\geqslant 0\\ 0, & \text{其他}\end{cases}$$

图 5-21 为 LBP 描述子的计算示例。不同标签的直方图(共 $2^8=256$ 个)可以用作纹理特征向量。

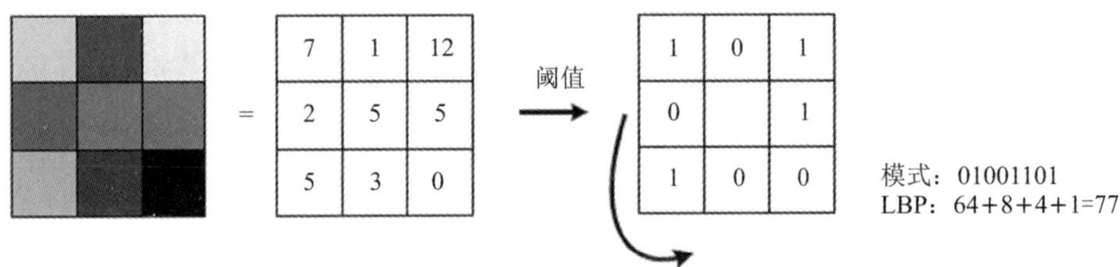

图 5-21　LBP 描述子的计算实例

为了更好地捕捉真实人脸和伪造人脸之间的差异，需要丰富的纹理细节信息，因此可以通过组合不同参数的 LBP 描述子来进行特征提取。使用多尺度 LBP 描述子可以导出增强的人脸特征表示。

图 5-22 展示了基于 LBP 描述子和 SVM 分类器的人脸反欺骗方法的完整流程。首先，通过人脸检测定位人脸区域，把人脸区域裁剪出来并归一化为一个 64×64 像素的图像。然后，对归一化后的人脸图像使用 $\mathrm{LBP}_{8,1}^{u2}$ 描述子，将得到的 LBP 图像分割成 3×3 个重叠区域(重叠大小为 14 像素)。计算每个重叠区域的 59 维直方图并将其合并成一个单一的 531 维直方图。类似地，再使用 $\mathrm{LBP}_{8,2}^{u2}$ 和 $\mathrm{LBP}_{16,2}^{u2}$ 这两个不同尺度的描述子计算人脸图像的另外两个直方图，分别得到 59 维和 243 维直方图，它们被添加到之前计算出的 531 维直方图中。因此，最终增强的特征直方图的长度为 833(即 531＋59＋243)。最后，将计算好

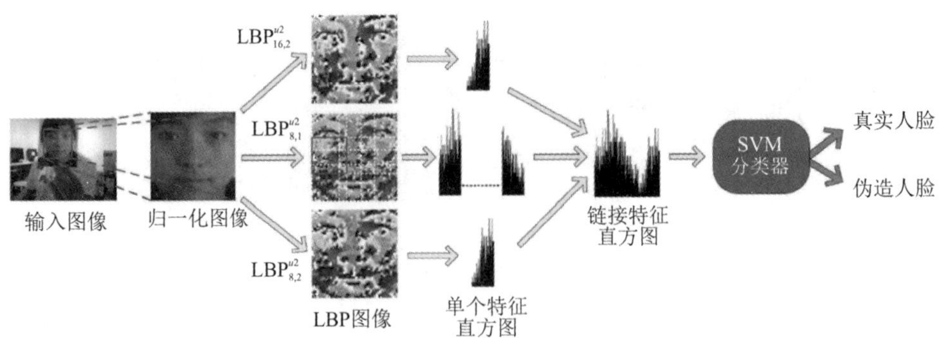

图 5-22　基于 LBP 描述子和 SVM 分类器的人脸反欺骗方法流程图

的直方图输入一个使用径向基函数核构造的非线性 SVM 分类器，从而判断输入的人脸图像是否为真实人脸。其中，该分类器使用真样本(即真实人脸)和假样本(即伪造人脸)进行训练。

5.4.2　基于图像质量评估的人脸反欺骗方法

由于真实人脸图像和伪造人脸图像之间存在着质量差异，因此经过高斯滤波之后，两幅新生成的图像和与之对应的原始图像的质量差异比较大。故有学者提出了通过计算前后图像质量(例如使用均方误差(Mean Squared Error，MSE)和峰值信噪比(Peak Signal to Noise Ratio，PSNR)计算图像质量)来区别真实人脸和伪造人脸的方法，即基于图像质量评估(Image Quality Assessment，IQA)的人脸反欺骗方法。

基于图像质量评估的人脸反欺骗方法既通用又简单，因为系统只需要一个输入，且生物特征样本被分类为真样本或假样本。此外，由于利用该方法时需对整个图像进行操作，而不搜索任何特征特定的属性，因此在计算图像质量特征之前不需要任何预处理步骤。如人脸检测，图像质量特性使基于图像质量评估的人脸反欺骗计算负载最小化。一旦特征向量生成后，使用基于图像质量分析的人脸反欺骗 LDA 分类器就可以将样本分为真样本(真实人脸)和假样本(伪造人脸)两类。图 5－23 为该类方法的示意图。

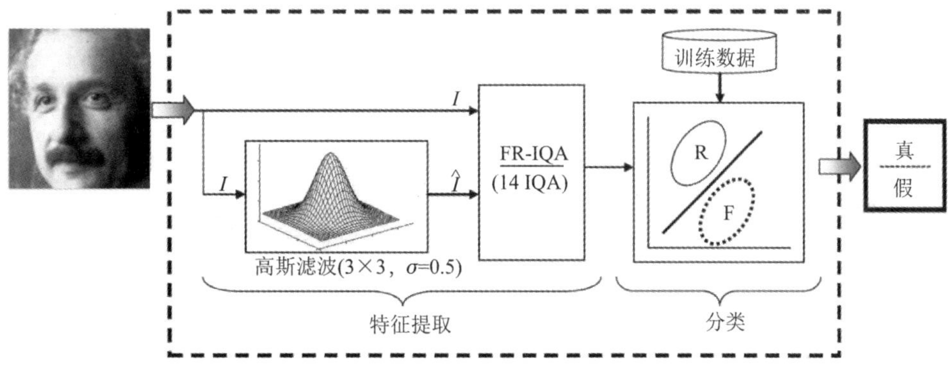

图 5－23　基于图像质量评估的人脸反欺骗方法示意图

首先，输入一副灰度人脸图像 I(大小为 $N\times M$)，对图像 I 进行低通高斯滤波(例如核大小为 3×3，$\sigma=0.5$)，以生成一幅滤波后的新图像 $\hat{I}$；然后，根据相应的 IQA 指标计算两幅图像(即 I 和 $\hat{I}$)的质量差，需要对真实人脸和伪造人脸都计算一遍质量差。以均方误差(MSE)指标为例，其质量差计算公式为

$$\text{MSE}(I,\hat{I})=\frac{1}{NM}\sum_{i=1}^{N}\sum_{j=1}^{M}(I_{i,j}-\hat{I}_{i,j})^2 \tag{5-18}$$

最后，将计算出来的 IQA 值送入预先训练好的分类器中，就可以分辨出输入图像是否为真实人脸图像。实际可选用的 IQA 指标多种多样，表 5－5 总结了 14 种常见的 IQA 指标定义方式。

表 5-5 14 种常见的 IQA 指标

序号	缩写	英文全称	中文名称	公式
1	MSE	Mean Squared Error	均方误差	$\mathrm{MSE}(I,\hat{I})=\frac{1}{NM}\sum_{i=1}^{N}\sum_{j=1}^{M}(I_{i,j}-\hat{I}_{i,j})^2$
2	SNR	Signal to Noise Ratio	信噪比	$\mathrm{SNR}(I,\hat{I})=10\log\left[\frac{\sum_{i=1}^{N}\sum_{j=1}^{M}(I_{i,j})^2}{N\cdot M\cdot \mathrm{MSE}(I,\hat{I})}\right]$
3	PSNR	Peak Signal to Noise Ratio	峰值信噪比	$\mathrm{PSNR}(I,\hat{I})=10\log\left[\frac{\max(I^2)}{\mathrm{MSE}(I,\hat{I})}\right]$
4	SC	Structural Content	结构内容	$\mathrm{SC}(I,\hat{I})\ \frac{\sum_{i=1}^{N}\sum_{j=1}^{M}(I_{i,j})^2}{\sum_{i=1}^{N}\sum_{j=1}^{M}(\hat{I}_{i,j})^2}$
5	MD	Maximum Difference	最大差值	$\mathrm{MD}(I,\hat{I})=\max_{i,j}\lvert I_{i,j}-\hat{I}_{i,j}\rvert$
6	AD	Average Difference	平均差值	$\mathrm{AD}(I,\hat{I})=\frac{1}{NM}\sum_{i=1}^{N}\sum_{j=1}^{M}(I_{i,j}-\hat{I}_{i,j})$
7	NAE	Normalized Absolute Error	归一化绝对差值	$\mathrm{NAE}(I,\hat{I})=\frac{\sum_{i=1}^{N}\sum_{j=1}^{M}\lvert I_{i,j}-\hat{I}_{i,j}\rvert}{\sum_{i=1}^{N}\sum_{j=1}^{M}\lvert I_{i,j}\rvert}$
8	RAMD	R-Averaged MD	R-平均最大差值	$\mathrm{RAMD}(I,\hat{I})=\frac{1}{R}\sum_{r=1}^{R}\max\lvert I_{i,j}-\hat{I}_{i,j}\rvert$
9	LMSE	Laplacian MSE	拉普拉斯均方误差	$\mathrm{LMSE}(I,\hat{I})=\frac{\sum_{i=1}^{N-1}\sum_{j=2}^{M-1}[h(I_{i,j})-h(\hat{I}_{i,j})]^2}{\sum_{i=1}^{N-1}\sum_{j=2}^{M-1}h(I_{i,j})^2}$
10	NCC	Normalized Cross-Correlation	归一化互相关	$\mathrm{NCC}(I,\hat{I})=\frac{\sum_{i=1}^{N}\sum_{j=1}^{M}(I_{i,j}\cdot\hat{I}_{i,j})}{\sum_{i=1}^{N}\sum_{j=1}^{M}(I_{i,j})^2}$

续表

序号	缩写	英文全称	中文名称	公式
11	MAS	Mean Angle Similarity	平均角相似度	$\mathrm{MAS}(I, \hat{I}) = 1 - \frac{1}{NM}\sum_{i=1}^{N}\sum_{j=1}^{M}\left(\frac{2}{\pi}\arccos\frac{\langle I_{i,j}, \hat{I}_{i,j}\rangle}{\Vert I_{i,j}\Vert \Vert \hat{I}_{i,j}\Vert}\right)$
12	MAMS	Mean Angle Magnitude Similarity	平均角幅值相似度	$\mathrm{MAMS}(I, \hat{I}) = \frac{1}{NM}\sum_{i=1}^{N}\sum_{j=1}^{M}\left[1-(1-\alpha_{i,j})\left(\frac{\Vert I_{i,j}-\hat{I}_{i,j}\Vert}{255}\right)\right]$
13	TED	Total Edge Difference	总边缘差值	$\mathrm{TED}(I, \hat{I}) = \frac{1}{NM}\sum_{i=1}^{N}\sum_{j=1}^{M}\vert I_{i,j}-\hat{I}_{i,j}\vert$
14	TCD	Total Corner Difference	总角点差值	$\mathrm{TED}(N_{cr}, \hat{N}_{cr}) = \frac{\vert N_{cr}-\hat{N}_{cr}\vert}{\max(N_{cr}, \hat{N}_{cr})}$

5.4.3 基于面部运动分析的人脸反欺骗方法

前述两个小节中的基于纹理特征分析和基于图像质量评估的人脸反欺骗方法均为基于静态图像的方法，而静态人脸图像极容易被伪造而遭受攻击，因此更好的人脸反欺骗方法则是基于动态的视频信号的，这其中的典型代表是基于面部运动分析的方法。例如，通过检测眨眼和张嘴等动作可以判断个体是否为活体。本小节介绍一种基于眨眼动作的人脸反欺骗方法。

当采集到一段带有眨眼动作的视频时，最直接的思路是对该视频中每一帧图像进行"开眼"和"闭眼"状态的分类。实际操作时，我们可以使用人脸检测算法先检测出人脸区域，然后对眼睛区域进行训练和二分类。该思路虽然简单直观，但它的缺陷在于忽略了不同帧图像之间的联系。更好的思路是使用隐马尔可夫(HMM)模型对图像帧序列进行建模。然而，HMM模型假设下一时刻的帧图像仅仅与当前时刻的帧图像有关，而与前一时刻的图像帧无关。这种假设与实际吻合度不高，因为下一时刻的眼睛状态既受当前时刻的眼睛状态影响，也受前一时刻的眼睛状态影响。例如，通过前一时刻与当前时刻的眼睛状态的差别可以预测下一时刻的眼睛状态。此外，该假设也不利于判断干扰与噪声(如光影变换和眼镜佩戴等)对眼睛状态的影响。因此，一些学者(如Pan等)提出了基于条件随机场(Conditional Random Field，CRF)的方法，如图5-24所示。

给定眨眼动作对应的图像帧序列 $S=\{I_t \mid t=1, 2, \cdots, T\}$，任意图像对应三种状态之一，即 $O=\{\alpha$：开眼状态，β：中间状态，γ：闭眼状态$\}$，一个典型的完整眨眼动作对应的状态转换模式为 $\alpha\to\beta\to\gamma\to\beta\to\alpha$。用随机变量 Y 表示眼睛状态，且用图 $G=(V, E)$ 形式来描述，则 (Y, S) 构成一个条件随机场，随机变量 Y 和 S 遵守马尔可夫性质(即无记忆性)。

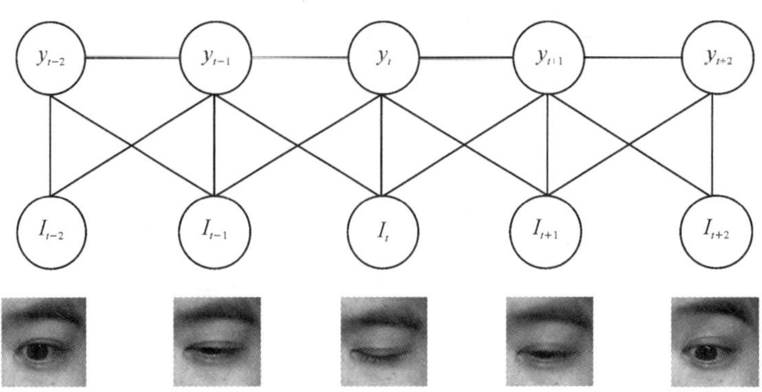

图 5-24 眨眼动作的图像帧序列对应的条件随机场方法示意图

根据 Hammersley-Clifford 定理，Y 和 S 的联合概率分布为

$$P_\theta(Y \mid S)=\frac{1}{Z(S)}\exp\left\{\sum_{t=1}^{T}\Psi_\theta(y_t,\ y_{t-1},\ S)\right\} \tag{5-19}$$

式中，$Z(S)=\sum_{Y}\exp\left\{\sum_{t=1}^{T}\Psi_\theta(y_t,\ y_{t-1},\ S)\right\}$ 为归一化参数，$\Psi_\theta(y_t,\ y_{t-1},\ S)$ 为 t 时刻 CRF 特征之和，即 $\Psi_\theta(y_t,\ y_{t-1},\ S)=\sum_{i}\lambda_i F_i(y_t,\ y_{t-1},\ S)+\sum_{j}\mu_j G_j(y_t,\ S)$；$\theta$ 为待估计参数，$\theta=\{\lambda_1,\ \lambda_2,\ \cdots,\ \lambda_A;\ \mu_1,\ \mu_2,\ \cdots,\ \mu_B\}$。

更进一步，$F_i(y_t,\ y_{t-1},\ S)=1\{y_t\in O\}\cdot 1\{y_{t-1}\in O\}$，为标签内特征函数，其中 $1\{\cdot\}$ 为指示函数；$G_j(y_t,\ S)=1\{y_t\in O\}\cdot U(I_{t-w})$，为标签间特征函数。

而 $U(I_{t-w})$ 称为眼睛闭合度(Eye Closity)，其定义为

$$U(I_{t-w})=\sum_{i=1}^{M}h_i(I_{t-w})\log\frac{1-\varepsilon_i}{\varepsilon_i}-\frac{1}{2}\sum_{i=1}^{M}\log\frac{1-\varepsilon_i}{\varepsilon_i} \tag{5-20}$$

式中，w 为观察窗口距离值，$w\in[-W,\ W]$；$h_i(I)$ 为弱二分类器；ε_i 为待定参数。给定观察训练数据，h_i 和 ε_i 可以通过 AdaBoost 算法来确定。眼睛闭合度的一个计算示例如图 5-25 所示。

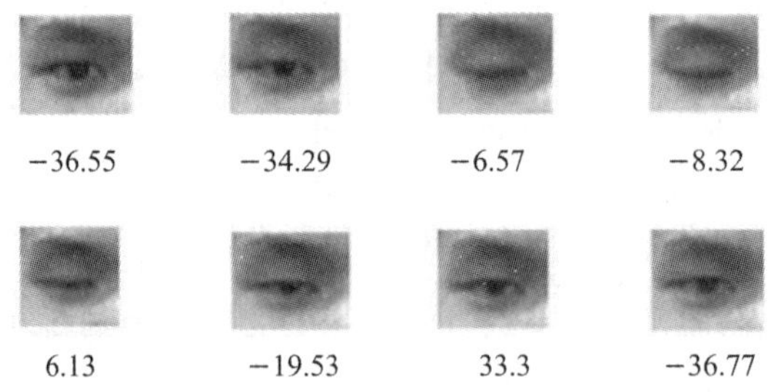

图 5-25 眼睛闭合度的一个计算示例

对于训练数据集 $\{(Y^{(i)},\ S^{(i)})\mid i=1,\ 2,\ \cdots,\ N\}$，参数 $\theta=\{\lambda_1,\ \lambda_2,\ \cdots,\ \lambda_A;\ \mu_1,\ \mu_2,\ \cdots,\ \mu_B\}$ 的估计可由最大似然估计获得：

$$
\begin{aligned}
L_\theta &= \sum_{i=1}^{N} \log(P_\theta(Y^{(i)} \mid S^{(i)})) \\
&= \sum_{i=1}^{N} \left[\sum_{t=1}^{T} \mathrm{CRF}_\theta(y_t^{(i)}, y_{t-1}^{(i)}, S^{(i)}) - \log(Z(S^{(i)})) \right]
\end{aligned} \tag{5-21}
$$

本章小结

本章讨论了生物特征识别的信息安全问题。我们首先介绍了生物特征模板保护和生物特征反欺骗两个常见信息安全问题的基本概念；然后介绍了生物特征模板保护的两大类方法(即生物特征变换和生物特征加密)的基本思路和特点，以及生物特征反欺骗的常见问题；接下来详细介绍了生物特征变换和生物特征加密的代表性方法，如生物加盐法、不可逆变换法、模糊保险箱法等。针对人脸反欺骗技术，我们介绍了其常见方法的分类和思想，并选取基于 LBP 的纹理分析、图像质量评估、面部运动分析等三个具体方法予以阐述。

思考题

1. 信息安全的五个目标是什么？列举近年来发生的重大信息安全事件。
2. 生物特征识别的潜在信息安全问题主要包括哪些？
3. 解释生物特征模板保护的必要性。
4. 生物特征模板保护分为哪两大类技术？各自的原理是什么？
5. 简述生物哈希法的流程。
6. 简述笛卡尔变换、极坐标变换和函数变换过程。
7. 生物特征加密包括哪三类方法？解释其区别。
8. 简述模糊保险箱法的流程。
9. 生物反欺骗技术的意义是什么？
10. 举例说明指纹、人脸、虹膜等模态的常见欺骗方式。
11. 人脸反欺骗方法有哪些种类？
12. 谈谈人脸反欺骗的未来趋势。

第6章 深度学习基础

机器学习是实现人工智能的重要途径之一。而作为机器学习最重要的一个分支，深度学习(Deep Learning)近年来发展迅猛，在学术界和工业界引起了广泛的关注。深度学习取得成功的一大原因便是计算机软硬件技术和数据技术的快速进步，使得高维矩阵运算效率极大提高，训练性能大为改善。深度学习算法目前已经在计算机视觉、自然语言处理、推荐系统等多个领域实现落地应用，其中在指纹识别、人脸识别等生物特征识别领域也取得了突破性的进展。

本章讲述深度学习基础知识。人工智能、机器学习、深度学习及卷积神经网络之间的关系如图6-1所示。由于深度学习源自传统神经网络，因此本章从最简单的感知机开始介绍，逐渐过渡到浅层神经网络和深度神经网络。最后列举若干深度学习领域的经典网络模型。

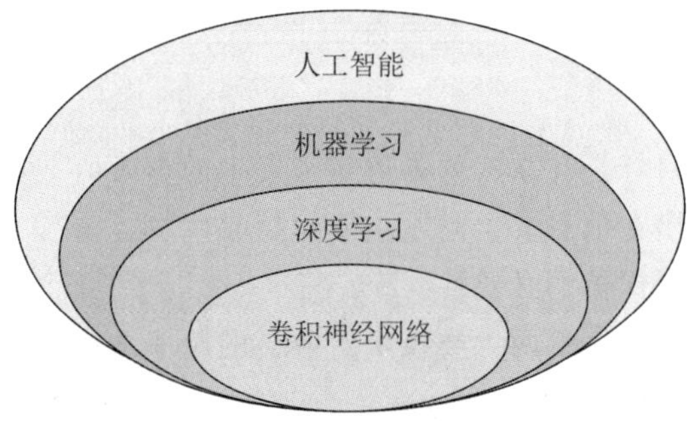

图6-1 人工智能、机器学习、深度学习及卷积神经网络之间的关系

6.1 深度学习简史

1957年，受神经科学启发，Frank Rosenblatt在位于纽约布法罗的康奈尔航空实验室

提出了结构非常简单的感知机(Perceptron)。这一模型可以进行学习并可实现简单的分类功能，引起了业内极大的兴趣。然而感知机无法分类一些十分常见的非线性问题，局限性较大，随之而来的便是人工神经网络的第一次低谷。

后续学者继续提出了由多个神经元构成的人工神经网络(Artificial Neural Network，ANN)，但这些网络的训练学习存在很大困难。人工神经网络示意图如图 6－2 所示。1986 年，Geoffrey Hinton 等人开始尝试将反向传播(Backpropagation，BP)算法应用于浅层神经网络上。BP 算法在人工神经网络正向传播的基础上，增加了误差的反向传播过程，通过调整各层神经元的权值来减小输出的误差值。当误差值达到预期值或训练次数达到预先设定的轮数时，停止网络的训练。BP 算法的出现使得 ANN 在处理非线性分类问题时取得了良好的效果，因此 ANN 再次引起了广大研究者的关注。但是受限于当时的硬件条件，构建规模较大的 ANN 是一件非常困难的事情，因为 BP 算法会存在梯度消失问题和局部最优化问题。并且同时期还出现了以 Vapnik 等人发明的 SVM 为代表的其他机器学习算法，该算法对硬件的要求不高，且对常见的分类与回归问题的适配度很高，因此 ANN 再次进入了发展瓶颈期。

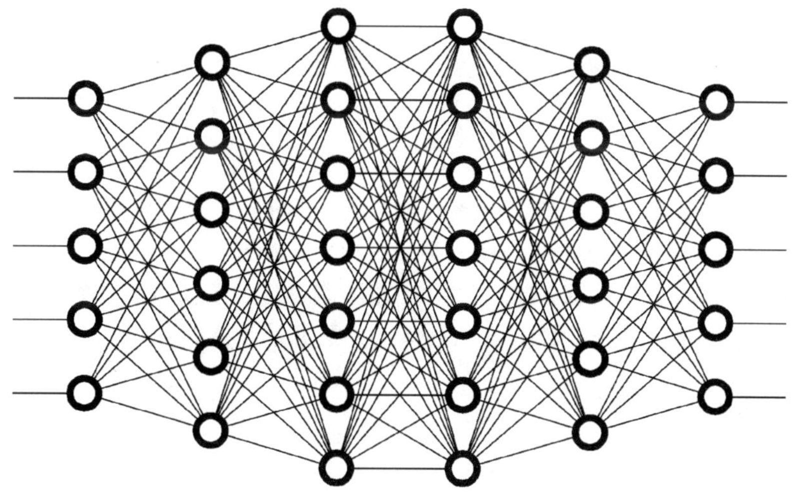

图 6－2　人工神经网络示意图

2006 年，Geoffrey Everest Hinton 以及他的学生 Ruslan Salakhutdinov 提出了深度神经网络模型。该模型因其出色的表现，开始吸引众多学者进入该领域进行研究，深度学习技术迅速得到蓬勃发展。深度学习技术的发展得益于图形处理器等计算机硬件的发展和大数据采集技术的提高。相比于深度学习，机器学习中有一些浅层结构算法。例如，我们常见的进行分类与回归时所使用的算法(如 SVM、逻辑回归)都属于浅层结构算法。这类算法实现起来较为简单，其非线性特征转换层比深度学习算法的少。浅层结构算法一般会对输入信号的特征空间进行转换，以方便问题的解决。相比于深度学习算法，浅层结构算法对问题的建模能力较差，难以应对复杂多变的现实场景问题。即当模型的输入出现较大变化时，浅层结构算法难以做出正确的决策，泛化能力较差。深度学习算法则可以通过构建深层次的网络结构对问题进行建模，从众多的复杂数据信息中提取出表征能力强的特征向量，泛化能力强，可以适用于现实世界中的多种信息(如图片、语音、视频等)输入。

2012年，深度学习模型AlexNet在著名的ImageNet图像识别比赛中取得了第一名的好成绩，这使得人们注意到了深度学习技术的巨大潜力。并且随着计算机硬件的迅速发展，人们可以通过构建更深层次的网络模型来解决更加复杂的现实问题，因此大量经典模型（如VGG、GoogLeNet、ResNet等）被提出。目前，深度学习技术已经取得了巨大的成功，各个领域中都有深度学习技术的应用。深度学习开始深刻影响社会经济的多方面，让我们看到了人工智能实用化的可能。

深度学习算法目前可大致分为三大类：卷积神经网络（Convolutional Neural Networks，CNN）、循环神经网络（Recurrent Neural Network，RNN）、生成对抗网络（Generative Adversarial Network，GAN）。这三类算法根据自身的特点被广泛应用于不同领域，CNN常用于对图像数据进行分析处理，RNN常用于文本分析或自然语言处理，GAN常用于数据生成或非监督式学习。深度学习作为神经网络应用的第三次兴起仍在不断发展中。

6.2 感 知 机

感知机（Perceptron）由Frank Rosenblatt于1957年引入，他同时提出了对应的感知机学习算法，用于从训练集中学习出分类超平面，并将学习好的感知机模型用于未来决策中。感知机是监督学习下用于二分类的线性分类器。相比于神经网络，感知机只具有单个神经元，且只能处理线性可分的数据。感知机学习算法简单且易于实现，感知机模型是神经网络的基础，为后续深度学习模型以及人工智能的发展开辟了道路。

6.2.1 感知机的数学模型

自然界中的生物（例如人类）存在智能。作为智能的载体，大脑等神经系统由神经元构成，而神经元由细胞体和细胞突起组成（如图6-3所示）。这些细胞突起又分为树突和轴突，其中树突是神经元的输入，用来接收其他神经元传递过来的信号；轴突是神经元的输出，用来发送信号给其他神经元。轴突的末梢又称为突触。

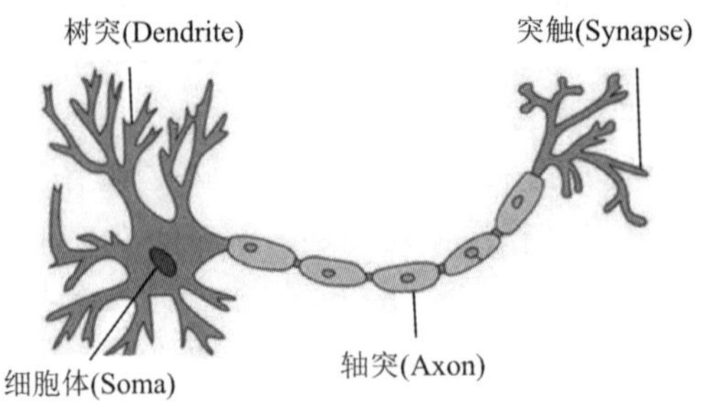

图6-3 神经元结构

受到生物神经系统的启发，人工智能学家们（尤其是联结主义学派的专家）参考生物神经元的结构，提出了人工神经元模型，其代表性模型即为 Rosenblatt 的感知机模型(以下简称为感知机)。

感知机模型如图 6-4 所示。假设输入空间(即特征空间)为$\mathcal{X}\subseteq\mathbf{R}^n$，输出空间为$\mathcal{Y}=\{+1, -1\}$；输入 $\boldsymbol{x}=[x_1, x_2, \cdots, x_n]^{\mathrm{T}}\in\mathcal{X}$表示输入实例的特征向量，对应于输入空间的点；输出 $y\in\mathcal{Y}$表示输入实例的类别，则感知机的数学模型可表示为

$$y=f\left(\sum_{i=1}^{n}w_i x_i+b\right)=\operatorname{sgn}(\boldsymbol{w}^{\mathrm{T}}\boldsymbol{x}+b) \tag{6-1}$$

式中，$\boldsymbol{w}$ 和 b 为感知机模型参数，$\boldsymbol{w}\in[w_1, w_2, \cdots, w_n]^{\mathrm{T}}\in\mathbf{R}^n$ 称为权值或权值向量，b 为偏置，运算符 T 表示矩阵转置，sgn(·)为符号函数。

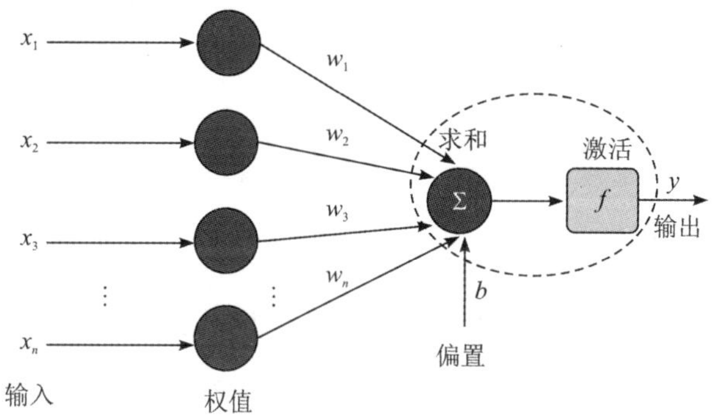

图 6-4　感知机模型

符号函数 sgn(·)充当感知机的激活函数，如图 6-5 所示，其表达式为

$$\operatorname{sgn}(x)=\begin{cases}+1, & x\geqslant 0\\ -1, & x<0\end{cases} \tag{6-2}$$

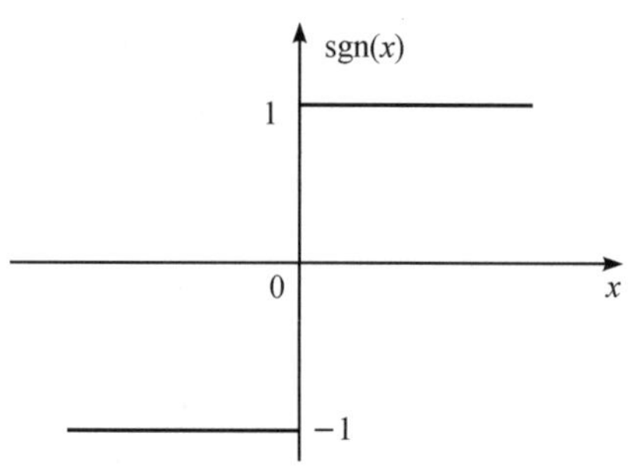

图 6-5　符号函数

感知机的数学模型清晰地表达了感知机的计算流程：输入特征向量中不同维度的输入值首先与各自对应的权值进行相乘并相加，得到的值加上偏置后送入激活函数中激活，得到最终感知机的输出。显然，权值的大小代表了与其对应的特征维度的重要程度，偏置允许被激活值通过平移进入激活函数的指定范围内进行激活。感知机是一种线性分类模型，属于判别模型。感知机模型的假设空间是定义在特征空间中所有线性分类超平面的集合。给定训练数据集$\mathcal{D}=\{(\boldsymbol{x}_1, y_1), (\boldsymbol{x}_2, y_2), (\boldsymbol{x}_3, y_3), \cdots, (\boldsymbol{x}_m, y_m)\}$，其中 $\boldsymbol{x}_i\in\mathcal{X}\subseteq\mathbf{R}^n$，$y_i\in\mathcal{Y}=\{+1, -1\}$，$i=1, 2, \cdots, m$，根据此训练数据集利用感知机学习算法学习出感知机模型，即求得模型参数 $\boldsymbol{w}$ 和 b，使得感知机模型对应的分类超平面能够将训练集中的正

样本和负样本完全分开，如图 6-6 所示。

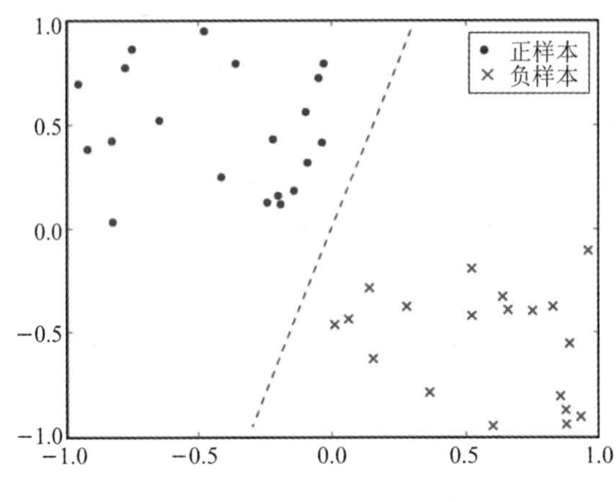

图 6-6 分类超平面

6.2.2 感知机学习算法

如果存在某个分类超平面 S：$\boldsymbol{w}^{\mathrm{T}}\boldsymbol{x}+b=0$，使得数据集$\mathcal{D}=\{(\boldsymbol{x}_1, y_1), (\boldsymbol{x}_2, y_2), (\boldsymbol{x}_3, y_3), \cdots, (\boldsymbol{x}_m, y_m)\}$中所有 $y_i=+1$ 的实例 $\boldsymbol{x}_i$ 满足 $\boldsymbol{w}^{\mathrm{T}}\boldsymbol{x}_i+b>0$，同时所有 $y_i=-1$ 的实例 $\boldsymbol{x}_i$ 满足 $\boldsymbol{w}^{\mathrm{T}}\boldsymbol{x}_i+b<0$，则称数据集$\mathcal{D}$是线性可分数据集，否则，称数据集$\mathcal{D}$是线性不可分数据集。

假设训练数据集是线性可分的，感知机学习算法是误分类驱动算法，通过定义损失函数，并朝着最小化损失函数的方向不断更新模型参数，直到损失函数不再下降，此时便得到了该训练数据集下的最优分类超平面，即求得该感知机模型的最优解。参数更新时通常使用随机梯度下降(Stochastic Gradient Descent，SGD)法。那么如何定义感知机的损失函数呢？一个简单且自然的选择就是将损失函数定义为误分类点的总个数，其表达式为

$$L(\boldsymbol{w}, b)=\sum_i 1(\boldsymbol{x}_i \in M) \tag{6-3}$$

式中，1(·)为指示函数，M 为误分类点的集合。

显然利用式(6-3)定义的损失函数对参数 $\boldsymbol{w}$ 和 b 不是连续可导的，进而无法使用随机梯度下降法对参数进行更新。为满足损失函数与误分类点有关的同时还能对 $\boldsymbol{w}$ 和 b 求导，感知机模型选择误分类点到分类超平面 S 的总距离作为其损失函数。

对于分类超平面 S：$\boldsymbol{w}^{\mathrm{T}}\boldsymbol{x}+b=0$，空间 $\mathbf{R}^n$ 中任意一点 $\boldsymbol{x}_i$ 到它的距离为

$$\frac{1}{\|\boldsymbol{w}\|}|\boldsymbol{w}^{\mathrm{T}}\boldsymbol{x}_i+b| \tag{6-4}$$

式中，$\|\boldsymbol{w}\|$ 是 $\boldsymbol{w}$ 的 L_2 范数。

对于某个样本$(\boldsymbol{x}_i, y_i)$来说，若 $y_i=-1$ 且模型输出 $\boldsymbol{w}^{\mathrm{T}}\boldsymbol{x}_i+b>0$，或者 $y_i=+1$ 且模型输出 $\boldsymbol{w}^{\mathrm{T}}\boldsymbol{x}_i+b<0$，则称该样本为误分类样本，故所有的误分类样本都满足：

$$-y_i(\boldsymbol{w}^{\mathrm{T}}\boldsymbol{x}_i+b)>0 \tag{6-5}$$

那么对于训练数据集$\mathcal{D}=\{(\boldsymbol{x}_1, y_1), (\boldsymbol{x}_2, y_2), (\boldsymbol{x}_3, y_3), \cdots, (\boldsymbol{x}_m, y_m)\}$，感知机的损失函数(即所有误分类点到分类超平面的总距离)可定义为

$$L(\boldsymbol{w}, b) = -\frac{1}{\|\boldsymbol{w}\|}\sum_{\boldsymbol{x}_i \in M} y_i(\boldsymbol{w}^{\mathrm{T}}\boldsymbol{x}_i + b) \tag{6-6}$$

当不考虑$\frac{1}{\|\boldsymbol{w}\|}$时，损失函数可简化为

$$L(\boldsymbol{w}, b) = -\sum_{\boldsymbol{x}_i \in M} y_i(\boldsymbol{w}^{\mathrm{T}}\boldsymbol{x}_i + b) \tag{6-7}$$

显然，损失函数是非负的，且误分类点越少，误分类点到分类超平面的总距离越小，损失函数值越小。若没有误分类点，则损失函数值为 0。

了解完感知机的损失函数后，我们还需要知道感知机学习(即参数更新)的具体算法——随机梯度下降法。最小化损失函数是一个最优化问题，其中，待求解参数为 $\boldsymbol{w}$ 和 b，目标函数为损失函数 $L(\boldsymbol{w}, b)$，而随机梯度下降法就是一种最优化方法。

由随机梯度下降法原理可知，先求目标函数对待求解参数的梯度：

$$\begin{cases} \nabla_{\boldsymbol{w}} L(\boldsymbol{w}, b) = -\sum\limits_{\boldsymbol{x}_i \in M} y_i \boldsymbol{x}_i \\ \nabla_b L(\boldsymbol{w}, b) = -\sum\limits_{\boldsymbol{x}_i \in M} y_i \end{cases} \tag{6-8}$$

然后，沿着负梯度方向更新模型参数：

$$\begin{cases} \boldsymbol{w} \leftarrow \boldsymbol{w} + \eta \sum\limits_{\boldsymbol{x}_i \in M} y_i \boldsymbol{x}_i \\ b \leftarrow b + \eta \sum\limits_{\boldsymbol{x}_i \in M} y_i \end{cases} \tag{6-9}$$

式中，η 称为学习率，即参数更新的步长。通过反复迭代，直到损失函数 $L(\boldsymbol{w}, b)$为 0 时停止学习。

在实际应用中，为了加速收敛，通常一次随机选取一个误分类点对网络进行参数更新。故综上所述，对于训练数据集$\mathcal{D}=\{(\boldsymbol{x}_1, y_1), (\boldsymbol{x}_2, y_2), (\boldsymbol{x}_3, y_3), \cdots, (\boldsymbol{x}_m, y_m)\}$，其中，$\boldsymbol{x}_i \in \mathcal{X} \subseteq \mathbf{R}^n$，$\boldsymbol{y}_i \in \mathcal{Y} = \{+1, -1\}$，$i=1, 2, \cdots, m$，首先初始化学习率 η 和参数 $\boldsymbol{w}$、b。在训练数据集中选取数据$(\boldsymbol{x}_i, y_i)$，若其满足$-y_i(\boldsymbol{w}^{\mathrm{T}}\boldsymbol{x}_i + b) > 0$，则对参数进行一次更新：

$$\begin{cases} \boldsymbol{w} \leftarrow \boldsymbol{w} + \eta y_i \boldsymbol{x}_i \\ b \leftarrow b + \eta y_i \end{cases} \tag{6-10}$$

直到训练数据集中所有样本点均被感知机模型正确分类时停止学习。

6.2.3　感知机的局限

由于感知机只包含单个神经元，因此它对数据的学习能力十分有限。感知机作为一个二分类器，只能用于解决线性分类问题。若数据集线性不可分或存在噪声等干扰，则感知机无法进行正确分类，其性能表现低下。

一个著名的例子就是 Marvin Minsky 通过批判感知机的缺陷提出来的异或(Exclusive OR，XOR)运算问题。在逻辑电路中，一个复杂的逻辑电路系统往往是由若干个最为基本的逻辑门(如与门、或门、非门)通过特定的连接方式组成的。逻辑门中的与、或、非运算问题都是线性可分问题，感知机可以轻松解决，但是异或运算问题属于非线性问题，感知机

无法处理。如图 6-7 所示，通过分析真值表，我们可以在二维平面上画出或、与和异或运算的结果分布，结果只有 0 和 1 两类，分别用正、负号表示。很明显，在或、与运算对应的两类结果中可以找到一条直线将其划分开，而在异或运算对应的两类结果中无法找到一条完全将其正确划分开来的直线。

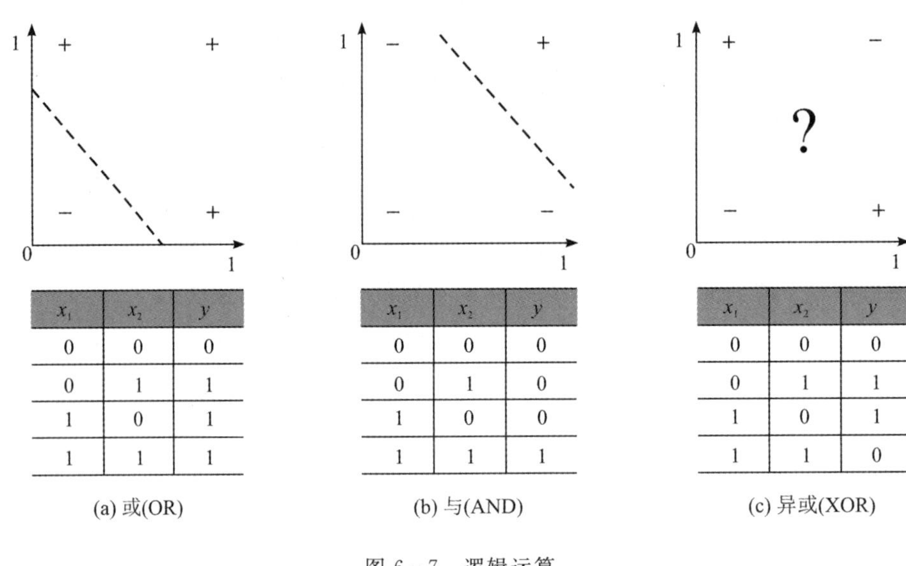

x_1	x_2	y
0	0	0
0	1	1
1	0	1
1	1	1

(a) 或(OR)

x_1	x_2	y
0	0	0
0	1	0
1	0	0
1	1	1

(b) 与(AND)

x_1	x_2	y
0	0	0
0	1	1
1	0	1
1	1	0

(c) 异或(XOR)

图 6-7 逻辑运算

6.3 神经网络

对于线性可分问题而言，总存在一个分类超平面能完全将其分开，感知机也能学习出合适的 $\boldsymbol{w}$ 和 b 而使学习过程收敛，即寻得最优解。若问题线性不可分，如异或运算问题，则感知机的学习过程将会发生震荡，无法求得问题的最优解。这是原因感知机的结构过于简单，以至于其没有处理复杂问题的能力。

那么对于复杂的非线性问题来说，一个直观的解决方法就是将以单个神经元为结构的感知机进行堆叠，并以指定的方式进行连接，这便引入了多层感知机（Multilayer Perceptron，MLP)，也称作神经网络(Neural Networks)。

神经网络中通常包含多层、多个神经元，层内神经元互不影响，层间神经元互相连接。神经网络具有非常好的非线性分类效果，可以证明，简单的两层神经网络就能解决异或运算问题。但神经网络的权值计算是一个复杂的问题，简单的感知机学习规则已经不再适用。该问题我们之后还会讨论。

神经网络的结构多种多样，变化无穷。本书中我们重点介绍最为常见和基础的前馈(Feed-Forward)神经网络，即信息从第一层逐渐向高层进行传递的结构类型。如图 6-8 所示，前馈神经网络由输入层(Input Layer)、隐藏层(Hidden Layer)与输出层(Output

Layer)构成。输入层用于接受输入数据，隐藏层用于分析和处理输入数据，处理后的结果再由输出层输出。仅包含一层隐藏层的神经网络称为单隐层神经网络，当隐藏层数≥3 时，就是我们熟知的深度神经网络，也称为多隐层神经网络。图 6－8(a)为单隐层神经网络示意图，图 6－8(b)为多隐层神经网络示意图。

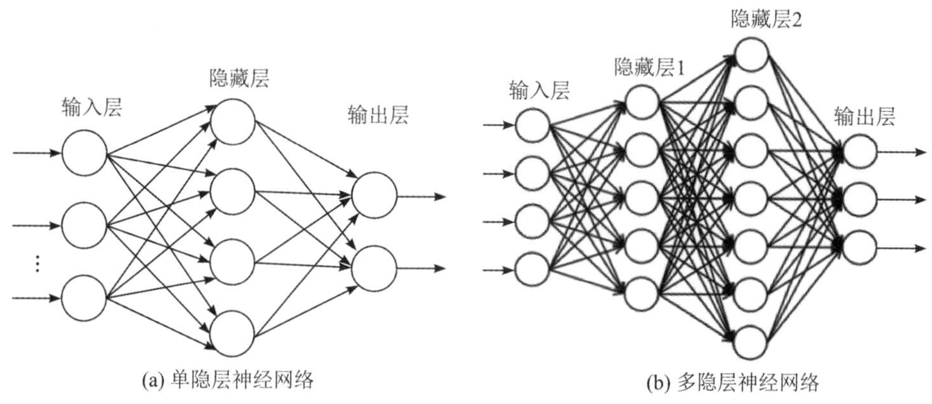

图 6－8　前馈神经网络

其他更为复杂类型的网络还包括径向基函数(Radial Basis Function，RBF)网络、反馈式神经网络(Recurrent Networks)、霍普菲尔德(Hopfield)网络、玻尔兹曼机(Boltzmann Machine)、自编码器(Autoencoder)等，如图 6－9 所示。RBF 网络是以径向基函数作为激活函数的前馈神经网络。反馈式神经网络是一种从输出到输入都具有反馈连接的神经网络，即将输出经过一步时移再接入输入层。Hopfield 网络是一种每一个神经元都跟其他神

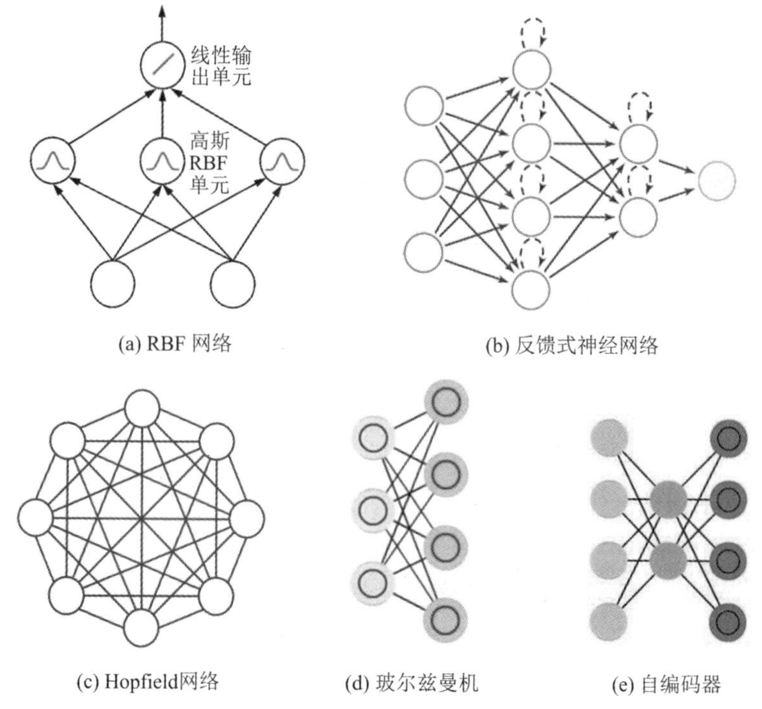

图 6－9　常见的其他类型神经网络

经元相互连接的网络。玻尔兹曼机和霍普菲尔德网络在结构上相似，但玻尔兹曼机属于随机网络，由马尔可夫链训练获得。自编码器的结构与前馈神经网络的结构相似，但它们的用途不同。自编码器通常包含结构对称的编码和解码两部分，其形状像一个漏斗。由于篇幅所限，在此不详细介绍这些网络的具体结构，感兴趣的读者可以自行查阅相关文献进行学习。

6.3.1 激活函数

一个通用的神经元模型为

$$y=f(\boldsymbol{w}^{\mathrm{T}}\boldsymbol{x}+b) \tag{6-11}$$

式中 $f(\cdot)$为激活函数。在人工神经网络中，节点的激活函数定义了给定一个或一组输入时该节点的输出。在 6.2.1 节的感知机模型 $y=\mathrm{sgn}(\boldsymbol{w}^{\mathrm{T}}\boldsymbol{x}+b)$中，激活函数为符号函数 $\mathrm{sgn}(\cdot)$，激活值为± 1。激活函数的优良性质(例如非线性与连续可导性)可有效地辅助神经网络进行学习。

1. 非线性

对于一个不包含激活函数的神经元模型 $y=\boldsymbol{w}^{\mathrm{T}}\boldsymbol{x}+b$，其中 $\boldsymbol{x}$ 是输入，$\boldsymbol{w}$ 是权值，b 是偏置。使用多个神经元进行堆叠，则可得模型：

$$\begin{aligned} y &= \boldsymbol{w}_n^{\mathrm{T}}\{\cdots[\boldsymbol{w}_2^{\mathrm{T}}(\boldsymbol{w}_1^{\mathrm{T}}\boldsymbol{x}+b_1)+b_2]\}+b_n \\ &= \boldsymbol{w}_1^{\mathrm{T}}\boldsymbol{w}_2^{\mathrm{T}}\cdots\boldsymbol{w}_n^{\mathrm{T}}\boldsymbol{x}+B \end{aligned} \tag{6-12}$$

式中，B 为常数，其值为多项偏置与权值乘积的加和。

显然，多个神经元堆叠后的网络仍然对应一个线性方程，而线性方程可以用一个神经元模型替代，这使得堆叠多层的神经网络变得毫无意义。作为对比，激活函数可以通过往神经网络中添加非线性映射算子而使网络能够模拟非线性函数，从而处理更为复杂的非线性问题。多层的神经网络随着其层数的增加拥有更复杂的非线性表达能力。一个令人震惊的事实是，三层的神经网络通过控制不同层神经元的数量便可以模拟任意函数。

2. 连续可导性

神经网络的学习需在目标函数上寻求最优解，寻求最优解可通过随机梯度下降法对网络参数进行不断更新来实现。在梯度的计算中，一个最基本的要求是函数对参数连续可导。激活函数的连续可导性使得基于梯度更新的网络学习算法的实现成为可能。例如，阶跃函数在零点处不可导，在其定义域内其他位置处的导数为零，故基于梯度的学习方法无法使用这一激活函数。而 ReLU 激活函数在零点处不可导，但在大于零的区域内可导且导数不为零，这也使得网络学习变为可能。

3. 常用的激活函数

常见的激活函数有 Sigmoid 激活函数、tanh 激活函数及其变种、ReLU 激活函数及其变种。Sigmoid 激活函数也叫 logistic 函数。

(1) Sigmoid 激活函数：

$$\sigma(x)=\frac{1}{1+\mathrm{e}^{-x}} \tag{6-13}$$

(2) tanh 激活函数：

$$\tanh(x)=\frac{e^{x}-e^{-x}}{e^{x}+e^{-x}} \tag{6-14}$$

(3) ReLU 激活函数：

$$f_{\text{ReLU}}(x)=\max(0,\ x) \tag{6-15}$$

(4) PReLU 激活函数：

$$f_{\text{PReLU}}(x)=\begin{cases}\alpha x, & x<0\\ x, & x\geqslant 0\end{cases} \tag{6-16}$$

6.3.2 损失函数

损失函数与激活函数同为现代神经网络的核心组成部分。作为网络学习的目标函数，损失函数是衡量神经网络模型在特定数据集上表现优劣的关键指标。从字面意义上看，损失函数反映了当前输入经过网络处理后的输出与期望输出之间的差异程度，即损失值。当网络的输出值与真实值之间存在显著差异时，损失函数会输出一个较大的值；反之，若输出值接近真实值，则损失函数会输出一个较小的值。

值得注意的是，损失函数并不是唯一的。针对不同的问题和场景，工程师们会精心设计出不同的损失函数。这意味着，我们可以通过构建特定的损失函数来指导神经网络朝着我们期望的方向进行学习和优化。在实际应用中，多种常见的损失函数被广泛应用，而更复杂的损失函数则往往对应着更为复杂和精细的问题需求。通过灵活运用这些损失函数，我们能够更好地训练和优化神经网络，从而使其在各种任务中表现出色。下面我们介绍几种常见的损失函数。

1. 0-1 损失函数

对于 0-1 损失函数，当预测值 $f(x)$和真实值(亦称为目标值)y 不相等，其值为 1；否则其值为 0。0-1 损失函数的表达式为

$$L_{0-1}=\begin{cases}1, & f(x)\neq y\\ 0, & f(x)=y\end{cases} \tag{6-17}$$

该损失函数不考虑预测值和真实值之间的误差程度，也就是说，只要有预测错误，预测错误差一点和差很多是一样的。这种损失函数更多用于理论分析，在实际场景中应用较少，更多被用来衡量其他损失函数的效果。

2. 均方损失函数

均方损失函数也叫均方误差(MSE)，指的是预测值与真实值之间差距的均方值，一般应用于回归问题，其表达式为

$$L_{\text{MSE}}=\frac{1}{N}\sum_{i=1}^{N}[y_i-f(x_i)]^2 \tag{6-18}$$

3. 交叉熵损失函数

交叉熵损失函数广泛用于分类任务中，是两个随机分布之间距离的度量。在分类任务中，网络的输出层节点个数等于类别数，每个节点输出的是对应类别的预测概率，即网络输出的是各类别关于当前输入的条件概率分布。交叉熵(Cross-Entropy，CE)损失函数用于计算输出分布与真实分布之间的差异，其表达式为

$$L_{CE}=-\sum_{i=1}^{N}\sum_{j=1}^{C}y_{ij}\log p_{ij} \tag{6-19}$$

式中，y_{ij} 表示输入 x_i 为第 j 类的标签值，通常对于经典分类任务而言，若 x_i 属于第 j 类，则 $y_{ij}=1$，否则 $y_{ij}=0$；p_{ij} 为输入 x_i 属于第 j 类的预测概率；N 和 C 分别为样本总数和类别总数。

6.3.3 神经网络数学模型

考虑一个多层的前馈神经网络，如图 6-10 所示，用 L_l 表示第 l 层的所有神经元，第 l 层第 $j(j\in L_{l-1})$ 个节点的输入为 $x_j^{(l)}$，净输入为 $u_j^{(l)}$，输出为 $y_j^{(l)}$。为了方便表示，将输入、净输入、输出写成向量形式，分别为 $\boldsymbol{x}^{(l)}$、$\boldsymbol{u}^{(l)}$、$\boldsymbol{y}^{(l)}$。假设第 $l-1$ 层的第 i 个节点到第 l 层的第 j 个节点的权值为 $w_{ji}^{(l)}$，矩阵形式对应为 $\boldsymbol{W}^{(l)}$；第 l 层的第 j 个节点的偏置为 $b_j^{(l)}$，第 l 层的所有偏置为 $\boldsymbol{b}^{(l)}$，则网络中任意节点的输入和输出有如下关系：

$$\begin{cases} y_j^{(l)}=\sigma(u_j^{(l)}) \\ u_j^{(l)}=\sum\limits_{i\in L_{l-1}} w_{ji}^{(l)}x_j^{(l)}+b_j^{(l)}=\sum\limits_{i\in L_{l-1}} w_{ji}^{(l)}y_j^{(l-1)}+b_j^{(l)} \end{cases} \tag{6-20}$$

以矩阵形式表示，网络任意层输入和输出的关系可写作：

$$\boldsymbol{y}^{(l)}=\sigma[\boldsymbol{u}^{(l)}]=\sigma[\boldsymbol{W}^{(l)}\boldsymbol{y}^{(l-1)}+\boldsymbol{b}^{(l)}] \tag{6-21}$$

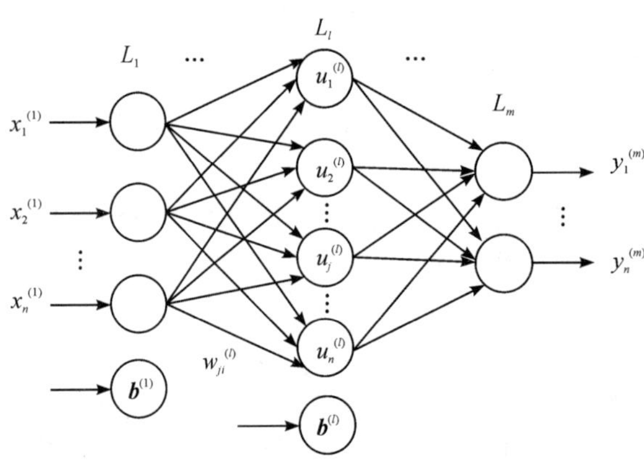

图 6-10 前馈神经网络数学模型

得到神经网络的一般表达式之后，下一步便是解决网络的学习问题，即利用带有已知标签的样本数据对网络进行训练，从而得到最优的参数 $\boldsymbol{W}$ 和 $\boldsymbol{b}$。由于网络结构具有多层性，因此该问题并不容易解决。1986 年，以 Rumelhart 和 McClelland 为首的科学家小组提出了一种解决方案，即按照误差反向传播的训练算法。

6.3.4 网络训练与反向传播算法

对于前馈神经网络，定义其损失函数为 $L_{(\boldsymbol{W},\boldsymbol{b})}$，网络训练的目标是寻求训练数据集上损失最小时对应的网络参数，即

$$\boldsymbol{W}^*,\ \boldsymbol{b}^*=\underset{\boldsymbol{W},\boldsymbol{b}}{\operatorname{argmin}}L_{(\boldsymbol{W},\boldsymbol{b})}(y,\hat{y}) \tag{6-22}$$

式中，$\boldsymbol{W}^*$、$\boldsymbol{b}^*$ 为最优网络参数，y 和 $\hat{y}$ 分别为网络的预测值和实际标签值。

该最小值问题可以通过对损失函数求偏导数来解决。但是由于网络结构的多层性，因此无法直接对中间的隐藏层使用损失函数进行参数更新，但可以利用损失函数从最后一层到最前层的反向传播来进行参数估计。

假设我们要对第 l 层神经元的参数$\boldsymbol{W}^{(l)}$和$\boldsymbol{b}^{(l)}$求偏导数，即求$\frac{\partial L}{\partial \boldsymbol{W}^{(l)}}$和$\frac{\partial L}{\partial \boldsymbol{b}^{(l)}}$。因为 L 是 $\boldsymbol{u}$ 的函数，而 $\boldsymbol{u}$ 又是 $\boldsymbol{W}$ 的函数，根据函数求导的链式法则有

$$\begin{cases}\dfrac{\partial L}{\partial \boldsymbol{W}^{(l)}}=\dfrac{\partial L}{\partial \boldsymbol{u}^{(l)}}\cdot\dfrac{\partial \boldsymbol{u}^{(l)}}{\partial \boldsymbol{W}^{(l)}}\\[2ex] \dfrac{\partial L}{\partial \boldsymbol{b}^{(l)}}=\dfrac{\partial L}{\partial \boldsymbol{u}^{(l)}}\cdot\dfrac{\partial \boldsymbol{u}^{(l)}}{\partial \boldsymbol{b}^{(l)}}\end{cases} \tag{6-23}$$

因此我们只需要计算三个偏导数$\frac{\partial L}{\partial \boldsymbol{u}^{(l)}}$、$\frac{\partial \boldsymbol{u}^{(l)}}{\partial \boldsymbol{W}^{(l)}}$和$\frac{\partial \boldsymbol{u}^{(l)}}{\partial \boldsymbol{b}^{(l)}}$。

我们先考察最后一个偏导数$\frac{\partial \boldsymbol{u}^{(l)}}{\partial \boldsymbol{b}^{(l)}}$。对于偏置参数 $\boldsymbol{b}$，因为它是一个常数项，所以该偏导数的计算比较简单，即

$$\frac{\partial \boldsymbol{u}^{(l)}}{\partial \boldsymbol{b}^{(l)}}=\begin{bmatrix}\dfrac{\partial(W_{1:}{}^{(l)}y^{(l-1)}+\boldsymbol{b}_1)}{\partial b_1} & \cdots & \dfrac{\partial(W_{1:}{}^{(l)}y^{(l-1)}+b_1)}{\partial b_m}\\ \vdots & & \vdots\\ \dfrac{\partial(W_{m:}{}^{(l)}y^{(l-1)}+b_m)}{\partial b_1} & \cdots & \dfrac{\partial(W_{m:}{}^{(l)}y^{(l-1)}+b_m)}{\partial b_m}\end{bmatrix} \tag{6-24}$$

由于 b_i 只对自身求导不为零，因此该偏导数的计算结果为单位矩阵 $\boldsymbol{I}$。以第 1 层神经元为例(假设该层的节点数 $m=3$)，可得

$$\frac{\partial \boldsymbol{u}^{(1)}}{\partial \boldsymbol{b}^{(1)}}=\begin{bmatrix}1&0&0\\0&1&0\\0&0&1\end{bmatrix}$$

接下来详细介绍偏导数$\frac{\partial L}{\partial \boldsymbol{u}^{(l)}}$。$\frac{\partial L}{\partial \boldsymbol{u}^{(l)}}$又称为误差项，一般用 δ 表示，其大小代表了某层神经元对最终误差(即损失值)的影响程度。由前述的前馈神经网络模型得，第 $l+1$ 层的净输入和第 l 层的输出之间的关系为

$$\boldsymbol{u}^{(l+1)}=\boldsymbol{W}^{(l+1)}\boldsymbol{y}^{(l)}+\boldsymbol{b}^{(l+1)} \tag{6-25}$$

由式(6-25)容易得出，偏导数$\frac{\partial \boldsymbol{u}^{(l)}}{\partial \boldsymbol{W}^{(l)}}$的值为$\boldsymbol{y}^{(l-1)}$。又因为$\boldsymbol{y}^{(l)}=\sigma_l(\boldsymbol{u}^{(l)})$，根据链式法则，我们可以得到 $\delta^{(l)}$ 为

$$\begin{aligned}\delta^{(l)}&=\frac{\partial L}{\partial \boldsymbol{u}^{(l)}}=\frac{\partial \boldsymbol{y}^{(l)}}{\partial \boldsymbol{u}^{(l)}}\cdot\frac{\partial \boldsymbol{u}^{(l+1)}}{\partial \boldsymbol{y}^{(l)}}\cdot\frac{\partial L_{(w,\,b)}}{\partial \boldsymbol{u}^{(l+1)}}\\&=\sigma_l'(\boldsymbol{u}^{(l)})\cdot[\boldsymbol{W}^{(l+1)}]^{\mathrm{T}}\cdot\delta^{(l+1)}\end{aligned} \tag{6-26}$$

式中，$\sigma_l'(\cdot)$为激活函数的导数，$\delta^{(l+1)}$为 $l+1$ 层神经元的误差项。

由式(6-26)可以看出，第 l 层神经元的误差项是由第 $l+1$ 层神经元的误差项乘以第 $l+1$ 层神经元的权重，再乘以第 l 层激活函数的导数得到的，这就是误差反向传播规律。

所以我们可以根据链式法则(即反向传播规律)计算目标函数对网络各层参数的梯度，即

$$\begin{cases}\dfrac{\partial L}{\partial \boldsymbol{W}^{(l)}}=\dfrac{\partial L}{\partial \boldsymbol{u}^{(l)}}\cdot\dfrac{\partial \boldsymbol{u}^{(l)}}{\partial \boldsymbol{W}^{(l)}}=\delta^{(l)}\left[\boldsymbol{y}^{(l-1)}\right]^{\mathrm{T}}\\ \dfrac{\partial L}{\partial \boldsymbol{b}^{(l)}}=\dfrac{\partial L}{\partial \boldsymbol{u}^{(l)}}\cdot\dfrac{\partial \boldsymbol{u}^{(l)}}{\partial \boldsymbol{b}^{(l)}}=\delta^{(l)}\end{cases} \tag{6-27}$$

至此，我们已经得到了目标函数 L 对网络各层参数的梯度，令式(6-27)中的两个等式等于 0，即可求得最优参数 $\boldsymbol{W}^*$ 和 $\boldsymbol{b}^*$，但是想要求出其解析解是十分困难的。在实践中，一种广泛应用的数值解方法是基于梯度的参数学习算法。其中，梯度下降(Gradient Descent)法是最常用的一种。通过梯度下降法，我们可以迭代地更新各层参数，具体的迭代公式如下：

$$\begin{cases}\boldsymbol{W}^{(l)}\leftarrow\boldsymbol{W}^{(l)}-\eta\cdot\dfrac{\partial L}{\partial \boldsymbol{W}^{(l)}}=\boldsymbol{W}^{(l)}-\eta\cdot\delta^{(l)}(\boldsymbol{y}^{(l-1)})^{\mathrm{T}}\\ \boldsymbol{b}^{(l)}\leftarrow\boldsymbol{b}^{(l)}-\eta\cdot\dfrac{\partial L}{\partial \boldsymbol{b}^{(l)}}=\boldsymbol{b}^{(l)}-\eta\cdot\delta^{(l)}\end{cases} \tag{6-28}$$

式中，常数 η 称为学习率，用来控制收敛过程的快慢，一般选取较小的合适小数。η 过大会导致无法收敛，而 η 过小又会导致收敛十分缓慢。

梯度下降法可用图 6-11 来直观理解。图 6-11(a)为一个含有两参数的损失函数对应的寻求最小值的过程。从山腰上的某点(即起始点)开始，在曲面上每点处沿着其梯度相反的方向运动，即可逐渐寻找到谷底所在点。更简化的单参数情形如图 6-11(b)所示。

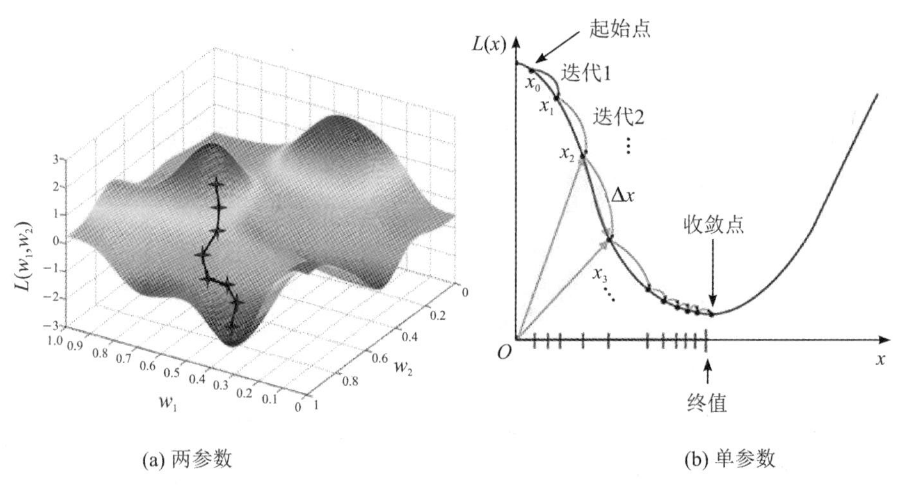

(a) 两参数　　(b) 单参数

图 6-11　梯度下降法的学习过程示意图

6.3.5　神经网络的局限性

多层神经网络虽然极大地提升了网络的学习能力，但是神经网络依然存在如下问题：

(1) 尽管使用了反向传播算法，但神经网络的训练过程仍然十分耗时；

(2) 训练可能出现停滞现象，使得网络训练无法收敛或者崩溃，即出现梯度消失或梯度爆炸现象；

(3) 神经网络容易陷入局部最优解而非全局最优解，使得网络的泛化性能降低。

1. 梯度消失与梯度爆炸

反向传播算法是基于梯度的学习算法，它通过目标函数的负梯度方向来对参数进行调整。在计算梯度时，需对激活函数进行求导，如果该导数值大于 1，那么随着网络层数的加深，求出的梯度更新将以指数形式增加，即发生梯度爆炸(Gradiant Exploding)；如果该导数值小于 1，那么随着层数的加深，求出的梯度更新将以指数形式衰减，即发生梯度消失(Gradiant Vanishing)。

产生梯度不稳定的根本原因是神经网络顶层的梯度取决于底层梯度的乘积，当网络层数过多时，便会出现梯度不稳定的现象。梯度消失具体表现为在网络学习过程中，底层的学习速率高于顶层的学习速率，使得网络整体无法向前推进，网络学习处于停滞状态。而梯度爆炸具体表现为网络参数发生大幅度的更新，甚至远超出数值计算的范围，使得网络学习崩溃。

2. 局部最优解陷阱

神经网络另一个显著的内在缺陷是易陷入局部最优解陷阱。在特定的学习率下，梯度下降法容易使网络困在一个局部最优解中，而不会达到全局最优解。二维情形下的局部最优示例如图 6-12(a)所示，路径 p_1 的收敛路径指向全局最小值，即全局最优解；路径 p_2 的收敛路径指向局部极小值，即局部最优解。在实际应用中，路径 p_1 很难获得，网络往往沿着路径 p_2 收敛。局部最优和全局最优的一维情形如图 6-12(b)所示。

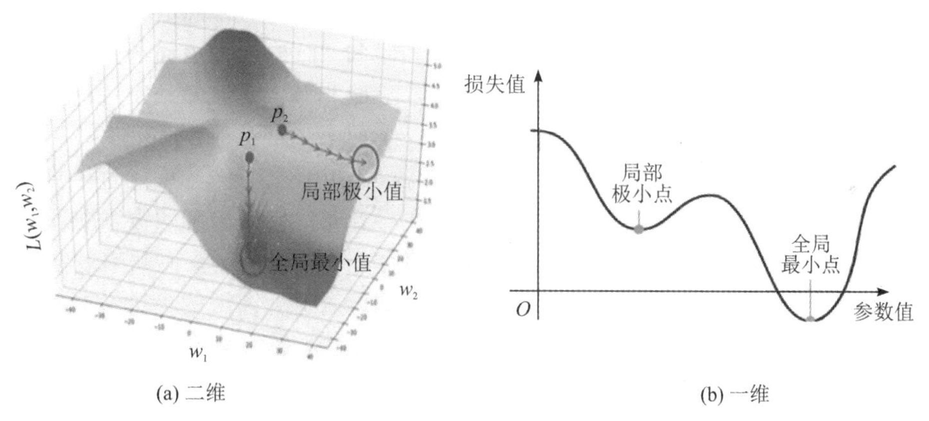

(a) 二维　　(b) 一维

图 6-12　局部最优与全局最优示意图

为了避免局部最优解陷阱，通常会采用指定的学习率策略(如添加随机扰动)或扩充数据集等方法，以帮助网络逃离局部最优解并寻求更好的全局最优解。

6.4　卷积神经网络

卷积神经网络(CNN)是一种具有卷积结构的特殊神经网络。与传统模式识别技术相比，CNN 在处理图像数据时具有很大的优势。它可以避免对图像做复杂的预处理操作，并且可以从大量的图像数据中提取出有效且鲁棒的特征向量，在将图像数据简单化的同时能够有效地保留图像中的有用信息。由于 CNN 擅长处理图像数据，而视频则可以分解为多帧图像，因此 CNN 在视频处理领域同样发挥着重要的作用。现在常见的图像识别、图像检索、人脸识别等应用中都可以看到 CNN 的身影。

6.4.1 从全连接神经网络到卷积神经网络

如果使用全连接神经网络处理图像数据，则会有以下三个问题：

(1) 将图像展开为向量，会丢失图像原有的空间结构信息；

(2) 全连接导致参数过多，效率低下，训练困难；

(3) 大量的参数容易导致网络过拟合，泛化性差。

而卷积神经网络可以很好地解决上面的三个问题。

1. 局部连接与权值共享

CNN 的结构设计采用局部连接，可以避免由网络层级之间的全连接所造成的参数冗余，而这种设计也符合生物神经元的稀疏响应特性。例如，在生物视觉神经系统中，神经元的感受野具有局部响应特性，即只有某个局部区域内的刺激才能够激活该神经元。假设我们使用多层感知机处理分辨率为 1000×1000 的图像，这意味着网络的每次输入都有一百万个维度。如果隐藏层中有 1 000 000 个神经元，那么这个全连接层将有 $10^6\times10^6=10^{12}$ 个参数，想要训练这个模型将需要大量的算力资源和时间。而如果采用局部连接，隐藏层的每个神经元仅与图像中分辨率为 10×10 的局部图像相连接，那么此时权值的数量为 $10\times10\times10^6=10^8$，降低了两个数量级。

然而，即便采用了局部连接的方式，参数规模在某些情况下仍然可能过于庞大，导致神经网络的学习和训练变得困难，为了进一步减少参数量，权值共享的方法被提出。在上面例子中，隐藏层中每个进行局部连接的神经元都有 100 个参数。权值共享就是将隐藏层中每个神经元的 100 个参数设置为一组相同的值，如此一来，该层的参数总量就变为 100 个。这 100 个参数通过卷积操作来提取图像的局部特征。这是因为无论同一个物体处于图像中的什么位置，都具有相同的特征，因此可以在图像中的任何位置使用相同的特征提取参数。

2. 特征图

虽然局部连接和权值共享大大减少了网络参数，但是按照这种处理方式进行操作后仅提取了图像的一种特征。为了增强特征的区分力和提升最终的识别性能，我们需要从图像中提取多样化的特征。此时，我们可以增加多组参数，利用每组参数就能够得到图像在不同映射下的特征，称之为特征图(Feature Map)。仍以上述案例为例，若将参数增加至 100 组，则最终的权值参数数量也仅有 $100\times100=10^4$ 个。但相比于原始的全连接网络，参数数量仍然大大减少，这样既保证了网络结构的简单化，又确保了特征的丰富性。

6.4.2 卷积神经网络的构成

1998 年，LeCun 等人将 CNN 用于手写数字识别并获得了成功，由此确立了 CNN 的现代结构。他们设计的是一种名为 LeNet-5 的多层卷积神经网络(如图 6-13 所示)，并使用 BP 算法进行参数优化。我们以此网络来说明 CNN 的基本结构。

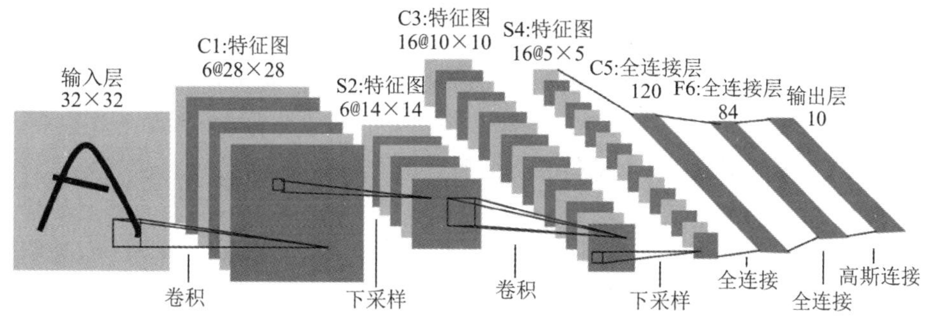

图 6-13　LeNet-5 的结构

CNN 通常采用由若干个卷积层(Convolution Layer)和下采样层(Subsampling Layer)组成的叠加结构作为特征提取器，卷积层与下采样层不断压缩特征图的尺度，但特征图的数量(即通道数)一般会增多。特征提取结束后，需要连接一个由全连接(Fully Connection，FC)层构成的分类器，用于实现最终的分类和回归任务。卷积神经网络与普通神经网络的不同在于，前者的特征提取器包含了若干卷积层和下采样层。

1. 卷积层

卷积层是 CNN 最重要的组成部分，一般位于卷积神经网络的前端，起自动学习和提取特征的作用。正如 6.4.1 节所述，按照局部连接和权值共享机制，卷积层中每个神经元仅与前一层中一个小矩形区域内的神经元通过某个固定权值相连接，即两个矩阵按逐个元素对应相乘后再求和(如图 6-14 所示)。因为每个神经元的权值矩阵是固定的，所以该过程可以看作一个滤波器的卷积运算，这也是卷积神经网络的名字来源。

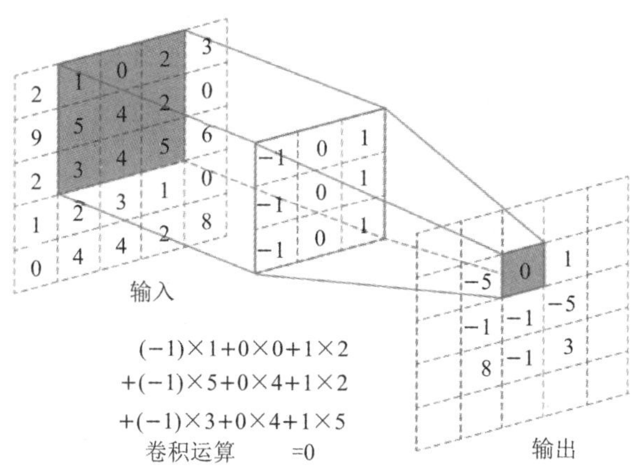

图 6-14　图像的卷积运算

在图 6-13 所示的 LeNet-5 中，C1、C3、C5 均为卷积层，但每个卷积层的卷积核个数不尽相同，分别有 6、16、120 个卷积核。多核卷积操作可以生成多通道的特征图，使用多核卷积可以使卷积层具有提取多种特征的能力。由于同一层的卷积核采用权值共享机制，因此该层的参数量与神经元的个数无关，只与卷积核的大小和个数有关。故我们也可以将卷积层的操作理解为一组卷积核在图像上不断滑动以提取特征，滑动的长度也是一个可以设置的参数，称为步长(Stride)。输入尺寸与输出尺寸的关系可由下式得到：

$$y=\frac{x-k}{\text{Stride}}+1 \tag{6-29}$$

式中，x、y 分别为输入尺寸、输出尺寸，k 为卷积核大小。

以 C3 卷积层为例，14×14 大小的特征图经过大小为 5×5、步长为 1 的卷积核运算后，得到了 10×10 大小的特征图。为了使卷积前后特征图的尺寸不变，我们会在输入特征图的最外圈做补零操作，这种补零操作被称为 Padding。具体来说，若为 C3 卷积层的输入特征图补两圈零，那么卷积后输出的特征图的尺寸仍为 14×14。这种补零操作不仅能够保持特征图的尺寸，还有助于网络更好地捕捉边缘信息。

LeNet-5 的卷积层的后端为 Sigmoid 激活函数，以帮助网络获得非线性因素。

2. 下采样层

如果只使用卷积操作提取特征，那么得到的特征的维度仍然很大，极易使分类器过拟合，而下采样层(也叫池化层(Pooling Layer))可以很好地解决这个问题。

下采样层的主要作用是对特征图不同位置的特征进行汇聚(因此下采样层也被称作汇聚层)，这种汇聚通常是通过计算特征图像素区域内的均值或最大值来实现的。这种操作能够显著降低特征的维度，提高模型的鲁棒性，并减少计算复杂度。从某种程度上讲，下采样也可以理解为一种特殊的卷积操作。在 LeNet-5 中，采用的是步长为 2、尺寸为 2×2 的最大池化(Max Pooling)操作，这样可使输出特征图的宽度和高度均降为输入特征图的一半。注意，其他网络中有时也采用平均池化(Average Pooling)操作，即对某一尺寸的特征图像块进行平均处理。图 6-15 显示了两种不同的池化操作。

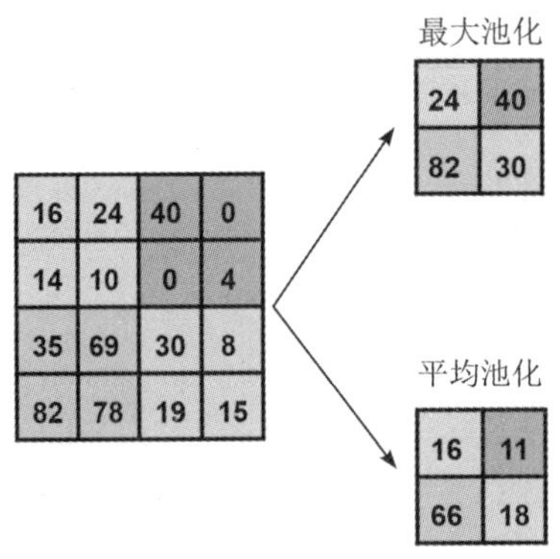

图 6-15 最大池化和平均池化

3. 全连接层

全连接层(简称为 FC 层)也是 CNN 的重要组成部分，一般位于卷积神经网络的后方，负责执行分类和匹配等任务，如 LeNet-5 网络的最后三层所示。全连接层中神经元间的连接方式和传统神经网络中神经元间的连接方式相同，即每个神经元都与上一层的所有神经元逐一相连，从而可以把前面提取到的特征综合起来。由于全连接层的全相连特性，一般全连接层的参数比卷积层和池化层的都多。

如果说卷积层、池化层和激活函数等操作是将原始数据映射到隐含特征空间的话，那么全连接层则起到将学到的“分布式特征表示”映射到样本标签空间的作用。对于分类问题，全连接层的最后一层通常采用 Softmax 等具有分类作用的函数。

6.4.3　深度卷积神经网络

虽然 LeNet-5 模型在手写数字识别任务中取得了显著成功，但在处理尺寸更大、内容更复杂的图像时，其性能仍不足，因此 CNN 的发展趋于停滞。2006 年，Hinton 利用预训练的方法解决了深层网络容易陷入局部最优解的问题，使网络中隐含层可以达到 7 层，这时的神经网络真正具有了“深度”。2012 年，AlexNet 网络在 ImageNet 竞赛中大放异彩并获得冠军，奠定了 CNN 在图像识别领域的重要地位。

AlexNet 网络有 6000 多万个参数，由五个卷积层、五个最大池化层、三个全连接层以及最后的 Softmax 分类层组成。AlexNet 的成功首次证明了复杂结构和高参数量的 CNN 在图像识别领域的有效性，同时也表明 GPU 的应用使得大规模训练具有可行性。该网络采用的 ReLU 激活函数、随机失活(Dropout)、局部响应归一化(Local Response Normalization，LRN)、数据扩充等都有力地推动了深度学习的发展。下面对 ReLU 激活函数、随机失活、批归一化(LRN 的发展形式)和数据扩充进行详细介绍。

1. ReLU 激活函数

Sigmoid 和 tanh 激活函数对中央区域的信号增益较大，对两侧区域的信号增益较小。当网络层的输入值较为极端时，这两个激活函数在两侧区域的导数趋于 0，这导致反向传播算法在后向传递过程中向底层传递的梯度变得非常小，网络变得难以训练，这就是梯度消失现象，其是阻碍深度神经网络发展的重要因素。为此，学者们提出了线性修正单元(Rectified Linear Unit，ReLU)激活函数，如图 6－16 所示。该激活函数只对部分输入信号进行线性响应，且响应时其导数始终为 1，这有效缓解了梯度消失现象。

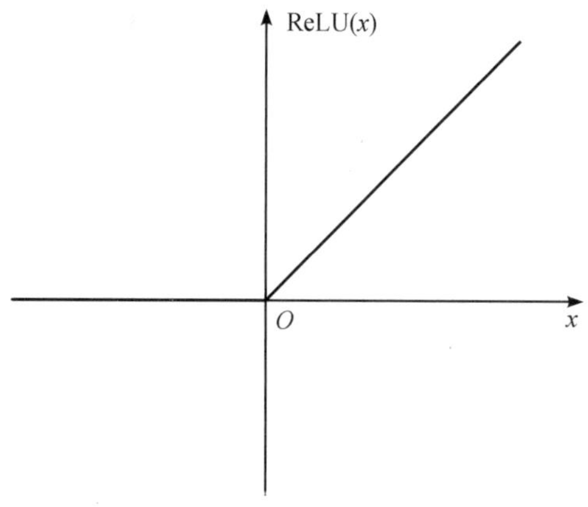

图 6－16　ReLU 激活函数

2. 随机失活

随机失活(Dropout)是一种在训练神经网络时广泛采用的技术，其核心思想是在每个训练迭代中随机丢弃网络中的一部分神经元及其连接。随机失活示意图如图 6－17 所示，其中，“圆圈”代表神经元，“叉号”代表随机失活的神经元。该技术通过将隐含层的部分权值或输出进行随机归零，从而实现神经网络的正则化(Regularization)，可以有效地防止深度 CNN 中的过拟合问题。

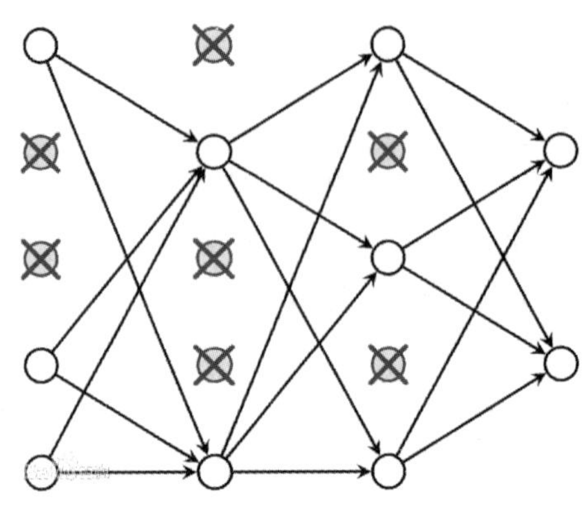

图 6－17　随机失活示意图

随机失活通过修改神经网络本身的结构来实现。在训练过程中，对于某一层中的神经元，以一定的概率随机删除一些神经元，同时保持输入层与输出层中神经元的个数不变，然后按照神经网络的学习方法进行参数更新。在下一次迭代中，再重新随机删除一些神经元，直至训练结束。删除不同隐含层中的神经元类似于训练不同的网络，所以随机失活相当于对多个不同的神经网络进行平均组合。

3. 批归一化

批归一化(Batch Normalization，BN)是一种为神经网络中的每一层提供零均值和单位方差输入的技术，用以解决神经网络层数加深导致的难以训练的问题。

在神经网络中，每一层的输入在经过层内操作之后，其分布与原来的分布不同，并且前层神经网络信号分布的偏移会被后续层不断地累积和放大。而神经网络学习过程的本质是学习数据分布，因此不断变化的训练数据的分布会严重影响网络训练的收敛速度和稳定性。BN 技术则可以用来规范化某些层甚至所有层的输入，固定每层输入信号的均值与方差，从而大幅提高网络训练速度。

批归一化示意图如图 6－18 所示。批归一化一般用在非线性映射(即激活函数)之前，对线性变换的输出 $y=\boldsymbol{W}\boldsymbol{x}+b$ 进行规范化操作，使输出信号的各个维度的均值都为 0，方差为 1。理论与实践均表明，让每一层的输入有一个稳定的分布会有利于网络的训练。

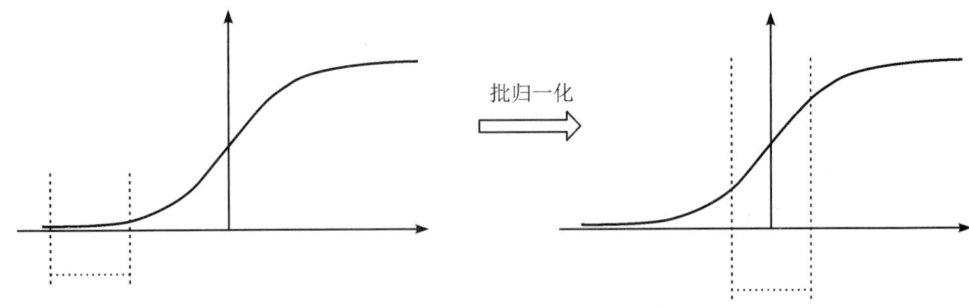

图 6－18　批归一化示意图

4. 数据扩充

数据扩充(Data Augmentation)又称为数据增强，是当训练数据有限时避免过拟合的基本方法之一。深度学习模型往往需要大量的数据支撑才能进行更好的训练，但实际设计时往往无法获取大量的数据，或者某些专业领域内的数据采集困难且标注价格高昂。为了克服这些难题，可以利用图像处理等方法对已有数据进行扩充，以解决数据不足的问题。数据扩充除了可以提高模型的泛化能力，还可以避免样本不均衡。例如，在工业缺陷检测和医疗疾病识别等任务中，容易出现正、负样本极度不均衡的情况，此时通过对少量样本进行数据扩充，可以降低样本不均衡的比例。

数据扩充方法多种多样，大致可分为常规方法和基于机器学习的方法。其中，常规的数据扩充方法包括几何变换和像素变换。主要的几何变换有图像翻转、旋转、剪切、缩放、平移、抖动等。值得注意的是，在某些具体的任务中使用这些方法时需要对应进行标签的修改。例如，若在目标检测中使用翻转，则需要将基准事实(Ground Truth)框进行相应的调整。对一张图像进行几何变换得到的扩充数据如图 6－19 所示。主要的像素变换有添加椒盐噪声或高斯噪声，实施图像模糊处理，调节图像的亮度、对比度、色彩饱和度，以及进行直方图均衡化等。

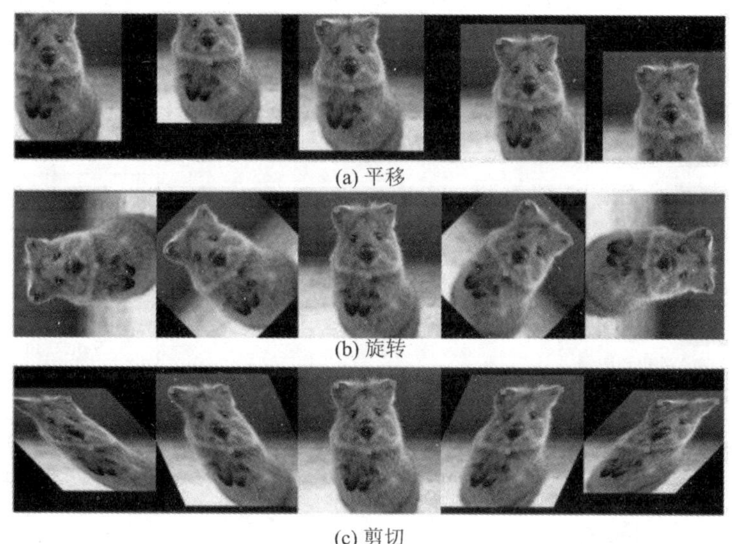

(a) 平移

(b) 旋转

(c) 剪切

图 6－19 对一张图像进行几何变换得到的扩充数据

基于机器学习的数据扩充方法是指通过机器学习让机器自动生成新数据。例如，使用 GAN，通过模型学习数据的分布，随机生成与训练数据集分布一致的图片。又比如，通过迁移学习来生成新的绘画素材，即将原始素材通过应用不同的绘画技巧进行风格化处理，从而得到具有全新风格的绘画素材。

6.5 基础深度神经网络模型

深度学习技术经过近些年的飞速发展，已经催生了大量的优秀模型。这些模型的作者所提出的开创性想法和概念为后续深度学习模型的设计与开发奠定了坚实的基础。本节主要介绍图像识别领域的几个经典模型，这些模型是深度学习在计算机视觉领域最基础的应用。

6.5.1 使用块构建的 VGG 网络

虽然 AlexNet 网络证明深度卷积神经网络行之有效，但它没有提供一个通用的模板来指导后续的研究人员设计新的网络。学者们开始时从单个神经元的角度思考问题，之后转向了层，现在又转向了块。2014 年，牛津大学的视觉几何组(Visual Geometry Group)提出了使用重复的 VGG 块(VGG Block)构建深度卷积神经网络的思路。

如图 6-20 所示，一个 VGG 块包含若干个 3×3 卷积层，卷积层后连接一个最大池化层(即最大汇聚层)。而整个 VGG 网络则由若干个 VGG 块和最后的全连接层构成。VGG 块中只含有 3×3 卷积核，而两个 3×3 卷积核的感受野相当于一个 5×5 卷积核，如图 6-21 所示。但两个 3×3 卷积核却有着更少的参数，因为 2×3×3 小于 5×5。以此类推，三个 3×3 卷积核可以看作一个 7×7 卷积核的非线性分解。所以大尺寸的卷积核在 VGG 网络中并不是必需的。

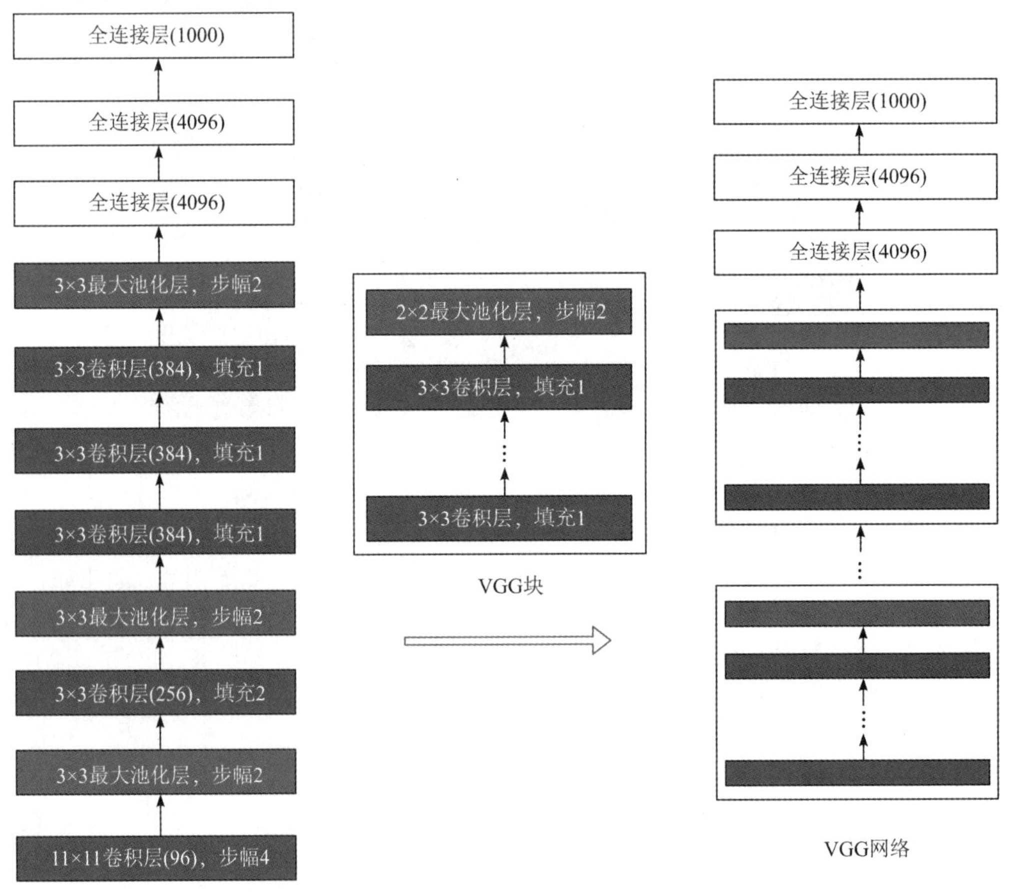

图 6-20　AlexNet 网络、VGG 块以及 VGG 网络

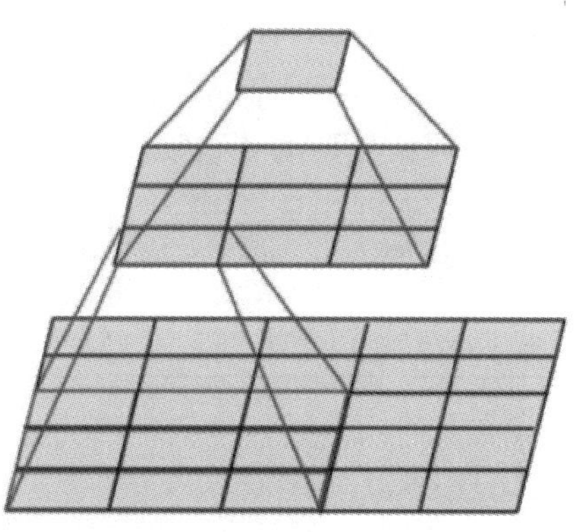

图 6-21　两个 3×3 卷积核的感受野相当于一个 5×5 卷积核

使用 VGG 块的模型构建思路可以很简洁地构建出不同深度的 VGG 网络，不同的 VGG 网络模型是通过每个块中卷积层数量和输出通道数量的差异来定义的。图 6-22 是 6 种不同深度的 VGG 网络模型，根据每个模型所包含的可学习参数的层数(包括卷积层和全连

卷积网络配置					
A	A-LRN	B	C	D	E
11权重层	11权重层	13权重层	16权重层	16权重层	19权重层
输入(224×224 RGB 图像)					
conv3-64	conv3-64 LRN	conv 3-64 conv 3-64	conv 3-64 conv 3-64	conv 3-64 conv 3-64	conv 3-64 conv 3-64
最大池化层					
conv3-128	conv3-128	conv 3-128 conv 3-128	conv 3-128 conv 3-128	conv 3-128 conv 3-128	conv 3-128 conv 3-128
最大池化层					
conv3-256 conv3-256	conv3-256 conv3-256	conv3-256 conv3-256	conv3-256 conv3-256 conv1-256	conv3-256 conv3-256 conv3-256	conv3-256 conv3-256 conv3-256 conv3-256
最大池化层					
conv3-512 conv3-512	conv3-512 conv3-512	conv3-512 conv3-512	conv3-512 conv3-512 conv1-512	conv3-512 conv3-512 conv3-512	conv3-512 conv3-512 conv3-512 conv3-512
最大池化层					
conv3-512 conv3-512	conv3-512 conv3-512	conv3-512 conv3-512	conv3-512 conv3-512 conv1-512	conv3-512 conv3-512 conv3-512	conv3-512 conv3-512 conv3-512 conv3-512
最大池化层					
FC-4096					
FC-4096					
FC-1000					
Softmax					

图 6-22　不同深度的 VGG 网络

接层层数)以及是否采用 LRN 标准化等将其命名为 VGG-11、VGG-13、VGG-16、VGG-19，其参数数量对比如表 6－1 所示。

表 6－1 不同 VGG 网络模型的参数数量对比(单位：百万个)

网络	A	A-LRN	B	C	D	E
深度	VGG-11	VGG-11	VGG-13	VGG-16	VGG-16	VGG-19
参数数量	133	133	133	134	138	144

6.5.2 含有并行结构的 GoogLeNet

GoogLeNet 是谷歌公司在 2014 年提出的一种新型的图像识别模型。构成 GoogLeNet 的基本卷积块称为 Inception 块。与 VGG 块中仅使用一种 3×3 卷积核不同，GoogLeNet 使用不同大小的卷积核组合，以增加网络对多尺度的适应性。该网络的设计者秉持的观点是，使用不同大小的卷积核组合可有利于提取不同尺度的特征信息。

如图 6－23(a)所示，在 Inception 块中，有四条并行路径，前三条路径分别采用 1×1、3×3、5×5 卷积层，从不同尺度空间中提取特征信息。其中中间两条路径还使用了 1×1 卷积层，以降低通道数并减少参数量。第四条路径先使用 3×3 最大池化层进行下采样，然后再使用 1×1 卷积层以改变通道数。每条路径都会采取适当的 Padding 操作，以保证输入与输出的尺寸一致。最后将每条路径的输出在通道维度上进行拼接合并，最终形成 Inception

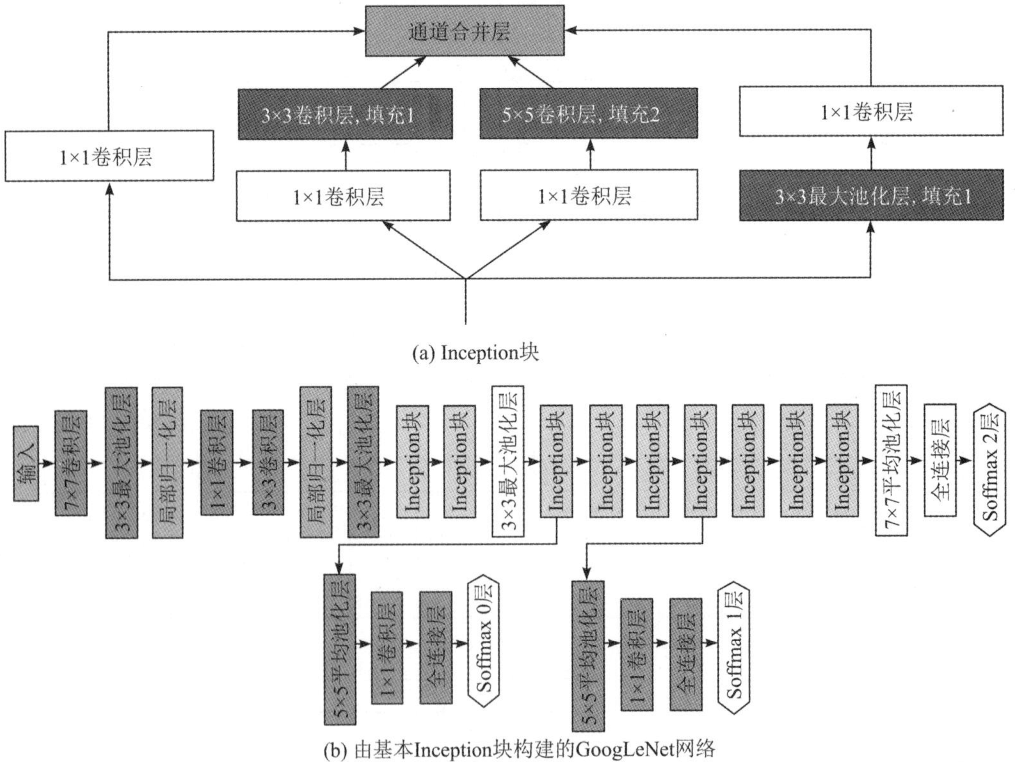

(a) Inception块

(b) 由基本Inception块构建的GoogLeNet网络

图 6－23 GoogLeNet 网络

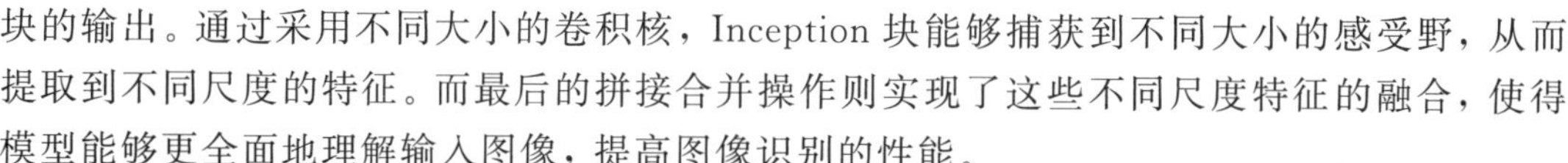

块的输出。通过采用不同大小的卷积核，Inception 块能够捕获到不同大小的感受野，从而提取到不同尺度的特征。而最后的拼接合并操作则实现了这些不同尺度特征的融合，使得模型能够更全面地理解输入图像，提高图像识别的性能。

整个 GoogLeNet 网络(如图 6-23(b)所示)由 9 个 Inception 块、位于块与块之间的最大池化层以及最后的平均池化层和全连接层构成。全局平均池化是一种池化范围与输入尺寸相同的池化操作，池化后输出特征图的尺度为 1×1。该操作使得网络的输出与输入图像的尺寸无关，常用在一些全卷积网络中。而 GoogLeNet 利用不同尺度卷积核融合多尺度特征的思想对后续的 CNN 设计具有深远的影响。

6.5.3　残差网络(ResNet)

网络加深使得 VGG 和 GoogLeNet 等网络的性能相较于 AlexNet 有了显著提升，因此网络加深成了后续卷积神经网络的设计趋势。但人们在实践中发现，卷积神经网络的深度达到一定程度后，其性能不升反降，即所谓的网络退化现象，训练也变得更加困难。那么新添加的层是否真的能提升网络的性能？如何提升网络的性能？对这些问题的理解将直接决定如何设计更深且更有效的网络。

我们可以认为，神经网络模型使用大量卷积运算和非线性函数等简单算子来拟合一个高度抽象和复杂的函数。理论上，参数量越多，网络越深，可以拟合的函数域就越广。但更广的函数域并不一定更靠近我们想要拟合的目标函数。如图 6-24 所示，如果更广的函数域是非嵌套的，那么该函数域也可能越来越远离目标函数 f^*；而如果越来越广的函数域是嵌套的，那么更广的函数域一定不会愈发远离目标函数 f^*。

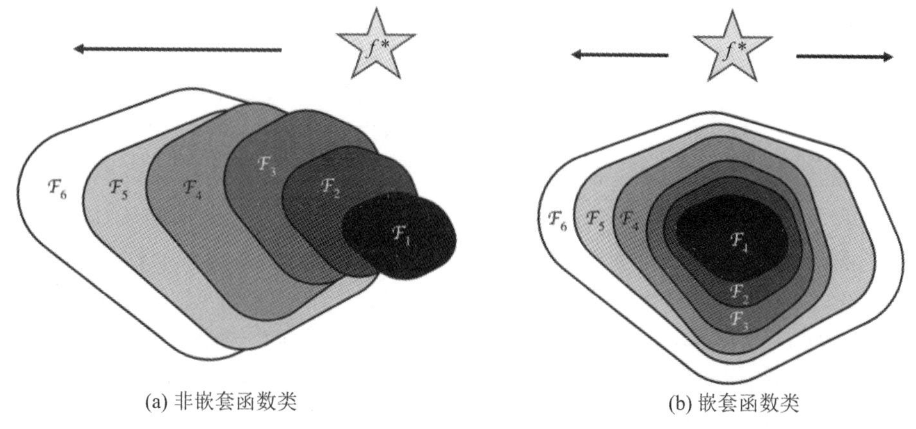

图 6-24　更广的函数域并不一定更靠近我们想要拟合的目标函数示例

因此，只有当较广的函数域包含较小的函数域时，才能确保模型的性能得以提高。换句话说，如果能将新添加的层训练成恒等映射(Identity Function)，即 $f(x)=x$，那么新模型将至少和原模型同样有效。

何凯明等人在 2015 年提出的残差网络(ResNet)就是基于这一理念。残差网络的核心思想是：每个新添加的层都应该更容易地将原始函数作为其组成部分之一。受 Highway Network 的启发，ResNet 引入了恒等短接(Identity Shortcut Connection)技巧，这相当于在网络中专门开一个通道，使得输入可以直达输出。

普通块与残差块的对比如图 6 - 25 所示。假设原始输入为 $\boldsymbol{x}$，而目标的理想映射为 $f(\boldsymbol{x})$，图 6 - 25(a)虚线框中的部分需要直接拟合出映射 $f(\boldsymbol{x})$，而图 6 - 25(b)虚线框中的部分则需要拟合出残差映射 $f(\boldsymbol{x})-\boldsymbol{x}$。残差映射在现实中一般更容易通过优化得到。

当理想映射 $f(\boldsymbol{x})$ 接近于恒等映射时，残差映射也易于捕捉恒等映射的细微波动。图 6 - 25(b)是 ResNet 的基础架构——残差块(Residual Block)。在残差块中，输入可通过跨层数据线路更快地向前传播。

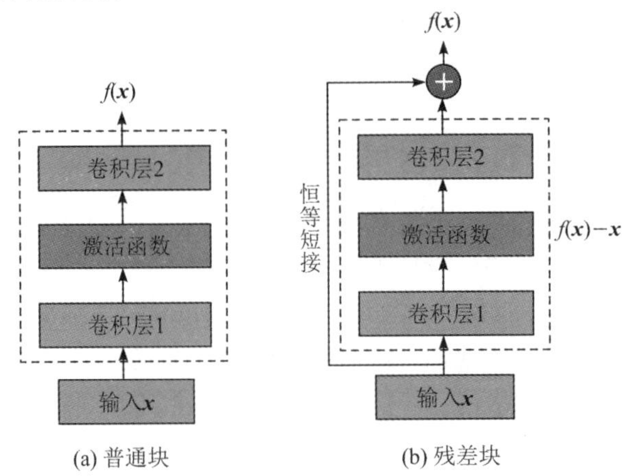

图 6 - 25 普通块和残差块的对比

由于残差块容易优化且其梯度可以很容易地向前传播，ResNet 可以被设计得极其深。例如，ResNet-152 版本就达到了百层之深。ResNet 网络对深层神经网络的设计产生了深远影响，之后出现的深度卷积神经网络中基本都有它的身影。

6.5.4 循环神经网络(RNN)

计算机听觉、自然语言处理等任务中广泛存在着各种样式的序列数据，这些任务通常需要实现对输入序列数据进行特征提取。在传统机器学习方法中，序列建模通常使用隐马尔可夫模型和条件随机场。近些年，循环神经网络(RNN)凭借其强大的表征能力，在各种序列数据任务中表现出色，成为序列建模任务的一个重要实现工具。除了简单的 RNN，研究人员还提出了一些改进网络，如长短期记忆(Long Short-Term Memory，LSTM)网络、门控循环单元(Gated Recurrent Unit，GRU)等，以应对序列建模中的复杂挑战。

循环神经网络的输入通常是连续的、长度可变的序列数据。循环神经网络可以很好地处理序列信息，并捕获长距离样本之间的关联信息，还能使用隐节点状态保留序列中的历史信息(即具有一定的记忆力)，使得网络能抽取到整个序列浓缩后的抽象信息。

如图 6 - 26 所示，等号左边为一个简单的 RNN。以自然语言处理为例，首先对单词(Word)进行词嵌入(Word Embedding)，使其转换为向量 $\boldsymbol{x}_t$，经过处理单元 A 后，输出为隐状态 $\boldsymbol{h}_t$，$\boldsymbol{h}_t$ 可以继续作为下一步的输出。若 RNN 是多层堆叠的，则 $\boldsymbol{h}_t$ 还可作为下一层的输入。把 A 看作函数 f，其权值为 $\boldsymbol{w}$，那么 RNN 模型可以用公式表示为

$$\boldsymbol{h}_t=f(\boldsymbol{h}_{t-1},\ \boldsymbol{x}_t,\ \boldsymbol{w}) \tag{6-30}$$

观察式(6 - 30)可知，RNN 的最大特点是其第 t 步的输出不仅和 $\boldsymbol{x}_t$ 有关，还和 $t-1$ 步的输出 $\boldsymbol{h}_{t-1}$ 有关。RNN 在每一步对数据进行处理的单元 A 中实现了参数共享，也就是使

用同一组参数。

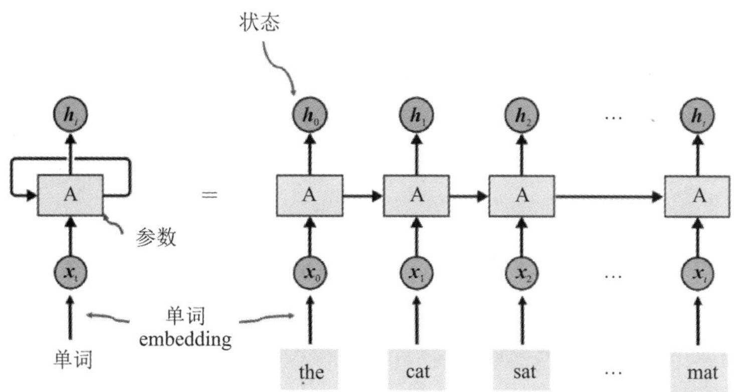

图 6-26　RNN 的结构(左)和展开后的 RNN 的结构(右)

如图 6-27 所示，在简单 RNN 中，对输入和上一步的隐状态分别进行计算，然后经过加和以及双曲正切函数的激活，即可得到当前步的隐状态。双曲正切函数使得 RNN 的每一步输出被约束在 0 到 1 之间。该过程可表示为

$$\boldsymbol{h}_t=\tanh(\boldsymbol{x}_t\boldsymbol{w}_{xh}+\boldsymbol{h}_{t-1}\boldsymbol{w}_{hh}+\boldsymbol{b}_h) \tag{6-31}$$

该过程等效为将 $\boldsymbol{x}_t$ 和 $\boldsymbol{h}_{t-1}$ 的拼接与 $\boldsymbol{w}_{xh}$ 和 $\boldsymbol{w}_{hh}$ 的拼接进行矩阵乘法运算，如图 6-28 所示。

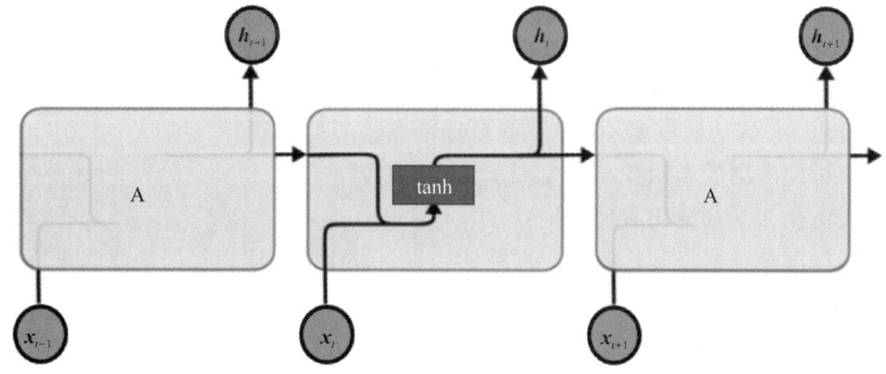

图 6-27　简单 RNN 的内部结构

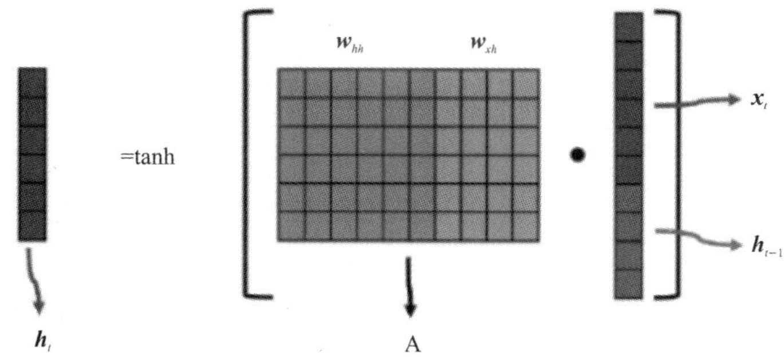

图 6-28　简单 RNN 内部的等效计算过程

本章小结

本章介绍了深度学习的基础知识。首先介绍感知机的数学模型、训练学习规则和局限性；然后讲述感知机的发展形式，并介绍传统神经网络模型，包括其前馈模型和反向传播训练算法的原理；接着介绍深度神经网络模型的关键成部分，包括卷积层、池化层、全连接层，以及 ReLU 激活函数、随机失活、批归一化等技术的应用；最后列举了神经网络领域中四个最基础、最常见的模型：VGG、GoogLeNet、ResNet、RNN。

思 考 题

1. 感知机的最大缺陷是什么？请以异或运算为例进行分析。
2. 多层感知机的一般数学模型是什么？
3. 请写出 BP 算法的更新表达式，并解释该算法的局限性。
4. 卷积神经网络的卷积连接和卷积运算有何联系？
5. 最大池化和平均池化有何区别？
6. 总结深度神经网络和传统神经网络的区别。为什么深度神经网络能获得成功？
7. ReLU 激活和传统的 S 型函数激活有何区别？
8. 相比于 LeNet 网络，总结 VGG、GoogLeNet、ResNet 等网络的改进之处。
9. 写出深度神经网络模型的特点。
10. 试分析深度学习的缺点。

第 7 章　深度学习与生物特征识别

近年来，随着人工智能和深度学习等技术的快速发展，图像、声音和语义识别等模式识别领域均取得了长足的进步。在这一背景下，生物特征识别领域内基于深度学习的方法也开始涌现，生物特征识别技术迎来了新一轮的快速发展。基于深度学习的生物特征识别系统(如人脸识别系统)的性能甚至超过了人类肉眼的识别能力。可靠性的显著提升极大地促进了生物特征识别技术的商业化。

在第 6 章的基础上，本章继续学习深度学习在生物特征识别领域的应用，并以指纹识别和人脸识别为代表介绍若干极具代表性的深度神经网络模型。建议读者在学习这些深度神经网络模型时，与前面章节中介绍的传统方法进行对比，从而加深对深度学习方法的特点的理解。

7.1　FingerNet 与指纹识别

近年来，随着深度学习的兴起，多种基于深度学习的方法被应用到指纹识别中。例如，利用自动编码机对细节点和非细节点进行分类，将细节点提取视为目标检测任务，并使用迁移学习后的全卷积网络(Fully Convolutional Network，FCN)来实现。相比于传统方法，深度学习无须利用领域知识(Domain Knowledge)设计手工特征，可以从数据中自动学习更深层、更抽象的特征。但这并非总是有益的，有学者认为，从普通图像中学习到的模型权值限制了神经网络在指纹识别中的表现。

2017 年，Tang 等人提出的 FingerNet 模型结合了领域知识，将传统的指纹细节点提取算法流程通过卷积神经网络进行实现。该模型可以完成指纹的方向估计、分割、增强、细节点提取等任务，通过大量指纹图像数据的训练，优化了网络参数，提高了算法的泛化能力。本节将对 FCN 进行介绍。

7.1.1 从传统方法到 Plain FingerNet

传统的指纹特征提取流程可以概括为图像归一化、方向估计、分割、增强和细节点提取。Tang 等人将几种经典的方法进行整合，首先构建了一个简单的卷积神经网络，称为 Plain FingerNet，这是之后构建 FingerNet 的基础。图 7－1 为 Plain FingerNet 的整体框架。

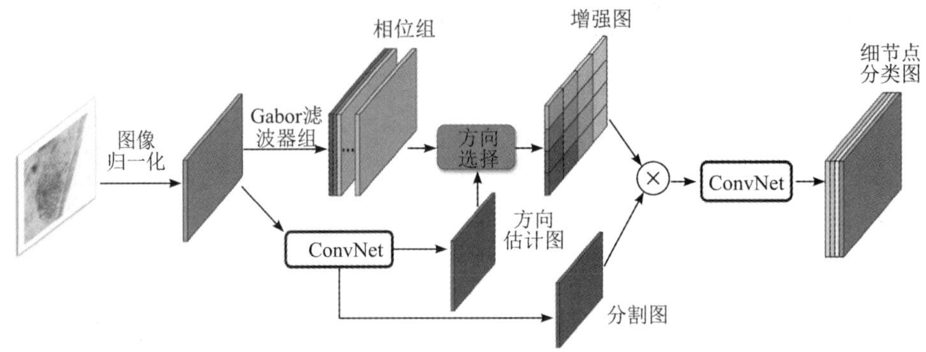

图 7－1 Plain FingerNet 的整体框架

1. 图像归一化

图像归一化可以将图像的取值调整到一个预设的均值 m_0 和方差 v_0，其操作为

$$I'(x, y)=\begin{cases} m_0+\sqrt{\dfrac{[I(x, y)-m]^2 v_0}{v}}, & I(x, y)>m \\ m_0-\sqrt{\dfrac{[I(x, y)-m]^2 v_0}{v}}, & \text{其他} \end{cases} \tag{7-1}$$

式中，$I(x, y)$是原始图像 I 在位置(x, y)处的灰度值，m 和 v 分别代表该图像的均值和方差。

该图像归一化操作可以等价于一种具有固定参数的非线性激活操作。

2. 方向估计

通过用卷积操作来替代梯度计算和加窗值求和，基于梯度方向估计方法计算脊线方向的过程可以转换为

$$\begin{cases} \nabla_x I = I * S_x \\ \nabla_y I = I * S_y \end{cases} \tag{7-2a}$$

$$\begin{cases} G_{xy} = (\nabla_x I \cdot \nabla_y I) * \boldsymbol{J}_w \\ G_{xx} = (\nabla_x I)^2 * \boldsymbol{J}_w \\ G_{yy} = (\nabla_y I)^2 * \boldsymbol{J}_w \end{cases} \tag{7-2b}$$

$$\theta = 90° + \frac{1}{2}\operatorname{atan2}(2G_{xy}, G_{xx}-G_{yy}) \tag{7-2c}$$

式中，∇_x和∇_y是通过 Sobel 算子 S_x 和 S_y 计算的 x 轴和 y 轴方向的梯度；$*$ 代表卷积运算；$\boldsymbol{J}_w$ 是大小为 $w\times w$ 的全 1 矩阵；G_{xx}、G_{yy}、G_{xy} 分别为图像沿 x 轴、y 轴、x 轴与 y 轴交叉方向的二阶导数；atan2(y, x)用于计算 x 和 y 的反正切值；θ 是输出的方向场，该方

向场的计算过程实际上对应着一个浅层的卷积神经网络，该网络包含 3 个手工设计的卷积核、几个合并层和复杂的激活层。

3. 分割

Bazen 等人提出了一种基于学习的指纹图像分割方法，该方法通过训练一个基于梯度相关性、局部均值和局部方差等手工特征的线性分类器来实现图像分割。该方法可以表示为

$$\begin{cases} \text{Coh}=\dfrac{\sqrt{(G_{xx}-G_{yy})^2+4G_{xy}^2}}{G_{xx}+G_{yy}} \\ \text{Mean}=\dfrac{I * \boldsymbol{J}_w}{w^2} \\ \text{Var}=\dfrac{(I-\text{Mean})^2 * \boldsymbol{J}_w}{w^2} \\ \text{Seg}=\omega * [\text{Coh}, \text{Mean}, \text{Var}]+\beta \end{cases} \tag{7-3}$$

式中，w 是滑动窗的长度，ω 和 β 是分类器的参数，[·，·，·]代表在通道维度上进行的连接。

该分割步骤也对应一个浅层的卷积神经网络，且该分割步骤与方向图估计共用梯度 G。

4. 增强

基于 Gabor 滤波的增强算法因其具有选频特性在指纹识别系统中得到了广泛的应用。该算法首先根据局部脊线频率 ω 和局部脊线方向 θ 生成复 Gabor 滤波器 $g_{\omega,\theta}$，然后利用该滤波器对局部指纹图像块进行卷积运算，从而实现对指纹图像块的增强。增强后的指纹图像块 E_D 可以表示为

$$E_D(x, y)=(I_D * g_{\omega,\theta})(x, y)=A(x, y)e^{i\phi(x, y)} \tag{7-4}$$

式中，I_D 为未增强的指纹图像块，(x, y)为像素坐标，$A(x, y)$和 $\phi(x, y)$是增强后指纹图像块的振幅和相位。

将这些操作变换为卷积时，最困难的部分在于 Gabor 滤波器不共享整个图像的权值，而是针对具有相同 ω 和 θ 的图像块进行权值共享。为了解决这个问题，作者提出了一种选择卷积方法，其步骤如下。

(1) 相位分组(Grouped Phases)：首先将参数离散化到 N 个不同的区间，并针对每个区间分别生成一个与之对应的 Gabor 滤波器；然后与这些 Gabor 滤波器和原始指纹图像进行卷积，得到一组经过滤波的复图像。具体的数学表达式为：

$$C(x, y, i)=(I * g_{\omega_i,\theta_i})(x, y),\ i=0, 1, \cdots, N-1 \tag{7-5}$$

式中，$C(x, y, i)$代表第 i 个滤波后的复图像中像素(x, y)处的灰度值；F 是分组滤波后图像的幅角，即

$$F(x, y, i)=\text{Arg}[C(x, y, i)] \tag{7-6}$$

(2) 方向选择：生成一个掩码 M，用于从分组阶段中选择适当的增强后的图像块。掩码 M 中像素(x, y)处的第 i 个值定义为

$$M(x, y, i)=\begin{cases} 1, & \omega(x, y)=\omega_i, \theta(x, y)=\theta_i \\ 0, & \text{其他} \end{cases} \tag{7-7}$$

增强后的图像可以由下式计算得到：

$$E(x, y)=\sum_{i=0}^{N} F(x, y, i)M(x, y, i) \tag{7-8}$$

这种选择性卷积仍然可以归类为一种卷积神经网络，因为其所有操作都是可微分的。

5. 细节点提取

通过模板匹配，可以很容易地在相位或细化图像上提取细节点。细节点分数图 S 可以由下式计算得到：

$$S(x, y)=\max_{t}(E * T_t)(x, y) \tag{7-9}$$

式中，T 是模板。

该特征提取模块等价于含有一个卷积层和一个最大池化层的卷积神经网络。

7.1.2 构建更强大的 FingerNet

Plain FingerNet 在处理显性指纹(如 Rolled/Slap Fingerprints)时展现出了出色的性能。然而，在潜指纹(Latent Fingerprints)检测任务中，Plain FingerNet 的表现并不理想。这主要是由于潜指纹图像中复杂的背景噪声与浅层卷积神经网络结构有限的表达能力之间的矛盾所导致。为了克服这一难题，学者们设想通过增加浅层卷积神经网络的深度来进一步提升其表征能力，并允许网络从数据中学习并自动调整权值。由于新网络的权值初始值是基于较浅层的卷积神经网络进行设定的，因此扩展的 FingerNet 在性能上会有所提升。FingerNet 的整体框架如图 7-2 所示。

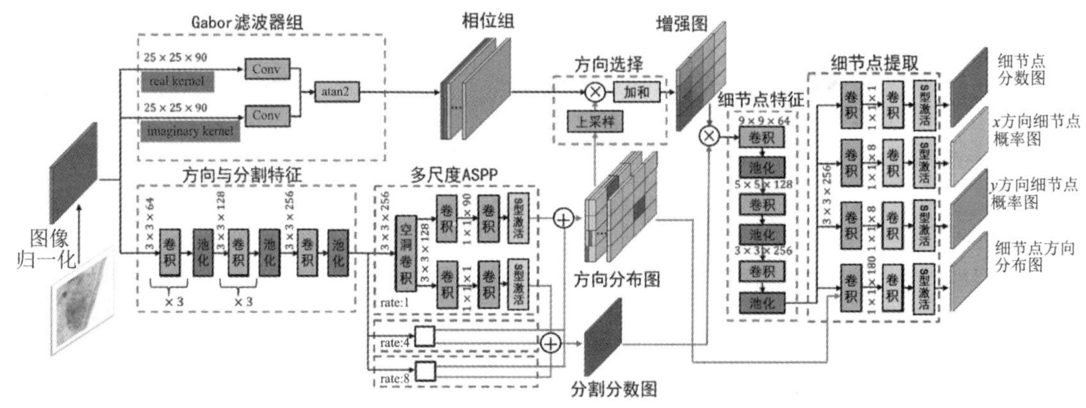

图 7-2 FingerNet 的整体框架

1. 图像归一化

直接采用 7.1.1 节中的逐像素归一化方法进行图像规一化。

2. 方向估计

方向估计模块的改进版本包括多尺度特征提取以及基于回归方法的方向估计等部分。多尺度特征提取部分有三个卷积-池化块，每个卷积-池化块按照卷积层、BatchNorm 层、PReLU 层、池化层的顺序构成。在基本特征提取后引入空洞空间金字塔池化(Atrous Spatial Pyramid Pooling，ASPP)层，实现了多尺度特征提取。ASPP 层采用了 3 个具有不同采样率的空洞卷积层。

之后，对每个尺度的特征图进行平行方向回归，然后将回归结果进行融合，以获得最终的方向估计。对于方向估计，FingerNet 可以直接预测每个输入像素位置的 N 个离散角度的概率。位于(x, y)处的预测角度可以表示为一个 N 维向量$\boldsymbol{p}_{\text{ori}}=\{p_{\text{ori}}(i)\}_{i=0}^{N-1}$，其中第 i 个元素$p_{\text{ori}}(i)$代表该位置脊线方向为$\left\lfloor\frac{180}{N}\right\rfloor\cdot i$ 的概率。为了得到更稳健的估计结果，可以选择最大值或平均值作为最终的估计结果：

$$\begin{cases}\theta_{\max}(x, y)=\max\limits_{i}p_{\text{ori}}(i)\\ \theta_{\text{ave}}(x, y)=\dfrac{1}{2}\text{atan2}[\bar{\boldsymbol{d}}(x, y)]\end{cases}\tag{7-10}$$

式中，$\bar{\boldsymbol{d}}(x, y)$是平均脊线方向向量，它可以进一步由下式计算得到：

$$\begin{cases}\bar{\boldsymbol{d}}_{\cos}(x, y)=\dfrac{1}{N}\sum\limits_{i=1}^{N}p_{\text{ori}}(i)\cdot\cos\left(2\cdot\left\lfloor\dfrac{180}{N}\right\rfloor\cdot i\right)\\ \bar{\boldsymbol{d}}_{\sin}(x, y)=\dfrac{1}{N}\sum\limits_{i=1}^{N}p_{\text{ori}}(i)\cdot\sin\left(2\cdot\left\lfloor\dfrac{180}{N}\right\rfloor\cdot i\right)\\ \bar{\boldsymbol{d}}(x, y)=[\bar{\boldsymbol{d}}_{\cos}(x, y), \bar{\boldsymbol{d}}_{\sin}(x, y)]\end{cases}\tag{7-11}$$

3. 分割

分割和方向估计可以共用特征图，即在 FingerNet 中，所有针对分割模块的设计均可直接使分割模块与方向估计模块共享整个多尺度特征图。对于分类器，我们使用多层感知机来预测每个像素属于感兴趣区域的概率，从而输出大小为$\frac{H}{8}\times\frac{W}{8}$的分割分数图。

4. 增强

直接采用 7.1.1 节中的 Gabor 滤波器增强方法设计 FingerNet 的增强模块。由于指纹的脊线频率变化不大，即基本是稳定的，因此将脊线频率设置为固定值，并将脊线方向离散化为 N 个区间。与 Plain FingerNet 不同的是，方向分布图已经是一个方向掩码(Orientation Mask)，所以直接将方向掩码与分组相位(Grouped Phase)相乘。需要注意的是，其中方向掩码需要做 8 倍上采样，以确保方向掩码与增强图的尺寸相匹配。

5. 细节点提取

细节点提取模块将增强图与分割分数图一起作为输入，并使用 3 个卷积块进行特征提取，然后将生成的 4 个不同的特征图用于细节点提取。

第一张特征图是细节点分数图，表示了每个位置(x, y)有一个细节点的概率，其尺寸为$\frac{H}{8}\times\frac{W}{8}$。第二、三张特征图是 x 方向和 y 方向细节点概率图，由于只预测每 8 个像素的细节点分数图，因此这种位置回归对于精确的细节点提取至关重要。与方向估计类似，在每个输入特征点上，分别对 x 方向和 y 方向进行 8 个离散位置预测。第四张特征图是细节点方向分布图，它和方向分布图在结构和功能上相似，但它们的最大不同在于细节点方向分布图的最大角度值从 180°变成了 360°。

通过设置适当的阈值来过滤细节点分数图，可以很容易地获得细节点。通过添加偏移量可获得这些细节点的精确位置，其中偏移量是 x 方向最大细节点和 y 方向最大细节点的概率。细节点的角度计算与 7.1.1 节中方向估计的方法类似。由于预测到的细节点可能会堆积在一起，因此需要使用非极大值抑制(NMS)来消除冗余的细节点。

7.1.3 标签设计

与传统方法不同，FingerNet 需要标签数据进行训练，其训练数据包含三种不同置信度的标签。

由于大多潜指纹在数据库中有与之匹配的显性指纹，因此弱方向标签由与之匹配的显性指纹生成。弱分割标签来自膨胀和平滑后的细节点凸包(Convex Hull)轮廓。由于未定向的细节点的方向与其所在区域的方向场相同，因此，我们将未定向的细节点的方向手动标记为强方向标签。FingerNet 输出的 4 个特征图对应的标签来自手动标记的细节点。

为了度量角度之间的距离并处理零度附近产生的不连续性，我们使用倒高斯角作为标签。对于(x, y)处的角度θ，其标签$p_0=\{p_\theta(i)\}_{i=0}^{N-1}$可以利用下式计算：

$$p_0(i)=p_{N(0,\sigma)}\left(\min\left(\left|\theta-\left\lfloor\frac{\theta_{\max}}{N}\right\rfloor\cdot i\right|, \theta_{\max}-\left|\theta-\left\lfloor\frac{\theta_{\max}}{N}\right\rfloor\cdot i\right|\right)\right), i\in[0, N) \tag{7-12}$$

式中，$p_{N(0,\sigma)}$是x处均值为 0、方差为σ的高斯分布的概率值；$\theta_{\max}$是最大角度值，对于方向场来说，该值为 180°，对于细节点来说，该值为 360°。

7.1.4 损失函数设计

FingerNet 的总损失是 9 种不同损失的加权和，它们的类型有三种：加权交叉熵损失、相干损失和平滑损失，如图 7-3 所示。

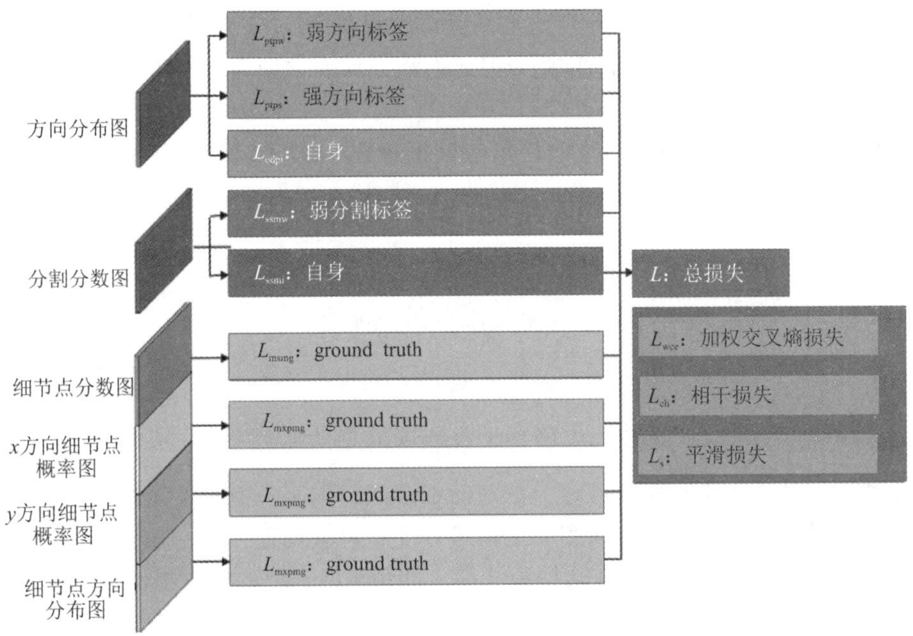

图 7-3 FingerNet 的标签以及损失设计

加权交叉熵损失定义为

$$L_* = -\frac{1}{|\mathrm{ROI}|}\sum_{\mathrm{ROI}}\sum_{i=1}^{N}\left\{\lambda^+ p_{l_*}(x, y)\log[p_*(i|(x, y))] + \lambda^-(1-p_{l_*}(x, y))\log[1-p_*(i|(x, y))]\right\} \tag{7-13}$$

式中，ROI 是感兴趣区域；λ^+和λ^-分别为正样本和负样本的权值，用以缓解正、负样本的不平衡；$p_{l_*}(x, y)$和$p_*(i|(x, y))$分别是标签热图和预测热图中(x, y)处的概率值。

对于相干损失，可将其转换为一个损失函数，以便约束方向分布热图。相关损失的计算方法如下：

$$\begin{cases} \bar{\boldsymbol{d}} = \{\bar{d}(x, y)\}_{x, y} \\ |\bar{\boldsymbol{d}}| = \{|\bar{d}(x, y)|\}_{x, y} \\ \mathrm{Coh} = \dfrac{\bar{\boldsymbol{d}} * \boldsymbol{J}_3}{|\bar{\boldsymbol{d}}| * \boldsymbol{J}_3} \\ L_{\mathrm{odpi}} = \dfrac{|\mathrm{ROI}|}{\sum_{\mathrm{ROI}}\mathrm{Coh}} - 1 \end{cases} \tag{7-14}$$

式中，$\boldsymbol{J}_3$ 是一个 3×3 的全 1 矩阵，$\bar{\boldsymbol{d}}$ 是方向估计中的方向向量。

引入平滑损失是为了使分割更平滑，减少噪声和异常值的影响，从而抑制边缘响应(Edge Responses)。平滑损失的计算公式为

$$L_{\mathrm{ssmi}} = \frac{1}{|I|}\sum_{I}|M_{\mathrm{ss}} * K_{\mathrm{lap}}| \tag{7-15}$$

式中，M_{ss} 是分割分数图，K_{lap} 是拉普拉斯边缘检测核，I 是整个图像。

7.1.5　训练和测试

模型训练所使用的数据集包含约 8000 对匹配的显性指纹和潜指纹，每个潜指纹图像的尺寸为 512×512。FingerNet 采用了一种分步递进的训练策略，首先通过具有方向和分割损失的训练来学习指纹脊线的属性，经过几个轮次(Epoch)的训练后，再增加有关细节点的损失。训练过程中的优化器采用 Adam。

模型的测试实验是在 NIST SD27 和 FVC 2004 数据集上进行的。实验表明，FingerNet 在潜指纹细节点提取上的性能表现优于 Gabor 滤波器、MINDTCT、FCN 等算法，其也能使得后续的指纹匹配有更高的准确度。

7.2　人脸检测深度学习模型

早期的人脸检测方法主要基于手工提取的特征来构建分类器，但这些方法在复杂性和泛化能力方面有所欠缺，无法在非受控环境下获得良好的检测结果。随着深度卷积神经网络的飞速发展，人脸检测领域发生了巨大的范式转变，人脸检测的准确性得到了显著的提高。

在计算机视觉任务中，人脸检测可以被认为是目标检测任务的子任务。很多优秀的人脸检测器均是从通用目标检测器衍生而来的，因此根据架构的不同，基于深度学习的人脸检测模型可以大致分为以下五类：基于 Cascade-CNN 的模型、基于 R-CNN（即 Region-CNN）的模型、基于 SSD（Single Shot MultiBox Detector）的模型、基于特征金字塔网络（Feature Pyramid Network，FPN）的模型以及基于 Transformer 的模型。

此外，按照检测步骤的不同，人脸检测模型可以分为多阶段检测模型和单阶段检测模型两类。本节将介绍两个经典的基于深度学习的人脸检测模型，即 MTCNN 和RetinaFace，它们分别属于多阶段检测模型和单阶段检测模型。这两个模型在当时都达到了最先进技艺（State of the Art，SOTA）水平。

7.2.1 MTCNN 模型

2016 年，乔宇等人提出的多任务级联卷积神经网络（Multi-Task Cascaded CNN，MTCNN）模型是一种基于 Cascade-CNN 的人脸检测模型。其中多任务指的是该模型可以同时完成人脸检测与人脸对齐两大任务。整个网络是由 P-Net、R-Net、O-Net 三个子网络构成的一种级联架构。

MTCNN 模型的整体流程如图 7－4 所示。在将待检测图像送入 CNN 处理之前，先对图像进行多尺度的缩放，生成一系列不同大小的图像，得到图像金字塔。这样，模型就能很好地检测出不同尺度的人脸。

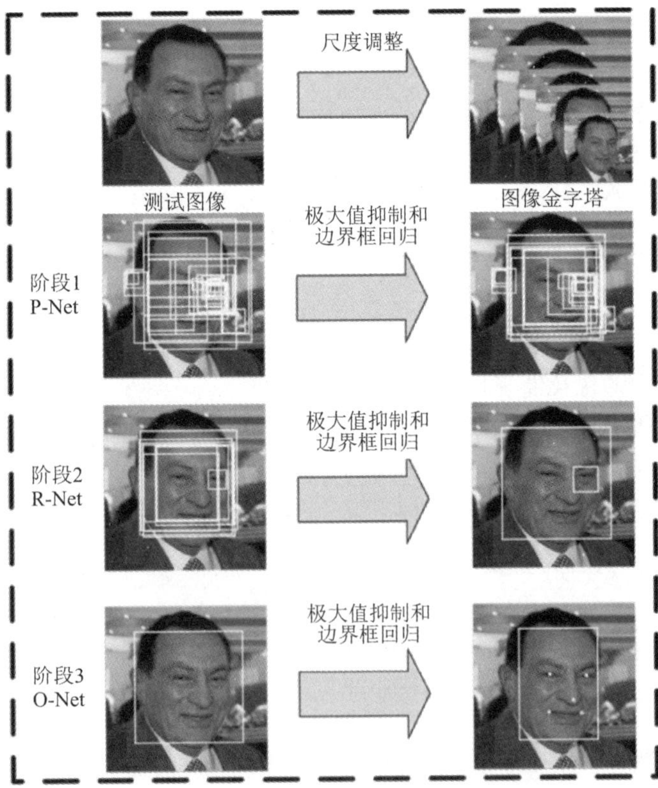

图 7－4 MTCNN 模型的整体流程

MTCNN 模型具体包括如下三个阶段(对应于三个子网络)。

(1) P-Net(Proposal Network)。该子网络是一个浅层的全卷积网络，用于生成人脸区域的候选框以及边界框(Bounding Box)回归向量。P-Net 使用边界框回归向量对候选框进行校准。在得到校准后的候选框后，P-Net 采用非极大值抑制(NMS)技术合并高度重合的候选框。

(2) R-Net(Refine Network)。该子网络更加复杂，其接收上一个子网络生成的候选框作为输入，进一步剔除大部分的非人脸候选框，并使用边界框回归向量对候选框进行再次校准，最后使用非极大值抑制技术合并高度重合的候选框。

(3) O-Net(Output Network)。该子网络最为强大，其最终目的是生成最佳的人脸候选框以及人脸关键点的坐标。

MTCNN 中的人脸检测任务可以分解为三个子任务：判断是否存在人脸、人脸边界框回归及关键点预测。如图 7-5 所示，Conv 代表卷积，每个子网络都会输出三组向量：人脸分类(Face Classification)向量(用于判断是否存在人脸的二分类向量)、边界框回归向量、人脸关键点定位(Facial Landmark Localization)向量。在训练过程中，分类任务采用交叉熵损失(Cross-Entropy Loss)进行约束，而后两个回归任务则使用欧氏距离损失。在训练时，对三个任务进行独立训练，即当训练某一个任务时，其余两个任务的损失置 0，从而这两个任务不参与当前训练。训练时的优化算法采用随机梯度下降法(SGD)。

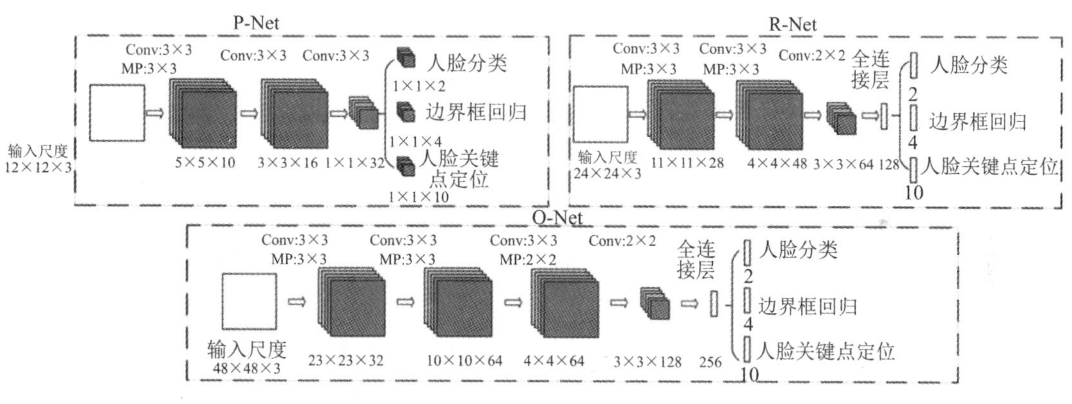

图 7-5　MTCNN 中的三个子网络的结构

MTCNN 通过巧妙地采用三个轻量级网络进行级联，形成了针对复杂任务进行渐进式解决的独特架构。这种设计不仅保证了人脸检测的速度，同时还确保了高精度的检测结果。正因为 MTCNN 在人脸检测和对齐方面的出色表现，后来许多人脸识别算法都选择以 MTCNN 作为人脸检测和对齐的方法。

7.2.2 RetinaFace 模型

虽然 MTCNN 模型的性能良好，但在深度学习技术的推动下，人脸检测技术的迭代是飞速的。以各个检测器在 WIDER Face(Hard)数据集上的表现为例，传统时代的 VJ 检测器的平均精度(Average Precision，AP)仅能达到 0.137；而 2016 年，MTCNN 的 AP 达到了 0.607；2019 年，InsightFace 推出的 RetinaFace 的 AP 更是达到了 0.914。

如图 7－6 所示，RetinaFace 的核心设计理念是将多个任务统一到一个多层次的人脸定位任务中。人脸与背景的分类、人脸定位、人脸对齐以及人脸三维重建（在论文中也称作 Dense Face Regression）这些任务的信息层级是递进的，而深度学习模型对这些任务的学习并非孤立的，而具有一定的相关性。如图 7－7 所示，不同信息层级的任务其实是相互促进的。因此 RetinaFace 采用 4 个任务联合学习的方法，其中，人脸与背景的分类使用 Softmax 损失函数，人脸定位和人脸对齐使用 smooth L1 损失函数，而人脸三维重建则使用自监督学习，训练时采用带有动量的 SGD 优化器。

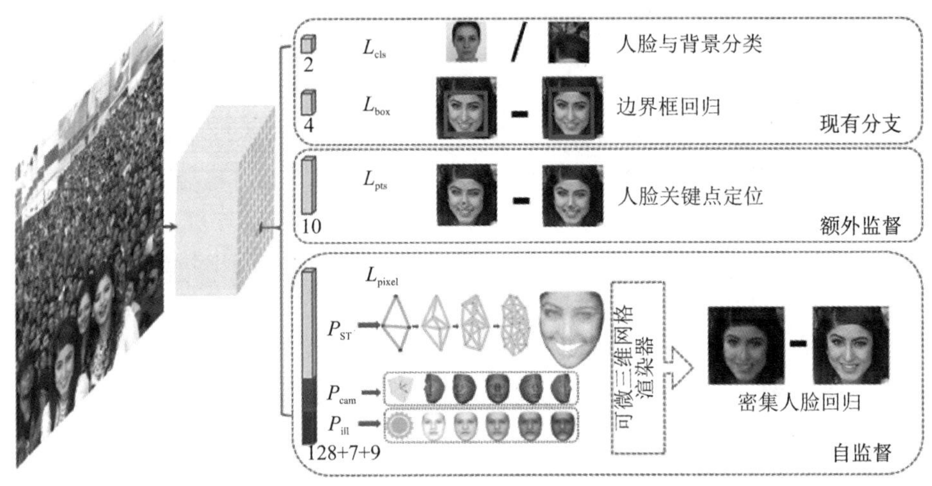

图 7－6　RetinaFace 采用 4 个任务联合学习方法

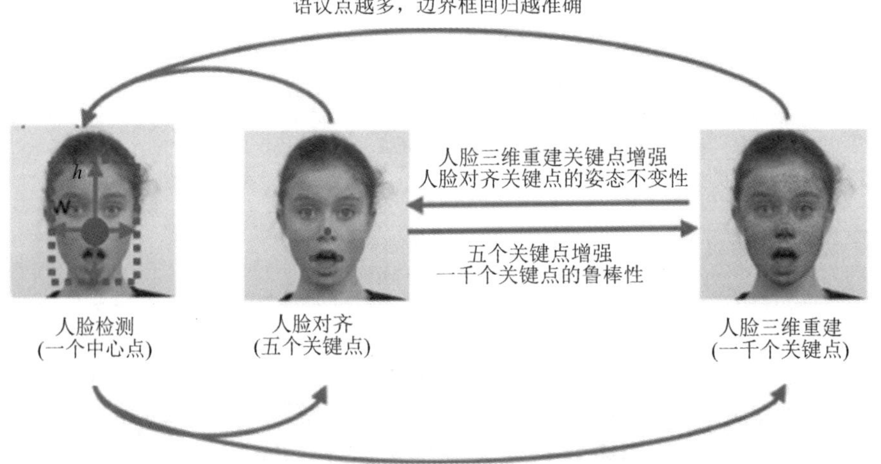

图 7－7　不同任务之间相互促进学习

RetinaFace 模型的结构基本沿用 RetinaNet 的结构，RetinaNet 是一种经典的单阶段目标检测模型。在具体的结构中，RetinaFace 采用了特征金字塔（Feature Pyramid）结构、上下文模块（Context Module）等较为新颖的改进结构。其中，特征金字塔结构是通过提取图像的多尺度特征进行融合的，从而增强模型的尺度不变性。该结构是目标检测模型中最先采用的一种结构，比 MTCNN 中使用的图像金字塔更加先进。而上下文模块是一种作用在特征金字塔上用于增加感受野的网络结构，使模型能够利用躯体、头发等额外信息判断人脸位置，极大地提高了模型对微小人脸的检测能力。

7.3 人脸识别深度学习模型

人脸识别作为计算机视觉领域的一大主流任务，同样得益于深度学习技术的发展。经典的基于深度学习的人脸识别模型有 DeepFace、FaceNet、SphereFace、CosFace 和 ArcFace 等。

7.3.1 DeepFace 模型

DeepFace 是 FaceBook 公司在 2014 年 CVPR 会议上提出来的，是卷积神经网络应用于人脸识别领域的奠基之作，其人脸识别能力基本达到了人类水平。DeepFace 的人脸识别流程包括检测、对齐、表征和分类等步骤。DeepFace 主要在人脸对齐和人脸表征方面做了大量的工作。它在 2D 人脸对齐的基础上引入了 3D 人脸建模，并对建模的 3D 模型进行更进一步的对齐矫正。

传统的人脸识别算法大多使用特征描述子对人脸图像进行特征提取。特征描述子有一定的局限性，因为它们通常对整张图像采取相同的特征提取操作，而且其所能表示的特征有限。因此，传统的人脸识别算法难以处理复杂的人脸识别问题，尤其是非约束环境下的人脸识别。近些年，随着大规模数据集的出现，基于学习的算法能有效地针对特定任务自动学习不同的特征提取核，且这些特征提取核的性能远优于手工设计的特征提取核的性能。深度卷积神经网络就是基于学习的一种算法，在计算机视觉领域产生了深远的影响。

DeepFace 模型由 6 个局部连接层和 2 个全连接层构成，其具体框架如图 7－8 所示。图中 C 表示卷积层，M 表示池化层，L 表示局部全连接层(类似于卷积层，但是它们在图像上的每个位置学习得到的核是不一样的)，F 表示全连接层。模型的训练目标是最大限度地提高正确分类的概率，通过交叉熵损失来监督模型实现这一目标。训练优化器使用的是随机梯度下降(SGD)优化器。

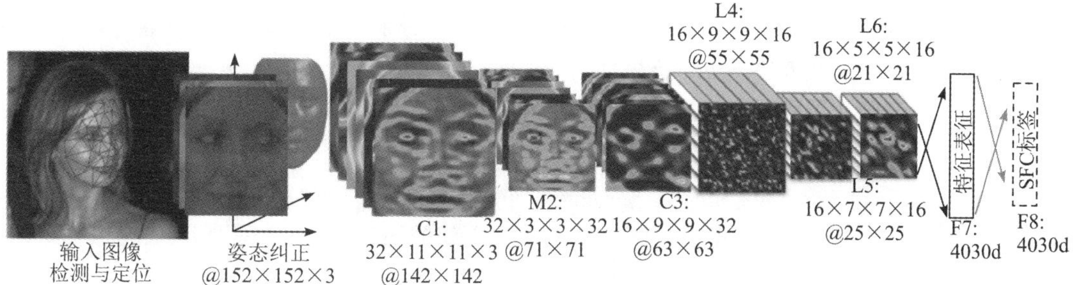

图 7－8 DeepFace 模型的框架

DeepFace 在 SFC(Social Face Classification)数据集上进行训练，训练好的网络在 LFW (Labeled Faces in the Wild)和 YTF(YouTube Faces Database)等数据集上做测试，并取得了接近甚至在某些情况下超越人类识别水平的优异成绩。LFW 数据集是无约束环境下人脸匹配验证的基准测试数据集，由 5749 人的 13 323 张网络照片组成。YTF 数据集中收集了 1595 个主题的 3425 个 YouTube 视频。这些视频被分为 5000 个视频对和 10 个分割，用于评估视频级别的人脸验证性能。

7.3.2 FaceNet 模型

DeepFace 训练了一个工作在辨识模式的网络，该网络的输出为个体的身份(Identity)。随后，学者们尝试了另一类思路——训练一个工作在验证模式的网络，这种网络的输出为个体间的距离(或匹配分数)，其中的代表模型为谷歌公司在 2015 年 CVPR 会议上提出的 FaceNet。该模型首先通过卷积神经网络学习人脸图像到固定维数的欧几里得空间的映射，该映射将人脸图像转换为欧几里得空间中的特征向量；然后使用特征向量之间距离的倒数来表征人脸图像之间的"相关系数"。

特别地，FaceNet 的作者们提出利用三元组损失函数来训练网络。这种损失函数旨在缩小同一个体不同图像特征之间的距离，同时扩大不同个体人脸图像特征之间的距离，即"类内距离小且类间距离大"。此外，训练好的网络可以作为一个通用的人脸特征提取器，用以解决人脸分类、匹配、聚类等多种人脸识别问题。

FaceNet 模型的框架如图 7－9 所示。FaceNet 模型由批输入层、卷积神经网络骨干(Backbone)、L_2 范数归一化及三元组损失(Triplet Loss)等模块构成。

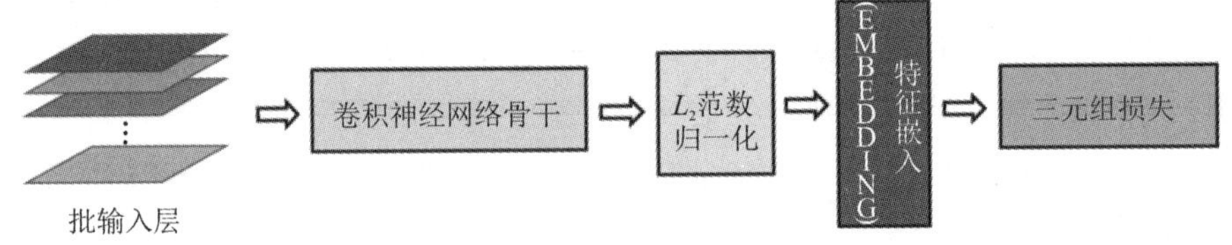

图 7－9 FaceNet 模型的框架

FaceNet 是一个端到端的深度学习网络，其特色是使用了三元组损失。具体来说，FaceNet 先通过卷积神经网络骨干学习映射 $f(x)$，将图像 x 映射为一个固定维数的欧几里得空间中的特征向量；然后通过 L_2 范数来约束学习得到的特征向量，使它们都落在同一超球面上，即满足 $\| f(x) \|_2 = 1$；接着构造三元组用于网络的训练，即一张人脸图像 x_i^a(称为锚(Anchor)样本)、同一个人的另一张人脸图像 x_i^p(称为正(Positive)样本)以及不同人的人脸图像 x_i^n(称为负(Negative)样本)构成了一个三元组(x_i^a，x_i^p，x_i^n)。为确保相同个体的特征之间的距离足够近，而不同个体的特征之间的距离足够远，使用下式对三元组进行约束：

$$\| x_i^a - x_i^p \|_2^2 + \alpha < \| x_i^a - x_i^n \|_2^2, \quad \forall (x_i^a, x_i^p, x_i^n) \in \mathcal{T} \tag{7-16}$$

式中，α 为超参数，用于区分同一个体与不同个体之间的固定间隔；$\mathcal{T}$是所有三元组构成的训练集。

网络的损失函数可定义为

$$L=\sum_{i=1}^{N}\left[\|f(x_i^a)-f(x_i^p)\|_2^2-\|f(x_i^a)-f(x_i^n)\|_2^2+\alpha\right]_+ \tag{7-17}$$

式(7-17)中括号中的第1项是同一个体不同人脸图像特征之间的距离，第2项是不同个体人脸图像特征之间的距离。网络的终极目标就是通过训练，不断优化人脸特征向量的分布使得对于同一个体的人脸特征向量越来越靠近，而对于不同个体的人脸特征向量越来越疏远，如图7-10所示。

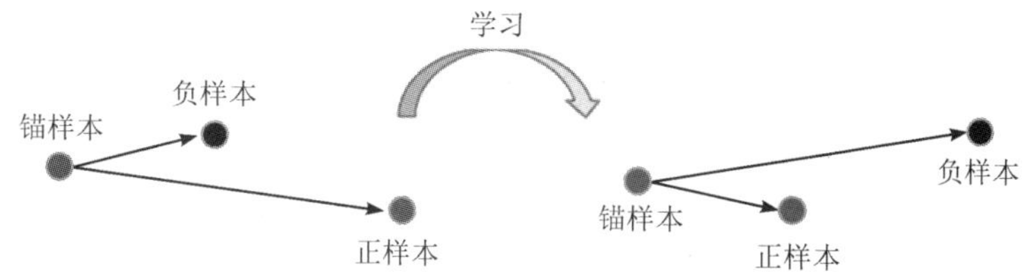

图7-10 三元组损失学习过程示意图

FaceNet网络使用了两种网络骨干，较为常用的是Inception网络骨干。网络训练时使用AdaGrad作为优化器，且将α值最终定为0.2。FaceNet网络在LFW数据集与YTF数据集上的匹配测试取中得了当年的最佳成绩。由于训练时FaceNet网络使用了裁剪而未对齐的图片，因此其不需要额外的预处理操作(如对齐等)，这一优势使得FaceNet至今仍被广泛应用于各种人脸识别任务中。

7.3.3 基于Margin损失函数的模型

深度网络结构的改进极大地推动了深度人脸识别模型性能的提升。除了网络架构对性能的影响，损失函数对深度人脸识别模型性能的影响也是不可忽视的。传统的深度人脸识别模型在大规模数据集上使用Softmax损失函数作为激活函数，目的是使学习到的特征是可分离的。而在真实世界的人脸识别场景中，由于遮挡、姿态变化、光照差异等因素的影响，导致类内差异大。

因此，人们不再满足于仅通过损失函数实现特征的简单分离，而希望人脸识别网络能够学习到更具区分性的特征。这种区分性不仅体现在不同个体之间，更要能够应对无约束条件下类内差异变化大的人脸识别问题。这意味着学习到的特征具备足够的鲁棒性，能够抵御各种干扰因素。

显然，传统的Softmax损失函数在解决类内差异大的人脸识别问题时存在局限性，导致学习到的特征并不具备足够的区分性。为了克服这一难题，学者们开始引入“边距”(Margin)的概念，即通过增大不同类别之间的分类边界，使网络能够学习到更具区分性的人脸特征。

基于Margin损失函数训练的深度人脸识别模型在近年来逐渐占据了人脸识别领域的主导地位，代表性模型有SphereFace、CosFace、ArcFace。这些模型通过精细调整损失函数中的边距参数，使网络在训练过程中更加注重类间差异，从而提取出更具判别力的特征。

我们首先考察原始的Softmax损失函数。Softmax损失函数是Softmax激活函数与交叉熵损失函数的组合。Softmax损失函数的表达式为

$$L_{\text{Softmax}} = -\frac{1}{N}\sum_{i=1}^{N}\log\frac{e^{\boldsymbol{W}_{y_i}^{\text{T}}\boldsymbol{x}_i + b_{y_i}}}{\sum_{j=1}^{n} e^{\boldsymbol{W}_j^{\text{T}}\boldsymbol{x}_i + b_j}} \tag{7-18}$$

式中，N 是样本数量，n 是类别数，特征向量 $\boldsymbol{x}_i$ 的维度为 d，y_i 为分类器的输出，$\boldsymbol{W}$ 是 $d\times n$ 的权重矩阵，$\boldsymbol{W}_j$ 是 $\boldsymbol{W}$ 的第 j 列，b 是偏置。

Softmax 损失函数是多分类任务中最为常用的损失函数。SphereFace、CosFace、ArcFace 等模型的损失函数都是由 Softmax 损失函数通过添加 Margin 约束演变而来的。首先使得偏置均为 0，即 $b_j=0$。由向量内积公式可知 $\boldsymbol{W}_j^{\text{T}}\boldsymbol{x}_i = \|\boldsymbol{W}_j\|\,\|\boldsymbol{x}_i\|\cos\theta_{j,i}$，令 $\|\boldsymbol{W}_j\|=1$，$\|\boldsymbol{x}_i\|=s$，则 Softmax 损失函数可转换为如下形式：

$$L_{\text{modify}} = -\frac{1}{N}\sum_{i=1}^{N}\log\frac{e^{s\cos\theta_{y_i,i}}}{e^{s\cos\theta_{y_i,i}} + \sum_{j=1,\,j\neq y_i}^{n} e^{s\cos\theta_{j,i}}} \tag{7-19}$$

通过给式(7-19)中添加 Margin 约束可实现类内聚拢、类间分离的效果。SphereFace 模型的损失函数(称为 SphereFace 损失函数)便是通过在角度空间中添加“乘性边距”来实现这一目标的，其表达式为

$$L_{\text{Sphere}} = -\frac{1}{N}\sum_{i=1}^{N}\log\frac{e^{s\cos(m\theta_{y_i,i})}}{e^{s\cos(m\theta_{y_i,i})} + \sum_{j=1,\,j\neq y_i}^{n} e^{s\cos\theta_{j,i}}} \tag{7-20}$$

相比于 Softmax 损失函数，SphereFace 损失函数具有使特征在类内更加紧凑的优势。但是该损失函数需要一系列的近似值才能进行计算，导致网络训练不稳定。为了克服这一缺陷，有学者进一步提出了 CosFace 模型的损失函数(称为 CosFace 损失函数)。它通过在余弦空间中添加“加性边距”来实现类内聚拢和类间分离的效果。CosFace 损失函数的表达式为

$$L_{\text{Cos}} = -\frac{1}{N}\sum_{i=1}^{N}\log\frac{e^{s(\cos\theta_{y_i,i}+m)}}{e^{s(\cos\theta_{y_i,i}+m)} + \sum_{j=1,\,j\neq y_i}^{n} e^{s\cos\theta_{j,i}}} \tag{7-21}$$

在 CosFace 损失函数的基础上，ArcFace 的作者提出了加性角边距损失(Additive Angular Margin Loss)。这一损失函数在保证训练稳定的同时，进一步地提升了人脸识别网络的辨别能力。ArcFace 损失函数通过在角度空间中增添“加性角边距”来实现类内聚拢、类间分离的效果，其表达式为

$$L_{\text{Arc}} = -\frac{1}{N}\sum_{i=1}^{N}\log\frac{e^{s[\cos(\theta_{y_i,i}+m)]}}{e^{s[\cos(\theta_{y_i,i}+m)]} + \sum_{j=1,\,j\neq y_i}^{n} e^{s\cos\theta_{j,i}}} \tag{7-22}$$

将 SphereFace、CosFace、ArcFace 三种损失函数融合后，可以得到更通用的基于 Margin 的损失函数：

$$L_{\text{Margin}} = -\frac{1}{N}\sum_{i=1}^{N}\log\frac{e^{s[\cos(m_1\theta_{y_i,i}+m_2)+m_3]}}{e^{s[\cos(m_1\theta_{y_i,i}+m_2)+m_3]} + \sum_{j=1,\,j\neq y_i}^{n} e^{s\cos\theta_{j,i}}} \tag{7-23}$$

大量实验证明，ArcFace 损失函数相比于 Softmax 损失函数具有明显的优势。下面我

们用一个简单的实例予以说明。考察一个具有 8 个不同身份的人脸识别问题，即类别数为 8。选取足够的样本(约 1500 张/类) 分别训练使用 Softmax 损失函数和 ArcFace 损失函数的特征嵌入网络，得到结果如图 7－11 所示，其中，点表示样本，而线代表每个身份的中心方向。可以看出，使用 Softmax 损失函数训练得到的特征嵌入(Embedding)虽然大体上实现了可分离，但在决策边界处具有明显的模糊性；而使用 ArcFace 损失函数则显然可以在所有类之间得到更大的间隙，每个类的内部更加聚集，即类间区分能力明显改善。

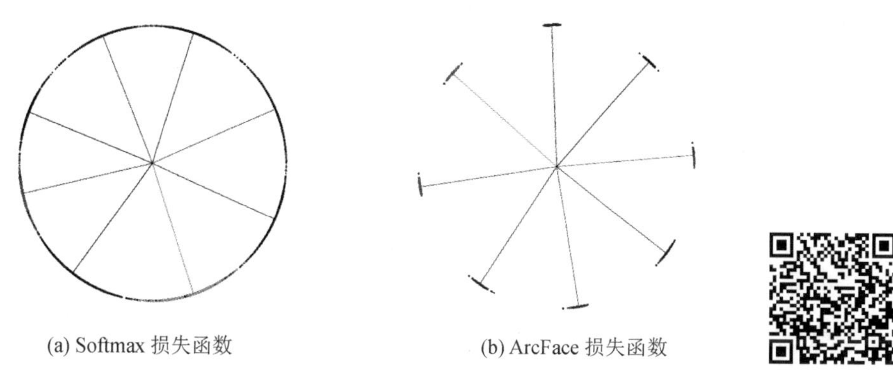

图 7－11　利用 Softmax 和 ArcFace 损失函数对 8 个 2D 特征的个体/身份的简易学习示例对比

与其他损失函数相比，ArcFace 损失函数拥有更好的几何属性，因为角边距(Angular Margin)与超球面上的测地距离(Geodesic Distance on the Hypersphere) 精确对应。图 7－12 显示了二分类问题下不同损失函数对应的决策边界(用虚线表示)。可以明显看到：ArcFace 损失函数具有恒定的线性边距，Softmax 损失函数没有边距，而 SphereFace 损失函数和 CosFace 损失函数仅具有非线性的边距。

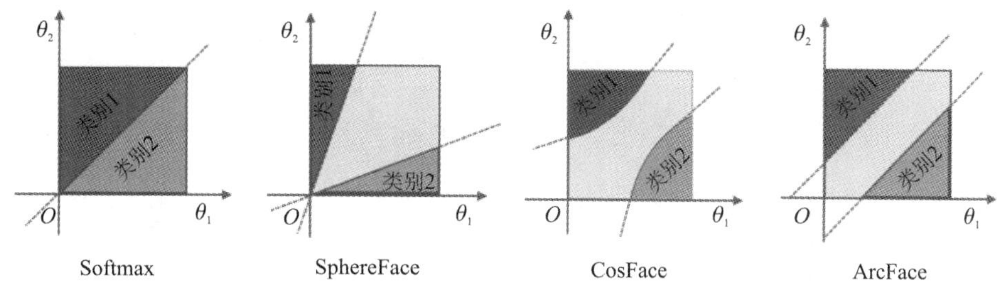

图 7－12　二分类问题下不同损失函数对应的决策边界

7.4　声纹识别深度学习模型

在深度学习出现以前，传统的声纹识别技术普遍依赖手动设计的语音特征和模型，如早期的线性预测倒谱系数、梅尔频率倒谱系数、向量量化、动态时间规整等。随后，以

GMM-UBM 为代表的声纹识别模型取得了很大成功，成为传统声纹识别技术的基准。该算法基于统计建模，通过大量说话人的数据训练而得到。在 GMM-UBM 的基础上，后续的 i-vector 模型通过分解因子将每个音频向量压缩为固定长度，并结合使用概率生成的概率线性判别分析(Probabilistic Linear Discriminant Analysis，PLDA)模型，从而进一步提高了声纹识别的准确性和鲁棒性。

近年来，由于深度神经网络在特征提取方面展现出强大的能力，声纹识别也开始转向基于深度学习方法的研究，相关方面的工作方兴未艾，新的突破层出不穷，其中的代表性模型包括 DNN/i-vector、d-vector、x-vector、wav2vec 等。下面介绍 d-vector 模型和 x-vector 模型。

7.4.1 d-vector 模型

2014 年，美国谷歌公司的 Ehsan Variani 等人提出了基于深度神经网络的声纹识别模型 d-vector，该研究在声纹识别领域具有里程碑意义，因其首次完全使用深度神经网络进行建模。d-vector 的核心思路是在帧级(Frame Level)对说话人进行分类，并使用 DNN 最后一层隐藏层的输出平均值作为说话人的声纹特征向量。

如图 7－13 所示，d-vector 模型由 6 个网络层构成，其中包括 4 个以全连接方式相连的隐藏层。每个隐藏层包含 256 个节点(即神经元)，层与层之间存在尺度为 2 的池化层，且每层的激活函数选为 ReLU。d-vector 模型的输入为每个训练帧与其前后的上下文帧的叠加，具体来说为滤波器组的能量谱特征；d-vector 模型的输出为最后一层隐藏层的平均激活，而模型输出的个数(即模型最后一层的神经元个数)对应着训练集中说话人的人数 N。目标标签以独热 N 维(1-Hot N-Dimensional)向量的形式构建，且其中唯一的非零分量刚好对应着说话人身份的分量。

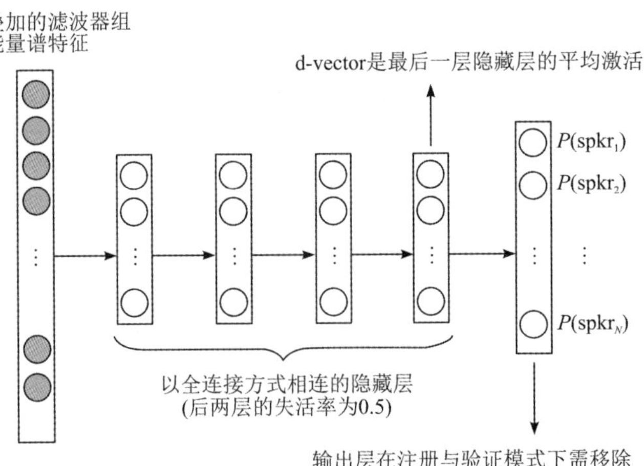

图 7－13 d-vector 模型的结构

一旦训练成功后，d-vector 模型使用最后一层隐藏层(而非 Softmax 输出层)的平均激活作为说话人的声纹表征。这样做的原因有两方面：其一，通过移除输出层可以减小模型的规模；其二，实验观察也证明了，最后一层隐藏层的输出对未知身份说话人具有泛化能力。

作为深度学习在声纹识别领域的早期尝试，虽然 d-vector 声纹识别模型的性能较传统模型 i-vector 的稍逊一筹，但它对噪声的鲁棒性却明显优于 i-vector。实验表明，在 10 dB 的噪声环境下，d-vector 的整体性能与 i-vector 的非常接近；而当错误拒绝率为 2%或更低时，d-vector 的表现实际上超过了 i-vector。

随后的学者们进一步改进了 d-vector。例如，2016 年，谷歌公司的 Georg Heigold 等人将帧级(Frame Level)声纹表征通过 LSTM 网络聚合在一起，提出了 DNN/LSTM 模型(如图 7-14 所示)，并提出了端对端损失(End-To-End Loss)，实现了模型性能上的进一步提升。

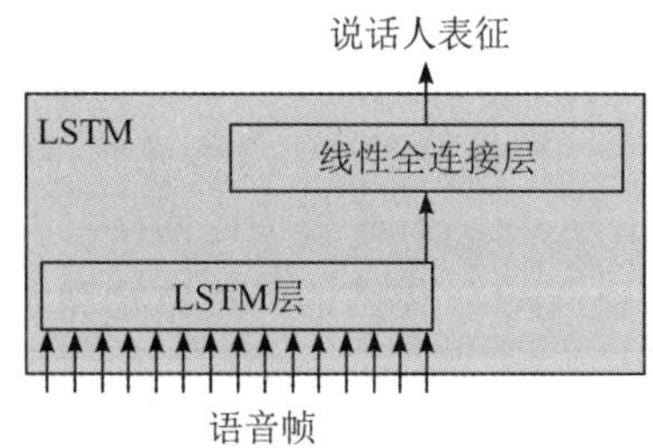

图 7-14　DNN/LSTM：使用 LSTM 对 d-vector 进行改进

7.4.1　x-vector 模型

2017 年，在 d-vector 模型的基础上，美国约翰霍普金斯大学 David Snyder 等人进一步提出了 x-vector 声纹识别模型。该模型统计使用时延神经网络(Time Delay Neural Network，TDNN)模块作为解码子网络，并使用统计池化层将帧级表征转换为语句级(Utterance-Level)表征，这一设计解决了不定长语音转换成定长说话人向量的难题。

x-vector 模型的结构如图 7-15 所示。

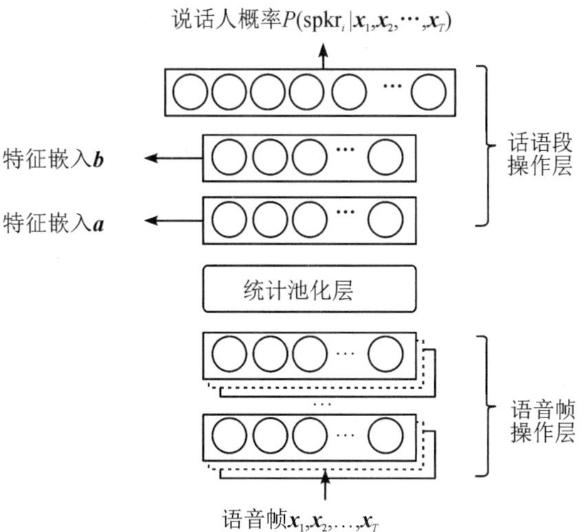

图 7-15　x-vector 模型的结构

从图中可以看出，x-vector是一个前馈深度神经网络，由以下部分组成：语音帧操作层、统计池化层(用于对帧级表征进行聚合)、话语段操作层以及Softmax输出层(图中没画出)。该模型的输入为可变长语音片段的特征嵌入，具体为20维的MFCC特征。在x-vector中，短时上下文信息是通过TDNN结构来处理的，而非简单地通过输入堆叠帧。该模型的输出为预测的说话人概率。

具体来说，x-vector模型的前5层均为语音帧操作层，并采用了时延架构(即TDNN模块)。假设t是当前时间步(Time Step)，输入端将$\{t-2,t-1,t,t+1,t+2\}$等时刻对应的语音帧拼接在一起；接下来的2个网络层分别将前一层网络在$\{t-2,t+2\}$和$\{t-3,t+3\}$时刻的语音帧进行拼接；再接下来的2个网络层也执行帧级操作，但不再添加额外的时间上下文(即仅处理对应$\{t\}$时刻的语音帧)。统计池化层以最后一个语音帧操作层的输出作为输入，对输入话语段(Input Utterance)进行聚合，并计算其平均值和标准偏差。这些计算得到的话语段级统计信息被连接起来，并传递到维度分别为512和300的两个隐藏层，最后传递到Softmax输出层。x-vector模型的网络结构和参数的总结详见表7-1。

表7-1 x-vector模型的网络结构和参数总结

网络层	层上下文	总上下文	输入×输出
语音帧操作层1	$[t-2,t+2]$	5	120×512
语音帧操作层2	$\{t-2,t,t+2\}$	9	1536×512
语音帧操作层3	$\{t-3,t,t+3\}$	15	1536×512
语音帧操作层4	$\{t\}$	15	512×512
语音帧操作层5	$\{t\}$	15	512×1500
统计池化层	$[0,T)$	T	$1500T\times3000$
话语段操作层6	$\{0\}$	T	3000×512
话语段操作层7	$\{0\}$	T	512×512
Softmax输出层	$\{0\}$	T	$512\times N$

7.5 人脸反欺骗深度学习模型

随着人脸识别技术的逐步成熟与广泛应用，其安全性问题日益凸显，如何在确保其高准确性的同时提升反欺骗能力已成为当前研究的热点。传统的人脸反欺骗方法主要依赖手工设计的算子来分析纹理、图像质量、上下文等静态图像信息或进行用户互动，但这些方法往往存在鲁棒性低、特定场景依赖性强、泛化能力有限等缺点。近年来，得益于深度学习的优势，基于深度学习的人脸反欺骗模型逐渐崭露头角，开始取代传统人脸反欺骗模型。例如，卷积神经网络(CNN)已被应用于单帧静态图像中的人脸反欺骗任务，而循环神经网络(RNN)则被应用于多帧图像(或视频)中的人脸反欺骗任务。此外，其他深度学习技术，如迁移学习、半监督学习以及元学习(Meta-Learning)等，也被引入人脸反欺骗的研究中，进一步提高了人脸反欺骗模型的性能。

7.5.1　人脸反欺骗双流 CNN 模型

随着深度学习技术的发展，一些学者开始利用卷积神经网络(CNN)来实现人脸反欺骗。早期阶段，学者们通过翻拍的方式获取大量真实人脸图像对应的伪造人脸图像，并将真实人脸图像与伪造人脸图像同时输入卷积神经网络(CNN)中进行训练，以实现对真实人脸与伪造人脸的分类。这些早期基于深度学习的人脸反欺骗模型大多采用单个 CNN，将一幅人脸图像视为一个整体，通过样本数据自动训练并提取特定的具有人脸真伪区分度的特征，从而判断输入图像是真实人脸还是伪造人脸。由于思路简单，这些早期方法尽管取得了一定的效果，但总体表现仍然不尽人意。

为改进反欺骗性能，后续有学者提出利用多个 CNN 同时对输入的人脸图像进行特征提取，再通过信息融合与综合评估来判断输入人脸图像的真实性。例如，Atoum 等人就提出了一种基于双流 CNN(Two-Stream CNN)的人脸反欺骗模型。该模型使用两个并行的 CNN 分别提取人脸的局部特征和全局深度图(Depth Map)。之后，这些特征会进行分数级信息融合，以输出最终的反欺骗判断结果。该人脸反欺骗双流 CNN 模型的结构可参考图 7-16。

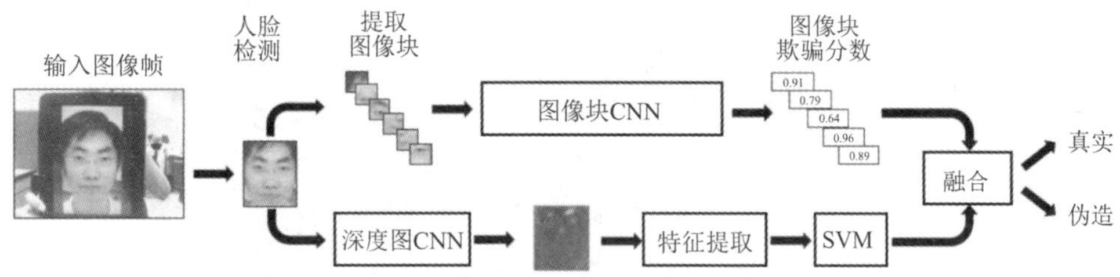

图 7-16　人脸反欺骗双流 CNN 模型的结构

一方面，人脸的局部特征使得 CNN 能够独立于人脸区域对人脸特征进行真伪识别，并得到每个图像块(Patch)的欺骗分数(Spoof Score)；另一方面，人脸的全局深度图可以判断输入图像是否具有真实人脸所特有的深度信息(即人脸表面的三维结构)。此处需要特别说明的是，该模型中的深度图指的是人脸各区域的高度，而非严格意义上的人脸表面到相机的距离。在通过专门设计的人脸深度特征 CNN 进行特征提取后，再使用支持向量机(SVM)对该深度特征进行分类以实现真伪判别。最后，将局部特征的判别分数与深度图的判别分数进行融合，得出最终的人脸真伪性判断，并作为整体网络的输出。以下分别对提取人脸局部特征的图像块 CNN 和提取全局深度图信息的深度图 CNN 进行详细介绍。

1. 图像块 CNN

输入一帧人脸图像后，首先需要进行人脸检测。人脸检测方法有多种，可以是任意的传统人脸检测算法或深度学习模型，如 Viola-Jones 算法、RetinaFace 等。在人脸检测完成之后，人脸反欺骗双流 CNN 模型使用图像块而非整幅人脸图像作为输入。这样做的好处在于可以显著增加训练样本的多样性(相对于整幅图像，图像块间的差异性更大，有助于网络学习到更具泛化性的有用特征)，同时确保 CNN 能够学习到用以区分真实人脸与伪造人脸的局部图像信息。

同时，受传统人脸反欺骗方法的启发，引入一些先验知识有助于网络学习到有利于人脸反欺骗的特定特征。例如，颜色信息已被证实是一种十分有效的人脸反欺骗特征。真实人脸图像与翻拍的人脸图像之间在色彩上存在明显的差异。因此，可以将不同的颜色空间作为 CNN 的输入。常见的颜色空间包括 RGB 空间、HSV 空间、YCbCr 空间等。其中，RGB 空间的三个颜色分量之间的相关性较高，难以很好地分离亮度和色度信息；而 HSV 空间和 YCbCr 空间则能够较好地区分亮度和色度信息，因此它们可以提供额外的、有利于人脸反欺骗的信息。使用不同颜色空间提取人脸反欺骗特征的示例可参考图 7－17(图中前三列)。

此外，为了进一步学习到高区分度的特征，该双流 CNN 模型还探索了逐像素 LBP 特征和高频特征。具体来说，对于逐像素 LBP 特征，采用 $LBP_{8,1}$ 算子(即邻域像素为 8、半径为 1 的 LBP 算子，详见 3.5.3 节)来提取逐像素纹理特征(见图 7－17 第 4 列)，然后从这些纹理图中随机抽取图像块。对于高频特征的提取，其思路是通过低通滤波器去除图像块中的低频信息。如图 7－17 最后一列所示，给定任意人脸图像 I，通过从原始图像 I 中减去其低通滤波后的图像 $f_{lp}(I)$，即可得到高频图像 $I_H = I - f_{lp}(I)$。通过结合 LBP 特征、高频特征以及原始图像块，可以为接下来的图像块 CNN 提供更丰富的输入特征图。

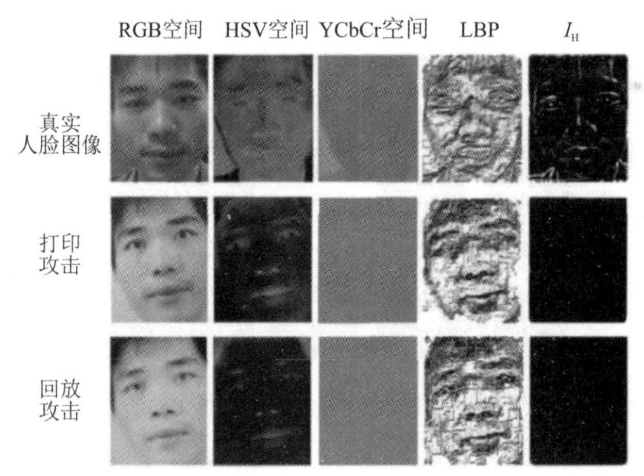

图 7－17 真实人脸图像、打印攻击、回放攻击在不同颜色空间与特征下的对比

图像块 CNN 的详细参数如表 7－2 所示。该网络由五个卷积层(位于网络的前部)和三个全连接层(位于网络的最后)组成。在每个卷积层(Conv)之后，加入了批量标准化(BN)操作、ReLU 激活函数以及池化层(MaxPooling)。第一个全连接层(FC)之后引入了随机失活(Dropout)。网络训练时使用 Softmax 损失函数。对于任意的带有背景的输入人脸图像，首先进行人脸检测，然后基于眼睛位置进行人脸区域的裁剪。之后，随机地从裁剪后的人脸区域中抽取若干个尺寸固定的图像块。如果人脸图像是真实的，则给它的所有图像块分配二进制标签 1；反之，若人脸图像是伪造的，则给它的所有图像块分配二进制标签 0。

表 7-2　图像块 CNN 的网络参数

网络层	卷积核/步长	输出尺寸
Conv-1	5×5/1	96×96×50
BN-1	—	96×96×50
MaxPooling-1	2×2/2	48×48×50
Conv-2	3×3/1	48×48×100
BN-2	—	48×48×100
MaxPooling-2	2×2/2	24×24×100
Conv-3	3×3/1	24×24×150
BN-3	—	24×24×150
MaxPooling-3	2×2/2	12×12×150
Conv-4	3×3/1	12×12×200
BN-4	—	12×12×200
MaxPooling-4	2×2/2	6×6×200
Conv-5	3×3/1	6×6×250
BN-5	—	6×6×250
MaxPooling-5	2×2/2	3×3×250
FC-1	3×3/1	1×1×1000
BN-6	—	1×1×1000
Dropout	0.5	1×1×1000
FC-2	1×1/1	1×1×400
BN-7	—	1×1×400
FC-3	1×1/1	1×1×2

在测试模型时，抽取图像块的方式与训练模型时采用的方式相同。图像块 CNN 会对一幅图像内的每个图像块生成一个在[0, 1]范围内的欺骗分数。模型最终输出的结果是所有图像块的平均欺骗分数。如果欺骗攻击是以视频格式进行的，则计算视频中所有帧的平均欺骗分数。

2. 深度图 CNN

由于在打印人脸和显示器展示等攻击方式下，与真实人脸相比，伪造人脸具有明显不同的深度信息，因此以往的研究也将深度信息作为一个重要的人脸反欺骗特征。对于设计基于 CNN 的人脸反欺骗方法，同样可以考虑引入一个鲁棒的深度图估计器以提升人脸反欺骗性能，深度图 CNN 便应运而生。

为了训练深度图 CNN，需要提供相应的训练标签。在本节所述的人脸反欺骗双流 CNN 模型中，我们利用现有的三维人脸算法，基于人脸轮廓从真实人脸图像中估计出深度信息，并以此作为训练标签；而对于伪造人脸图像，我们直接将其深度标签设置为零(这里不考虑打印纸张可能产生的弯曲)。

假设用一组三维坐标$(x_i, y_i, z_i)(i=1, 2, \cdots, N)$来描述人脸三维轮廓，则该三维人脸轮廓可表示为矩阵$\boldsymbol{C}=\begin{bmatrix} x_1 & x_2 & \cdots & x_N \\ y_1 & y_2 & \cdots & y_N \\ z_1 & z_2 & \cdots & z_N \end{bmatrix}$，其中$N$为轮廓上总的点数。利用现有的三维人脸算法可以估计出轮廓参数$\boldsymbol{p}=(p_j)$和投影矩阵$\boldsymbol{m}$，随后使用3DMM(3D Morphable Model)模型通过计算得到三维人脸轮廓$\boldsymbol{C}$：

$$\boldsymbol{C}=\boldsymbol{m}\begin{bmatrix} \overline{S}+\sum_j p_j S_j \\ \boldsymbol{E}^{\mathrm{T}} \end{bmatrix} \tag{7-24}$$

式中，S_j为表示轮廓变化(如高矮、深浅、表情等因素)的PCA主成分分量，$\overline{S}$为平均人脸轮廓。

三维人脸轮廓$\boldsymbol{C}$的z分量代表的就是深度信息，即我们所需要的深度值。为了获得平滑一致的深度图，可以采用z缓冲(z-Buffering)算法，并将对象的“纹理”作为深度信息。进一步地，为了便于后续处理和分析，使用最大-最小(Max-Min)方法将深度信息进行归一化，使得深度图的取值被统一到一个固定的范围内。利用上述步骤得到的对应真实人脸与伪造人脸的实际深度图如图7-18所示。

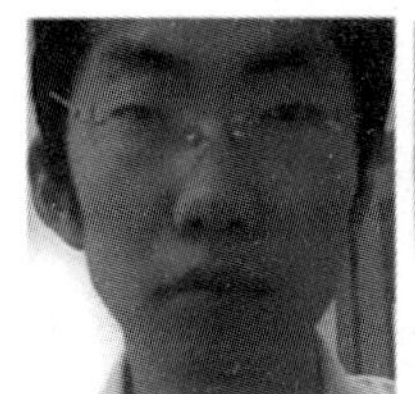
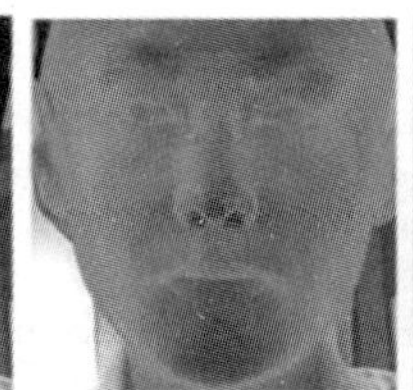
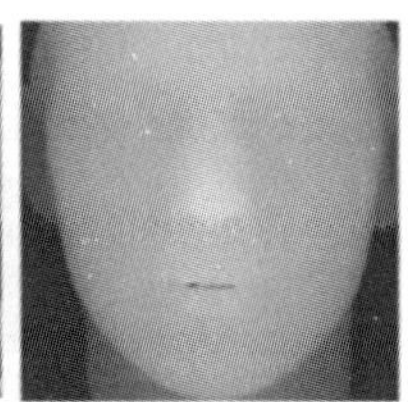

(a) 对应真实人脸的实际深度图

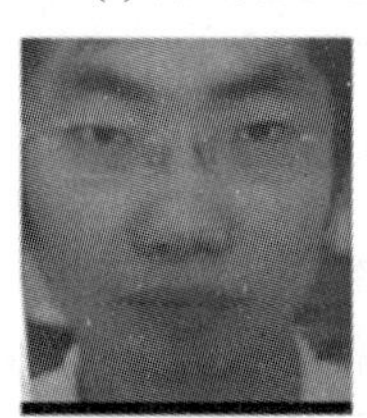

(b) 对应伪造人脸的实际深度图

图7-18 对应真实人脸与伪造人脸的实际深度图

深度图的训练标签问题解决后，接下来的任务是设计深度图CNN网络。具体来说，深度图CNN采用全卷积神经网络(FCN)的结构来实现。该FCN网络为一个瓶颈结构，包含两个部分，即下采样部分和上采样部分。深度图CNN的网络参数如表7-3所示，下采样部分包含六个卷积层(Conv)和两个最大池化层(MaxPooling)；上采样部分则包括五个卷积层，其中这五个卷积层又间隔地包含了四个用于上采样的转置卷积层(亦称为反卷积层，符号为ConvT)。所有卷积层均使用Leaky ReLU激活函数。在网络训练时，使用深度图真实标签与预测值之间的欧氏距离作为损失函数。

表 7-3　深度图 CNN 的网络参数

网络层	卷积核/步长	输出尺寸
Conv-11	3×3/1	128×128×64
Conv-12	3×3/1	128×128×64
Conv-13	3×3/1	128×128×128
MaxPooling-1	2×2/2	64×64×128
Conv-21	3×3/1	6×6×128
Conv-22	3×3/1	64×64×256
Conv-23	3×3/1	64×64×160
MaxPooling-2	2×2/2	32×32×160
Conv-31	3×3/1	32×32×128
ConvT-32	6×6/5	37×37×128
Conv-41	3×3/1	37×37×128
ConvT-42	6×6/5	42×42×128
Conv-51	3×3/1	42×42×160
ConvT-52	6×6/5	47×47×160
Conv-61	3×3/1	47×47×320
ConvT-62	6×6/5	52×52×320
ConvT-71	3×3/1	52×52×1

深度图 CNN 在估计出某个输入人脸图像的深度图后，接着将该深度图划分为预设大小的网格(允许网格之间有重叠)。然后，计算每个网格内所有深度值的均值，以此作为当前网格的深度值。将所有网格的深度值拼接起来，构成一个特征向量。这个特征向量随后被用作输入，送入后续的支持向量机(SVM)分类器中，便得到真实人脸图像与伪造人脸图像的分类结果。最后，该 SVM 分类结果与前述的图像块 CNN 的分类结果进行融合(比如通过投票、加权等方式)，从而得出最终的反欺骗判断结果。

7.5.2　人脸反欺骗 LSTM-CNN 模型

与 7.5.1 节的人脸反欺骗双流 CNN 模型不同，人脸反欺骗 RNN 模型的输入为多帧人脸图像(即视频中的人脸图像序列)。这类模型能够提取动态的时间特征以及多帧人脸图像之间的联系。然而，普通的 RNN 在处理长序列时可能会遇到梯度信息的指数级衰减问题(即梯度消失现象)。因此，学者们普遍使用含有长短期记忆(LSTM)单元的 RNN。LSTM 单元通过其独特的结构(包括输入门、输出门和遗忘门)来控制信息的修改、访问和存储，从而有效地发现输入图像序列间的长间隔时间关系。

人脸反欺骗 RNN 模型的具体实例包括 Xu 等人提出的 LSTM-CNN 模型。该模型采用了一种端到端的结构，由前置的 CNN 模块和后置的 LSTM 单元构成。这种结构不仅能够减轻卷积运算的局部密集属性，还能通过 LSTM 单元中的信息存储机制来学习输入人脸图像序列中的时间特征。以下将以该特定的 LSTM-CNN 模型为例进行详细讲述。

1. LSTM 单元

LSTM 单元具有学习输入序列的长间隔依赖性的能力。每个 LSTM 单元有一个用于存储内部状态的记忆胞元(Memory Cell) $\boldsymbol{c}_t$、三个用于控制记忆单元的门，以及输入$\boldsymbol{x}_t$ 和输出$\boldsymbol{h}_t$(其中 t 表示时间步长)。这三个控制门依次为输入门(Input Gate) $\boldsymbol{i}_t$、输出门(Output Gate) $\boldsymbol{o}_t$ 和遗忘门(Forget Gate)$\boldsymbol{f}_t$。图 7-19 为 LSTM 单元的结构图。

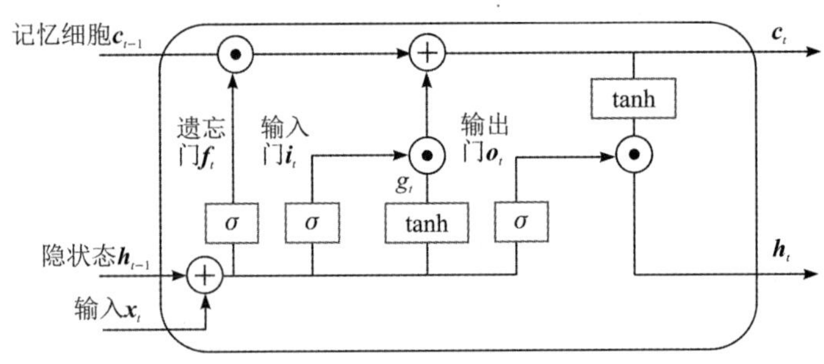

图 7-19 LSTM 单元的内部结构

控制门的计算公式为

$$\begin{cases}\boldsymbol{i}_t=\sigma(\boldsymbol{W}_{xi}\boldsymbol{x}_t+\boldsymbol{W}_{hi}\boldsymbol{h}_{t-1}+\boldsymbol{W}_{ci}\boldsymbol{c}_{t-1}+\boldsymbol{b}_i)\\ \boldsymbol{f}_t=\sigma(\boldsymbol{W}_{xf}x_t+\boldsymbol{W}_{hf}h_{t-1}+\boldsymbol{W}_{cf}\boldsymbol{c}_{t-1}+\boldsymbol{b}_f)\\ \boldsymbol{o}_t=\sigma(\boldsymbol{W}_{xo}\boldsymbol{x}_t+\boldsymbol{W}_{ho}\boldsymbol{h}_{t-1}+\boldsymbol{W}_{co}\boldsymbol{c}_{t-1}+\boldsymbol{b}_o)\end{cases} \tag{7-25}$$

其中，$\sigma(\cdot)$为激活函数；$\boldsymbol{W}$ 和 $\boldsymbol{b}$ 为模型参数，其下标 x、h、c 分别代表输入、输出、记忆胞元，i、o、f 分别代表输入门、输出门、遗忘门。

相应地，隐状态 $\boldsymbol{h}_t$ 和记忆胞元$\boldsymbol{c}_t$ 的计算公式通常如下：

$$\begin{cases}\boldsymbol{c}_t=\boldsymbol{f}_t\odot\boldsymbol{c}_{t-1}+\boldsymbol{i}_t\odot\boldsymbol{g}_t\\ g_t=\tanh(\boldsymbol{W}_{xg}\boldsymbol{x}_t+\boldsymbol{W}_{hg}\boldsymbol{h}_{t-1}+\boldsymbol{b}_g)\\ \boldsymbol{h}_t=\boldsymbol{o}_t\odot\tanh(\boldsymbol{c}_t)\end{cases} \tag{7-26}$$

其中，g_t 为输入的非线性变换，⊙代表向量点乘(即对应位置元素相乘)。

2. LSTM-CNN 模型

在构建完整的 LSTM-CNN 模型之前，首先需要设计前置的 CNN 模块。这个 CNN 模块包含两个卷积层(且每个卷积层后接有最大池化层)、一个全连接层、一个随机失活层，以及一个 Softmax 层来预测输入人脸图像是真实的还是伪造的。具体来说，第一个卷积层的特征图个数为 48，第二个卷积层的特征图个数为 96。所有卷积层的卷积核大小为 3×3，步长为 1；池化层的池化窗口大小为 2×2，步长为 2。全连接层的神经元个数为 1000。卷积层和全连接层的激活函数采用 ReLU。

前置 CNN 的结构如图 7-20 所示。在实践中，使用随机失活层可以显著防止过拟合，从而提高模型的反欺骗性能。

接下来，为了从输入序列中学习时间特征，在前置 CNN 模块的全连接层和 Softmax 层之间加入前述的 LSTM 单元，以构建完整的 LSTM-CNN 网络。请注意，LSTM 单元的个

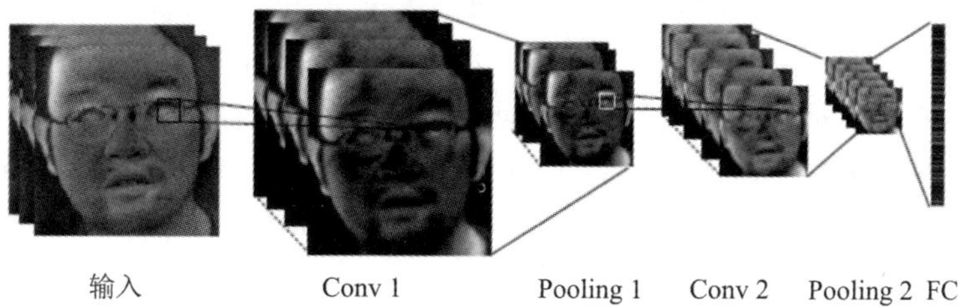

图 7－20　前置 CNN 的结构

数需根据模型复杂度和性能的综合判断而定，但在此处我们假设只使用一个 LSTM 单元。与前置 CNN 的结构不同，LSTM 单元中的节点之间是相互连接的。该 LSTM 单元的结构经过时间上的展开可以等效为一系列参数共享的 CNN，如图 7－21 所示。在实验时，我们设定 LSTM 单元对于每个时间步长具有 30 个内部单元。

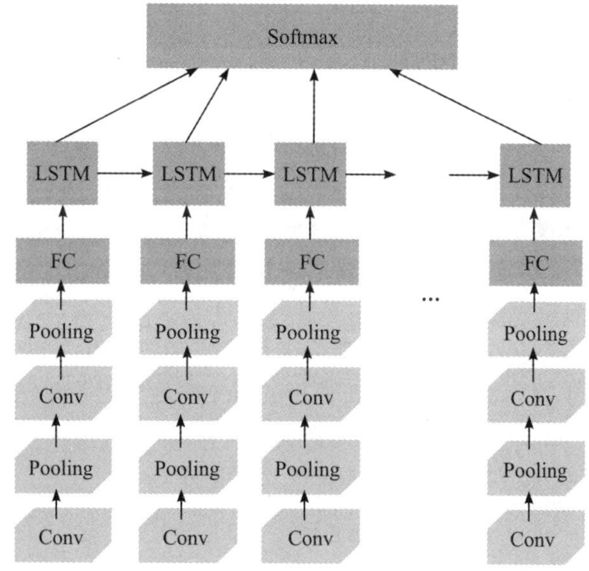

图 7－21　完整的 LSTM-CNN 结构

可以发现，LSTM-CNN 模型的总参数数量相较于单独的 CNN 只是略有增加，但它却具备更强的表征能力。实验表明，尽管仅使用一个 LSTM 单元，LSTM-CNN 模型在人脸反欺骗任务中依然表现良好，并且额外增加 LSTM 单元并不会带来显著的性能提升。

本章小结

本章介绍深度学习方法在生物特征识别领域的应用，并选取指纹识别、人脸识别、声纹识别和人脸反欺骗进行讲解。对于指纹识别，以 FingerNet 为例，讲述了从传统方法过渡到最基础的 Plain FingerNet 模型，以及构建更强大的 FingerNet 模型的过程。对于人脸检测，介绍了多阶段检测模型的代表 MTCNN 模型和单阶段检测模型的代表 RetinaFace 模型。对于人脸识别，首先介绍了两个最早出现的模型 DeepFace 和 FaceNet，然后介绍了三个基于 Margin 损失函数的改进模型，如 SphereFace、CosFace、ArcFace 等。对于声纹识别，介绍了以 d-vector 和 x-vector 为代表的深度学习模型。对于人脸反欺骗，介绍了双流 CNN 模型和 LSTM-CNN 模型。

思 考 题

1. 总结 Plain FingerNet 模型的构成。
2. 归纳 Plain FingerNet 模型和 FingerNet 模型的区别。
3. 人脸检测深度学习模型可以分为哪两大类？各有什么优缺点？
4. 总结人脸检测深度学习模型 MTCNN 的构成。
5. 总结人脸检测深度学习模型 RetinaFace 的构成。
6. DeepFace 模型和 FaceNet 模型的最后一层有何根本区别？
7. FaceNet 模型的三元组损失如何定义？其设计意义是什么？
8. ArcFace 模型和 DeepFace 模型的损失函数有何区别？Margin 损失的优势是什么？
9. 自行调查其他生物特征识别模态所使用的常见深度学习模型。
10. 总结 d-vector 和 x-vector 的核心思路。
11. 分析双流 CNN 模型与 LSTM-CNN 模型的区别。

第 8 章　生物特征识别技术应用

随着计算机技术的发展，生物特征识别技术在很大程度上实现了自动化。这一技术从早期主要局限于刑侦领域，到现在已经广泛地扩展到社会生活的各个领域。本章介绍生物特征识别技术在电子政务、门禁系统、移动终端、文件加密等实际生活中的应用实例。

8.1　生物特征识别技术在电子政务中的应用

进入 21 世纪后，由于生物特征识别技术相比于其他身份认证技术具有显著优势，因此基于生物特征识别技术的身份认证手段已经得到越来越多政府和各类组织的认可。以指纹识别为代表的生物特征识别技术在电子政务中的应用已经十分广泛，例如边防口岸等出入境人员的管理(如美国 US-VISIT 系统)、国民服务计划中的身份认证(如印度 Aadhaar 项目)、公民身份的管理控制(如中国第二代身份证)等。

1. 美国 US-VISIT 系统

最为典型的出入境管理应用案例为美国国土安全部自 2004 年开始启用的 US-VISIT 系统。美国自“9·11”事件之后对国土安全的重视程度和对恐怖主义的打击力度均显著增强，因此引入了 US-VISIT 系统以自动认证和管理所有进出美国海关口岸的旅客，这显著提高了安全性和管理效率。

该 US-VISIT 系统部署于美国所有出入境口岸，对于所有持有美国签证进出的旅客，使用机器自动扫描指纹并拍摄面部图像等方式记录和认证个人资料，从而实现出入境管理。生物特征识别技术的使用有助于 US-VISIT 系统实现以下目标：加强公民和游客的安全、促进合法旅行和贸易、确保移民系统的完整性、保护访客的隐私。

US-VISIT 系统的年处理人次量超 4 亿人，已经成为美国反恐体系中的重要组成部分。图 8-1 为 US-VISIT 系统的宣传图和生物特征识别数据采集现场。

(a) 宣传图

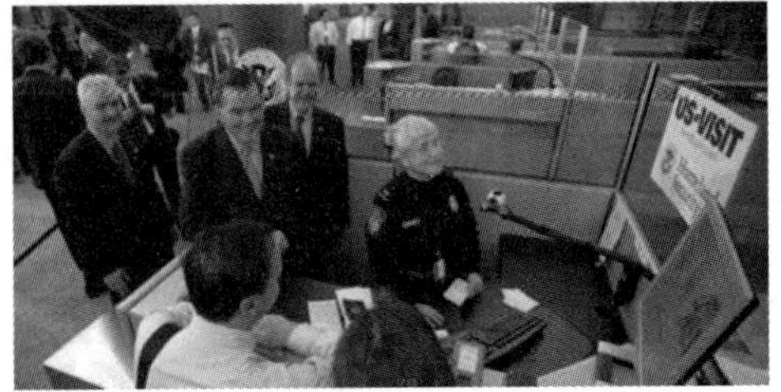

(b) 生物特征识别数据采集现场

图 8-1 US-VISIT 系统

2. 印度 Aadhaar 项目

为更方便管理国民的财政补贴、福利和其他社会服务，印度政府于 2009 年推出了 Aadhaar 项目。该项目由印度身份认证管理局负责执行和监管，通过采集每个印度居民的指纹和虹膜信息，印度政府建立起了世界上最大的生物识别数据库。截至目前，已有近 13 亿印度人在 Aadhaar 注册，占印度总人口的 90%以上。Aadhaar 项目的个人卡片如图 8-2 所示。

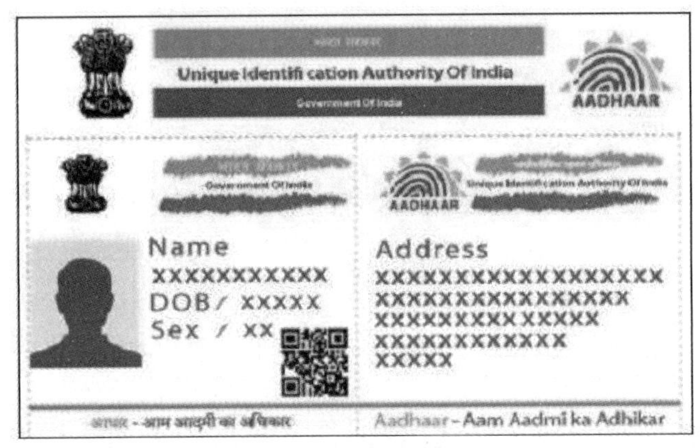

图 8-2 印度 Aadhaar 项目的个人卡片

印度的多种政府服务(如奖助学金、粮食补贴、医疗救助、养老金计划等)都可以通过基于 Aadhaar 身份认证系统来核实并发放。此外，使用 Aadhaar 应用程序接口进行认证的第三方系统允许第三方机构(如银行、电信运营商等)进行身份核验，这大大降低了身份认证的成本，并促进了新商业模式的发展。

3. 中国第二代居民身份证

我国第二代居民身份证在第十届全国人民代表大会常务委员会第三次会议通过《中华人民共和国居民身份证法》后，于 2004 年开始启用。第二代居民身份证采用了芯片技术、数字防伪措施以及多项印刷防伪技术。

第二代居民身份证内嵌有科技含量较高的芯片，芯片中不仅存放了居民的个人信息，而且预留了用于存放指纹、血型等生物特征数据的空间。很多地区已经开始采集居民的指纹信息并将其与身份证中的常规信息进行融合。图 8-3 是我国民警采集居民的指纹信息并将其录入身份证中的场景。

图 8－3　我国第二代居民身份证的指纹采集场景

生物特征识别技术在电子政务领域的应用会极大地提高政务办公效率，并在出入境管理、户籍管理等方面为公民提供更为方便、快捷的个人身份认证方式。

8.2　生物特征识别技术在门禁系统中的应用

随着人工智能和城市化的快速发展，智慧城市(Smart City)的建设已经成为新时代城镇化和全面建成小康社会的重要举措。基于各种生物特征识别技术的智能门禁系统是智慧城市、智慧社区、智慧楼宇、智慧家居的典型应用案例。与传统依赖人力的门禁系统相比，新型智能门禁系统具有门户出入控制、实时监控、防盗报警等多种功能，它主要方便社区或单位内部人员的出入，阻止外来人员的随意进出。因此，智能门禁系统既方便了物业管理，又提升了社区的安全性，为用户提供了一个便利且人性化的工作或生活环境。此外，生物特征识别技术(如刷脸开门)还可以与其他信息技术相结合，从而给用户提供更多体验，如远程开门、小程序开门、二维码开门等。图 8－4 为部署在社区大门和住户门口的人脸识别智能门禁系统实例。图 8－5 为一个人脸识别门禁软件的界面图。

(a) 社区大门

(b) 住户门口

图 8－4　人脸识别智能门禁系统实例

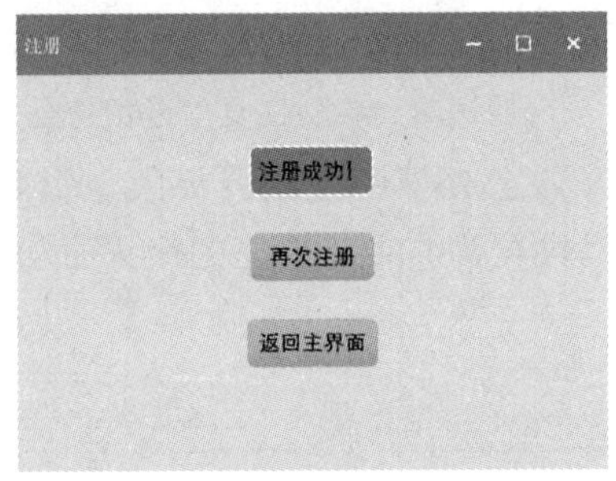

图 8-5 人脸识别门禁软件的界面

下面介绍一个面向家用的人脸识别智能门禁系统的设计实例。如图8-6 所示，该门禁系统由室外子机和室内主机构成，其核心组件包括摄像头、控制器和门锁等。室外子机包括人体传感器、摄像头、门铃按键以及喇叭。室内主机由 Wi-Fi 模块、显示屏、存储器、喇叭、话筒、辅助电源以及 GSM 模块构成。摄像头安装在防盗门上，通过电池盒来解决供电问题。图像则通过无线网络传输到云端或室内主机。

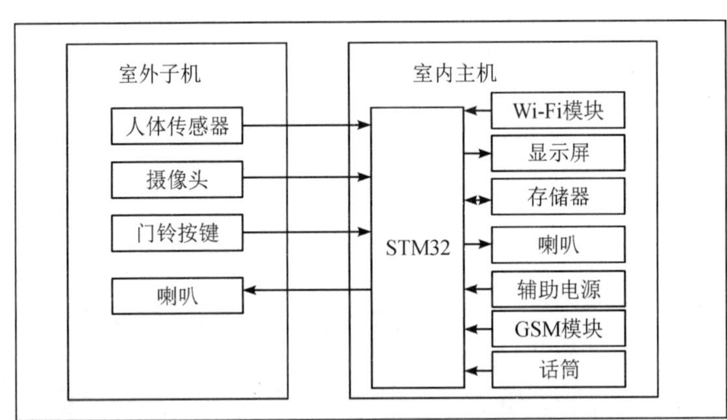

图 8-6 人脸识别智能门禁系统框图

该人脸识别智能门禁系统的工作过程如下：当人体传感器检测到有人出现在门前时，摄像头开启并开始记录来人的视频信息，将捕捉到的图像帧发送给服务器端(该服务器可以是运营商的云服务器或社区的服务中心)进行人脸识别操作，若在注册数据库中通过比对找到了匹配的人脸信息，则系统执行开门指令，否则不予开门；当人体传感器未检测到人出现时，系统上传该段视频至服务器端进行存储。

该人脸识别智能门禁系统的核心软件为人脸识别软件，该软件包括人脸检测、姿态估计与人脸识别等模块。人脸检测通过 Viola-Jones 算法实现，人脸识别通过 PCA 算法实现，姿态估计通过直接线性变换(Direct Linear Transform，DLT) 方法实现。为了提高识别的速度与准确率，还可以引入人脸图像质量判断模块。该模块负责从摄像头拍摄的所有帧人脸图像中筛选出质量最好的图像(考虑光照条件和图像清晰度等因素)，并将这些帧发送到服务器端进行人脸识别。若识别成功，则系统执行开门指令。具有加速功能的人脸识别智能门禁系统的框图如图 8－7 所示。

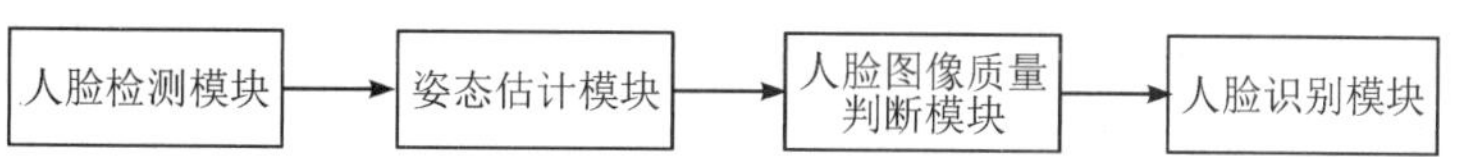

图 8－7　具有加速功能的人脸识别智能门禁系统的框图

8.3　生物特征识别技术在移动终端中的应用

生物特征识别技术不仅在电子政务、门禁系统、安防监控等领域为人们带来了便捷，而且在移动端个人身份认证的应用中也逐渐得到推广，尤其是手机端的指纹识别和人脸识别解锁功能，已经被各大手机厂商和芯片厂商应用于智能手机中。

基于指纹识别的手机解锁技术最早出现在摩托罗拉公司于 1999 年发布的刮擦式指纹解锁智能机 SL1088 中。2013 年，美国苹果公司正式发布了一款具有时代意义的搭载正面按压电容指纹识别功能的手机 iPhone 5S，其指纹采集通过 Home 键完成。用户在按压 Home 键时，按键上的不锈钢环可以检测到手指的接触并触发传感器完成指纹采集，如图 8－8 所示。由于 iPhone 系列产品的巨大影响，手机指纹解锁技术由此正式出现在大众视野中。到目前为止，各大手机厂商均已推出了各自的指纹解锁手机产品，如魅族 MX4 Pro、三星的 Galaxy S5/S6、华为 Mate 7 等。

(a) iPhone 5S指纹解锁画面

(b) Home键拆解

图 8－8　搭载指纹识别解锁的 iPhone 5S 以及 Home 键

随着人脸识别技术的突破以及手机屏幕逐渐增大的趋势，基于人脸识别的手机解锁方式开始出现并逐渐取代基于指纹识别的手机解锁方式。2017 年，苹果公司推出的 iPhone X 手机彻底摒弃了指纹解锁，转而使用了 Face ID 人脸解锁技术。利用名为“结构光技术”的硬件模组，iPhone X 实现了人脸信息收集。人脸解锁相比于指纹解锁具有多种优势：指纹解锁需要专门占用部分手机屏幕区域，但是人脸解锁可以直接使用已经集成的摄像头，无须额外占用屏幕区域，且无须专门的传感器。此外，人脸识别为非接触式识别，使用起来更加便捷。图 8-9 为具有人脸识别解锁功能的 iPhone X 手机。

图 8-9　具有人脸识别解锁功能的 iPhone X 手机

下面介绍一个实际的面向手机端的人脸识别设计方案(本方案由本书作者设计完成)。相比于 PC 端，移动端具有运算能力和存储资源有限等特点，所以 DeepFace、FaceNet、ArcFace 等结构复杂、参数多、运算速度慢的著名人脸识别深度神经网络模型并不适用于移动端。因此面向手机等移动端的人脸识别模型需要进行专门的轻量级设计。本方案选取了 MobileNet 网络，该网络的核心思想是将标准卷积的计算过程分解成单通道卷积和点卷积两个步骤进行计算，即分离卷积，如图 8-10 所示。

开发环境选取了 Android(具体版本为 Android Studio 4.0)，开发语言为 Java。在 Android Studio 中开发应用程序时，需要使用 Java 语言来调用 PC 端的 Python TensorFlow 程序模型(即上文所述的 MobileNet)。该模型需要使用 protobuf 协议转换为对应移动端模型的.pb 文件，为此需要在 Android Studio 中配置相应的 Android TensorFlow 库，以保证 Android 具备 TensorFlow 支持。由于核心的 TensorFlow 功能是通过 C++代码编写的，为了在 Android 中正常使用这些功能，TensorFlow 提供了一个 TensorFlow Inference Interface(TFII)用于桥接 Java 与 C++代码。使用 Java Native Interface(JNI)，TFII 能在 Android 中将开发过程中的 Java 代码调用转换为对应的 C++代码。

人脸识别系统的子模块包括模型加载模块、图像采集模块、人脸检测模块、人脸识别模块、结果显示模块，如图 8-11 所示。模型加载模块通过 TFII 对象加载移动端人脸检测

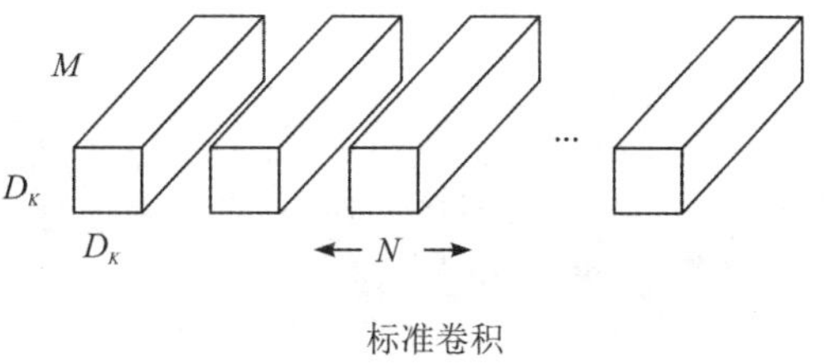

标准卷积

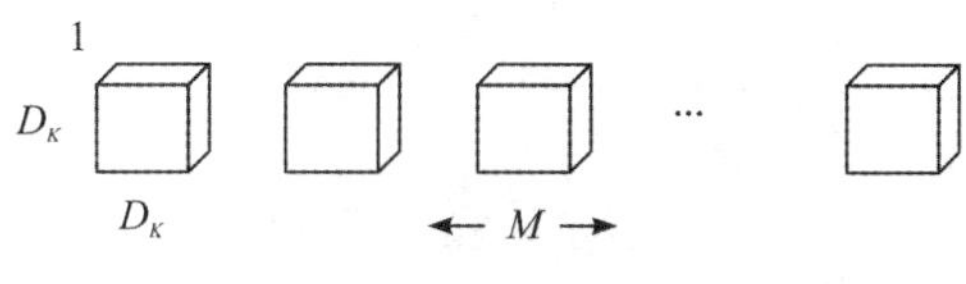

单通道卷积

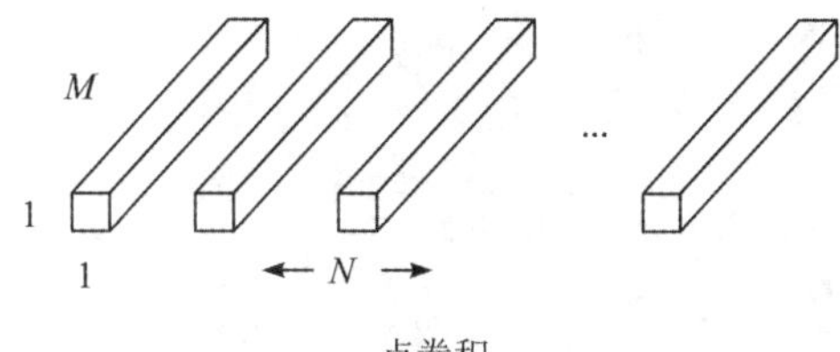

点卷积

图 8－10 标准卷积与分离卷积对比

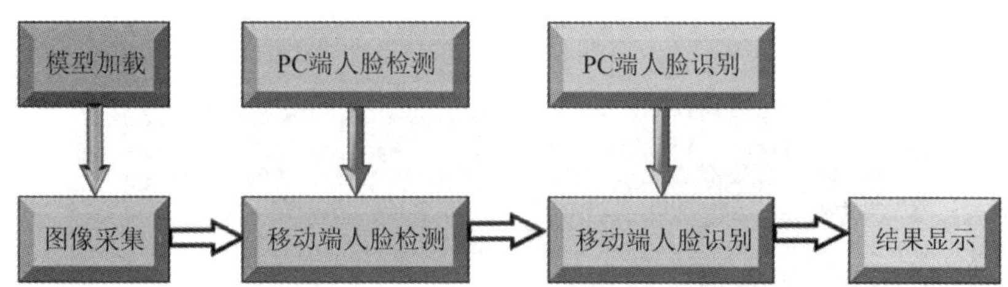

图 8－11 人脸识别系统的子模块

模型、移动端人脸识别模型，为后续的流图推理与计算做好准备。模型加载完毕后，系统将输入数据输入模型流图进行流图推理与计算，从而得到各模块需要的输出结果。图像采集模块用于获取待识别的人脸图像，主要采用两种方式：第一种是利用手机自带的相机模块进行拍照，获取的照片作为系统的输入图像；第二种是允许用户从手机图库中选择一张待识别的图像作为系统的输入图像。人脸检测模块用于从待识别的人脸图像中检测并截取出人脸的有效区域，以供后续的人脸识别模块使用，具体算法可选用 RetinaFace。人脸识别模块使用预先训练的 MobileNet 网络对截取的人脸区域进行身份识别。结果显示模块用于显示人脸识别后的结果，并标记出人脸身份信息。

为了进行显示，还需有用户界面(User Interface，UI)。UI 的主要功能是对后台功能程序进行控制，并实现后台与前端界面之间的数据交互。具体来说，采用可扩展标记语言(Extensible Markup Language，XML)来完成应用程序的 UI 设计。在设计 UI 时，主要通过 UI 中的控件属性与后台程序建立关联，如给 UI 中的按钮添加 ID 属性。在后台程序与按钮的 ID 属性建立关联后，通过点击按钮就能实现相应的功能。手机端人脸识别软件的界面设计示意图如图 8－12 所示，软件的实际运行效果图如图 8－13 所示。

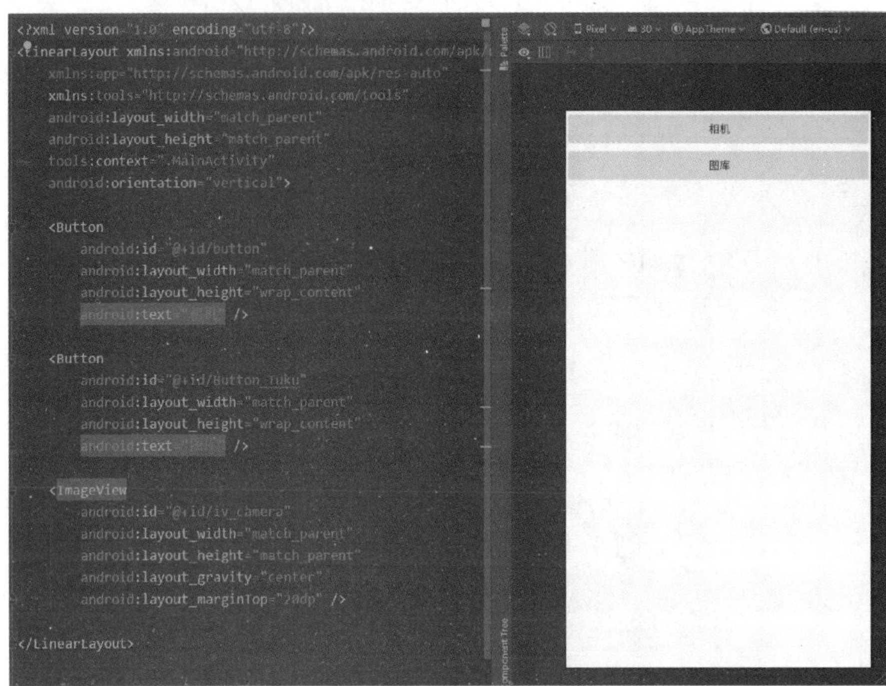

图 8－12　手机端人脸识别软件的界面设计示意图

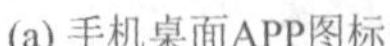
(a) 手机桌面APP图标

(b) APP运行效果

图 8－13　手机端人脸识别软件的实际运行效果图

8.4　指纹文件加密系统

传统文件加密系统大多是基于密码实现的，即采用密钥加密算法来生成一个足够长且随机的密钥，并将密钥存储到某种介质(如 USB 令牌或者计算机硬盘)上，然后通过一个易于记忆的密码来保护密钥的安全性。但这些密码容易受到暴力破解、推理分析或木马植入等攻击手段的威胁，并且基于密码的加密方式无法解决物理身份与数字身份的统一性问题。而基于指纹的加密系统采用指纹识别技术对计算机文件、文件夹、电子信箱、账户等用户资料进行加密，可提高数据的安全性，防止未经授权的用户进入访问或使用。

下面介绍一个基于 Fuzzy Vault 指纹密钥绑定算法(该算法详细内容可参考 5.3.2 节)的指纹文件加解密系统设计方案。该方案由西安电子科技大学生物特征识别与加密实验室设计完成(其软件名称为 Xidian Fingerprint File Encryptor V1.0)。该系统可以满足高安全性的文件加密需求，用户可以直接利用自己的指纹信息来保护文件。系统会自动生成随机密钥串，并将其与用户的指纹信息进行绑定，同时保障了用户文件信息与用户生物特征信息的安全。

该指纹文件加解密系统的开发环境为 Windows 操作系统，使用 Matlab、C++、Python 三种语言进行混合编程开发。该系统可加密 txt 文本文件、Excel 表格文件、Word 文档及使用本系统加密后的加密文件。在使用时，用户只需点击软件图标，便可显示软件的主界面(如图 8-14 所示)，然后便可进行相应的软件操作。

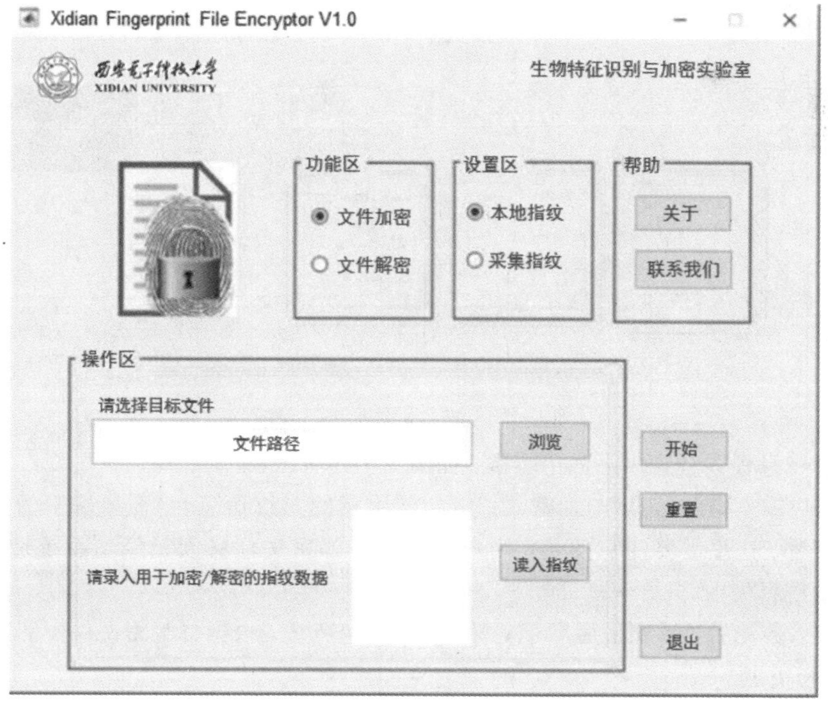

图 8-14　指纹文件加密系统启动后的主界面

指纹文件加解密系统中主要的功能模块分别是指纹图像预处理模块、Fuzzy Vault 算法模块、高级加密标准(Advanced Encryption Standard, AES)加/解密模块。其中指纹图像预处理模块执行的预处理操作有指纹图像分割、指纹图像增强、指纹图像二值化与细化，该模块使用 Matlab 语言进行编程；Fuzzy Vault 算法模块实现密钥绑定、密钥解绑定及指纹配准功能，该模块使用 Matlab 与 C＋＋语言混合编程；AES 加密模块实现文件加密与解密功能，该模块使用 Python 语言进行编程。

指纹文件加密过程分为以下六个步骤，如图 8－15 所示：

(1) 用户输入指纹信息以及需要加密的文件后系统开始加密；

(2) 输入数据后，系统随机生成一个 32 位密钥串，为之后的 AES 加密模块提供加密密钥(Key)。

(3) AES 加密模块使用步骤(2)中生成的 32 位密钥串对文件进行加密，生成数据密文(Data)。

(4) 采用 Fuzzy Vault 密钥绑定算法将用户指纹与 32 位密钥串进行绑定，生成密钥密文(Vault)。

(5) 将步骤(3)和(4)中生成的数据密文和密钥密文进行合并，形成最终的文件加密文档，完成加密过程。

(6) 加密完成后，销毁原始文件、用户指纹数据及步骤(3)和(4)中生成的数据密文和密钥密文。

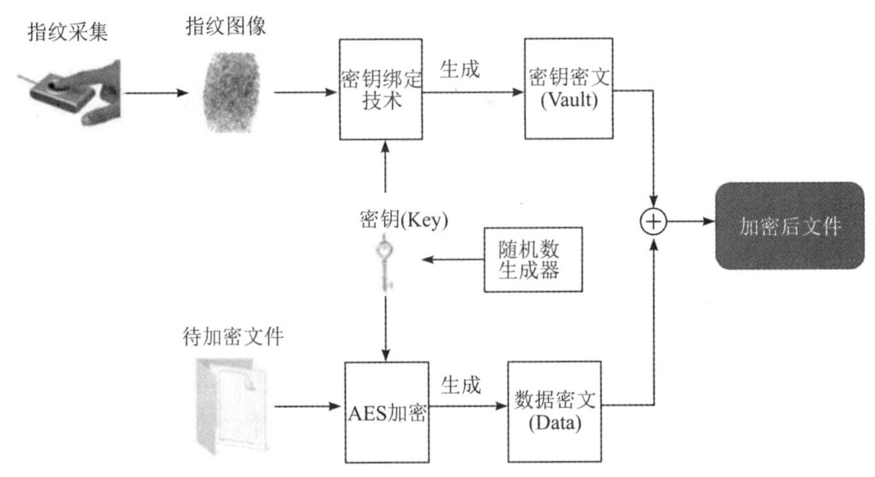

图 8－15 指纹文件加密过程图

文件解密过程共分为以下四个步骤，如图 8－16 所示：

(1) 用户输入指纹信息(与加密文件时相同手指的指纹信息)与需要解密的文件，系统随即开始解密。这里需要注意的是，用户输入的待解密文件必须是经本系统加密的文件，否则将导致解密失败。

(2) 输入数据后，系统采用 Fuzzy Vault 解绑定算法，根据待解密文件中的密钥密文提取出 32 位密钥串。

(3) AES 解密模块使 32 位密钥串对待解密文件进行解密，恢复出原始文件数据，完成解密过程。

（4）解密完成后，销毁用户指纹数据及所有中间数据。

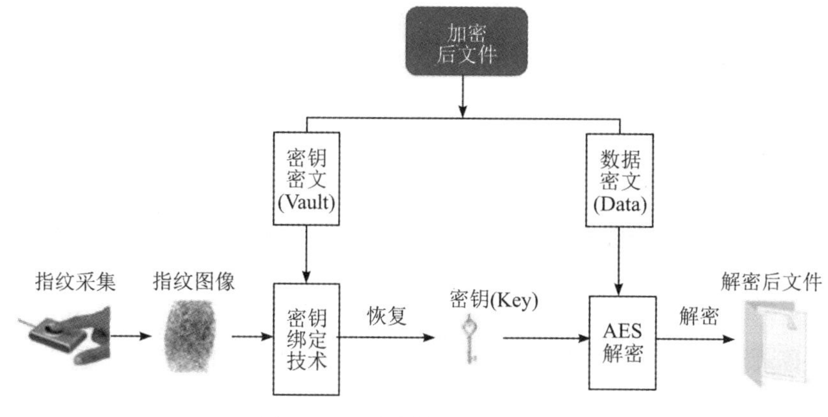

图 8-16　文件解密阶段流程图

本章小结

本章主要介绍了生物特征识别技术在电子政务、门禁系统、移动终端和文件加密等领域的若干典型应用。随着生物特征识别技术的不断发展，各种新型应用仍在不断涌现。不难预见，未来生物特征识别技术的市场前景将更为广阔，对人们生活和工作方式的影响将越来越深远。

思考题

1. 除了本章介绍的生物特征识别技术应用案例，请列举一些其他已经实施并成熟的生物特征识别技术应用案例。

2. 调查最新的生物特征识别应用系统，并画出系统的示意框图。

3. 你认为私营企业是否有权采集用户的指纹等生物特征信息？请从法律角度进行分析。

4. 分析并比较指纹和人脸等生物特征在移动端使用的优缺点。

5. 生物特征加密技术在现实生活中的应用有哪些？

6. 分析生物特征识别技术为公安机关的户籍管理和身份认证带来的好处及其面临的挑战。

7. 近年来，通信行业的三大运营商均要求用户使用实名制开户，你认为生物特征识别技术能否应用在实名制过程中或者完全代替 SIM 卡吗？为什么？

8. 通过编程实现一个简单的生物特征识别应用系统。

附录A 专业术语中英文对照表

英文缩写	英文全称	中文含义
AAM	Active Appearance Model	主动外观模型
ACF	Autocorrelation Function	自相关函数
AES	Advanced Encryption Standard	高级加密标准
ANN	Artificial Neural Network	人工神经网络
AP	Average Precision	平均精度
AR	Autoregressive	自回归
ASM	Active Shape Model	主动形状模型
ASPP	Atrous Spatial Pyramid Pooling	空洞空间金字塔池化
AUC	Area Under Curve	曲线下面积
BE	Biometric Encryption	生物特征加密
BMA	Block Match Algorithm	块匹配算法
BN	Batch Normalization	批归一化
BP	Backpropagation	反向传播
BTP	Biometric Template Protection	生物特征模板保护
CCD	Charge-Coupled Device	电荷耦合器件
CDF	Cumulative Distribution Function	累积分布函数
CE	Cross-Entropy	交叉熵
CMC	Cumulative Matching Characteristics	累积匹配特性
CN	Crossing Number	交叉数
CNN	Convolutional Neural Network	卷积神经网络
CRF	Conditional Random Field	条件随机场
CT	Computed Tomography	计算机断层扫描
DARPA	Defense Advanced Research Projects Agency	美国国防部高级研究计划局

续表一

英文缩写	英文全称	中文含义
DCT	Discrete Cosine Transform	离散余弦变换
DLT	Direct Linear Transform	直接线性变换
DPI	Dots Per Inch	每英寸点数
DTW	Dynamic Time Warping	动态时间规整
EBGM	Elastic Bunch Graph Matching	弹性束图匹配
EEG	Electroencephalography	脑电图
EER	Equal Error Rate	等错误率
EM	Expectation Maximization	期望最大化
ERP	Event-Related Potential	事件相关电位
FAR	False Acceptance Rate	误识率
FAS	Face Anti-Spoofing	人脸反欺骗
FBI	Federal Bureau of Investigation	美国联邦调查局
FC	Fully Connection	全连接
FCN	Fully Convolutional Network	全卷积网络
FDDB	Face Detection Dataset and Benchmark	人脸检测数据集与基准
FDEI	Frame Difference Energy Image	帧差能量图像
FFT	Fast Fourier Transformation	快速傅里叶变换
FIR	Finite Impulse Response	有限脉冲响应
FLD	Face Liveness Detection	人脸活体检测
FN	False Negative	假阴
FP	False Positive	假阳
FPN	Feature Pyramid Network	特征金字塔网络
FPS	Frames Per Second	帧率
FRGC	Face Recognition Grand Challenge	人脸识别大挑战
FRR	False Rejection Rate	拒识率
FRVT	Face Recognition Vendor Test	人脸识别供应商测试
FVC	Fingerprint Verification Competition	指纹识别大赛
GAN	Generative Adversarial Network	生成对抗网络
GAR	Genuine Acceptance Rate	正确接受率(或识别率)
GEI	Gait Energy Image	步态能量图像
GHI	Gait History Image	步态历史图像
GMM	Gaussian Mixture Model	高斯混合模型

续表二

英文缩写	英文全称	中文含义
GRU	Gated Recurrent Unit	门控循环单元
GSM	Global System for Mobile Communications	全球移动通信系统
HE	Histogram Equalization	直方图均衡化
HMM	Hidden Markov Model	隐马尔可夫模型
ICA	Independent Component Analysis	独立分量分析
IIR	Infinite Impulse Response	无限脉冲响应
IOU	Intersection Over Union	交并比
IQA	Image Quality Assessment	图像质量评估
LBP	Local Binary Pattern	局部二值模式
LDA	Linear Discriminant Analysis	线性判别分析
LFW	Labeled Faces in the Wild	野外标记人脸数据集
LMS	Least Mean Square	最小均方
LPC	Linear Predictive Coefficient	线性预测系数
LPCC	Linear Predictive Cepstral Coefficient	线性预测倒谱系数
LRN	Local Response Normalization	局部响应归一化
LRT	Local Radon Transform	局部 Radon 变换
LSP	Line Spectrum Pair	线谱对
LSTM	Long Short-Term Memory	长短期记忆
MAP	Maximum A Posteriori Probability	最大后验概率
MEI	Motion Energy Image	运动能量图
MFCC	Mel-Frequency Cepstral Coefficient	梅尔频率倒谱系数
MHI	Motion History Image	运动历史图
MLE	Maximum Likelihood Estimation	最大似然估计
MLP	Multilayer Perceptron	多层感知机
MS	Matching Score	匹配分数
MSE	Mean Squared Error	均方误差
MTCNN	Multi-Task Cascaded Convolutional Network	多任务级联卷积网络
NMS	Non-Maximum Suppression	非极大值抑制
NIST	National Institute of Standards and Technology	美国国家标准与技术研究院
OF	Optical Flow	光流
PACF	Partial Autocorrelation Function	偏自相关函数
PAD	Presentation Attack Detection	展示攻击检测

续表三

英文缩写	英文全称	中文含义
PCA	Principal Component Analysis	主成分分析
PDM	Point Distribution Model	点分布模型
PLDA	Probabilistic Linear Discriminant Analysis	概率线性判别分析
PLR	Piecewise Linear Representation	分段线性表征
PSNR	Peak Signal to Noise Ratio	峰值信噪比
RBF	Radial Basis Function	径向基函数
ReLU	Rectified Linear Unit	线性修正单元
RNN	Recurrent Neural Network	循环神经网络
ROC	Receiver Operating Characteristic	接收器工作特性
ROI	Region of Interest	感兴趣区域
SGD	Stochastic Gradient Descent	随机梯度下降
SIFT	Scale-Invariant Feature Transform	尺度不变特征变换
SNR	Signal to Noise Ratio	信噪比
SOTA	State of the Art	最先进技艺
SSD	Sum of Squared Difference	差平方和
SSVEP	Steady-State Visual Evoked Potential	稳态视觉诱发电位
SVD	Singular Value Decomposition	奇异值分解
SVM	Support Vector Machine	支持向量机
TDNN	Time Delay Neural Network	时延神经网络
TN	True Negative	真阴
TOF	Time of Flight	飞行时间
TP	True Positive	真阳
TPIR	True Positive Identification Rate	正确辨识率
TPR	True Positive Rate	真阳率
TTS	Text To Speech	文本转语音(或语音合成)
UI	User Interface	用户界面
US-VISIT	United States Visitor and Immigrant Status Indicator Technology	美国访客暨移民身份显示技术
UBM	Universal Background Model	通用背景模型
VEP	Visual Evoked Potential	视觉诱发电位
VQ	Vector Quantization	向量量化
WFMT	Wavelet-Fourier-Mellin Transform	小波-傅里叶-梅林变换
XOR	Exclusive OR	异或运算
XML	Extensible Markup Language	可扩展标记语言

附录 B 常见的生物特征识别数据库

1. 指纹数据库

(1) FVC2004 指纹数据库：

http://bias.csr.unibo.it/fvc2004

(2) NIST 系列指纹数据库：

http://www.nist.gov/srd

(3) 中科院百万级指纹图像数据库：

http://www.fingerpass.net/millionfingers.htm

2. 人脸数据库

(1) FERET 人脸数据库：

http://www.nist.gov/itl/iad/ig/colorferet.cfm

(2) MegaFace 人脸数据库：

http://megaface.cs.washington.edu/dataset/download.html

(3) VGG 人脸数据库：

http://www.robots.ox.ac.uk/～vgg/data/vgg_face2/

(4) FDDB 人脸检测数据库：

http://vis-www.cs.umass.edu/fddb/index.html

(5) WIDER FACE 人脸检测数据库：

http://shuoyang1213.me/WIDERFACE/

3. 模态数据库

(1) 中国科学院虹膜数据库 V4 (CASIA-Iris V4)：

https://hycasia.github.io/dataset/casia-irisv4/

(2) 圣母大学虹膜数据库(LivDet-Iris-2023)：

https://cvrl.nd.edu/projects/data/#livdet-iris-2023-part1

(3) 中国科学院步态数据库：

http://www.cbsr.ia.ac.cn/china/Gait%20Databases%20CH.asp

(4) VoxCeleb1 语音数据库：

https://www.robots.ox.ac.uk/~vgg/data/voxceleb/vox1.html

(5) CSAFE 签名数据库：

https://data.csafe.iastate.edu/HandwritingDatabase/

(6) PolyU 掌纹数据库：

https://web.comp.polyu.edu.hk/biometrics/

参考文献

[1] JAIN A K, FLYNN P, ROSS A A. Handbook of biometrics[M]. New York: Springer, 2007.

[2] BOVIK A C. Handbook of image and video processing[M]. 2nd ed. Burlington: Elsevier Academic Press, 2010.

[3] DUDA R O, HART P E, STORK D G. Pattern classification[M]. 2nd ed. New York: John Wiley & Sons, 2000.

[4] BISHOP C M. Pattern Recognition and Machine Learning[M]. New York: Springer, 2006.

[5] 田捷，杨鑫. 生物特征识别技术理论与应用[M]. 北京:清华大学出版社，2009.

[6] 庞辽军，赵伟强，李岩. 生物特征加密基础[M]. 北京:电子工业出版社，2016.

[7] 邱建华，冯敬，郭伟，等. 生物特征识别：身份认证的革命[M]. 北京：清华大学出版社，2015.

[8] GONZALEZ R C, WOODS R E. 数字图像处理[M]. 4版. 阮秋琦，阮宇智，译. 北京：电子工业出版社，2020.

[9] 郝玉洁，吴立军，赵洋，等. 信息安全概论[M]. 北京：清华大学出版社，2013.

[10] BLAHUT R E. 现代密码学及其应用[M]. 黄玉划，薛明富，许娟，译. 机械工业出版社. 2018.

[11] MALTONI D, MAIO D, JAIN A K, et al. Handbook of fingerprint recognition [M]. 3red. London: Springer, 2022.

[12] ROSS A, JAIN A K. Multimodal biometrics: an overview[C]//12th European signal processing conference. IEEE, 2004: 1221-1224.

[13] ROSS A, JAIN A. Information fusion in biometrics[J]. Pattern recognition letters, 2003, 24(13): 2115-2125.

[14] CAO Z C. Cross-spectral full and partial face recognition: preprocessing, feature extraction and matching[D]. Morgantown, WV: West Virginia University, 2016.

[15] PHILLIPS P J, MARTIN A. An introduction to evaluating biometric systems[J]. Computer, 2000,33(2):56-63.

[16] TRAURING M. Automatic comparison of finger-ridge patterns[J]. Nature, 1963, 197(4871): 938-940.

[17] STONEY D A, THORNTON J I. A systematic study of epidermal ridge minutiae [J]. Journal of Forensic Sciences, 1987, 32(5): 1182-1203.

[18] BAZEN A M, GEREZ S H. Segmentation of fingerprint images[C]// ProRISC 2001 Workshop on Circuits, Systems and Signal Processing. Citeseer, 2001: 276-280.

[19] BANNER C S, STOCK R M. The FBI's approach to automatic fingerprint identification, Part 2[J]. FBI Law Enforcement Bulletin, 1975, 44(2): 26-31.

[20] CAPPELLI R, MAIO D, MALTONI D. Modelling plastic distortion in fingerprint images[C]//Advances in Pattern Recognition—ICAPR 2001: Second International Conference, 2001 Proceedings 2. Springer, 2001: 371 - 378.

[21] CHAMPOD C, LENNARD C J, MARGOT P, et al. Fingerprints and other ridge skin impressions[M]. 2nd ed. Boca Raton, Florida: CRC press, 2016.

[22] COETZEE L, BOTHA E C. Fingerprint recognition in low quality images[J]. Pattern Recognition, 1993, 26(10): 1441 - 1460.

[23] GOTTSCHLICH C. Curved-region-based ridge frequency estimation and curved Gabor filters for fingerprint image enhancement[J]. IEEE Transactions on Image Processing, 2012, 21(4): 2220 - 2227.

[24] GREENBERG S, ALADJEM M, KOGAN D, et al. Fingerprint image enhancement using filtering techniques [C]//Proc. of Int. Conf. on Pattern Recognition, 2000, 322 - 325.

[25] HONG L, JAIN A K. Integrating faces and fingerprints for personal identification [J]. IEEE Transactions on Pattern Analysis and Machine Intelligence, 1998, 20 (12): 1295 - 1307.

[26] HONG L, WAN Y, JAIN A K. Fingerprint image enhancement: algorithm and performance evaluation[J]. IEEE Transactions on Pattern Analysis and Machine Intelligence, 1998, 20(8): 777 - 789.

[27] MAIO D, MALTONI D. Direct gray-scale minutiae detection in fingerprints[J]. IEEE Transactions on Pattern Analysis and Machine Intelligence, 1997, 19(1): 27 - 40.

[28] JAIN A K, ROSS A, PRABHAKAR S. Fingerprint matching using minutiae and texture features[C]//International Conference on Image Processing, 2001:282 - 285.

[29] JIANG X, YAUWY. Fingerprint minutiae matching based on the local and global structures[C]//International Conference on Pattern Recognition. 2000: 1038 - 1041.

[30] KASS M, WITKIN A, TERZOPOULOS D. Snakes: active contour models[J]. International Journal of Computer Vision, 1988, 1(4): 321 - 331.

[31] TICO M, KUOSMANEN P. Fingerprint matching using an orientation-based minutia descriptor[J]. IEEE Trans. on Pattern Analysis and Machine Intelligence, 2003,25(8):1009 - 1014.

[32] WEGSTEIN J H. Automated fingerprint identification[M]. Washington D. C. : US Government Printing Office, 1970.

[33] ZHU E, YIN J P, HU C F, et al. A systematic method for fingerprint ridge orientation estimation and image segmentation[J]. Pattern Recognition, 2006,39 (8): 1452 - 1472.

[34] 田捷，陈新建，张阳阳，等. 指纹识别技术的新进展[J]. 自然科学进展. 2006,16 (4):400 - 408.

[35] 祝恩，殷建平，张国敏，等. 自动指纹识别技术[M]. 长沙：国防科技大学出版社，2006.

[36] GALTON F. Personal identification and description[J]. Nature, 1988, 38(5): 201－202.

[37] BLEDSOE W. Man-machine facial recognition[J]. Panoramic Research Inc., Palo Alto, CA, 1966.

[38] GOLDSTEIN A J, HARMON L D, LESK A B. Identification of human faces[J]. Proceedings of the IEEE, 1971, 59(5): 748－760.

[39] KANADE T. Picture processing system by computer complex and recognition of human faces[D/OL]. Kyoto: Kyoto University, 1973.

[40] ZHAO W Y, CHELLAPPA R, PHILLIPS P J, et al. Face recognition: a literature survey[J]. ACM Computing Surveys, 2003, 35(4):399－458.

[41] BOWYER K W, CHANG K, FLYNN P. A survey of approaches and challenges in 3D and multi-modal 3D＋2D face recognition[J]. Computer Vision and Image Understanding, 2006, 101(1):1－15.

[42] TURK M A, PENTLAND A P. Face recognition using eigenfaces[C]// IEEE Conf. on Computer Vision and Pattern Recognition, 1991:586－591.

[43] WISKOTT L, FELLOUS J M, KRUGER N, et al. Face recognition by elastic bunch graph matching[J]. IEEE Trans. Pattern Anal. Mach. Intell., 1997, 19: 775－779.

[44] AHONEN T, HADID A, PIETIKAINEN M. Face recognition with local binary patterns[C]//European Conference on Computer Vision, 2004: 469－481.

[45] PHILLIPS P J, MOON H, RIZVI S, et al. The FERET evaluation methodology for face-recognition algorithms[J]. IEEE Trans. on PAMI, 2000, 22(10): 1090－1104.

[46] PHILLIPS J, GROTHER P, MICHEALS R J, et al. Facial recognition vendor test 2002[J]. Evaluation Report, 2003.

[47] PHILLIPS P J, FLYNN P J, SCRUGGS T, et al. Overview of the face recognition grand challenge[C]//IEEE Conference on Computer Vision and Pattern Recognition, 2005:947－954.

[48] RICANEK K, TESAFAYE T. Morph: a longitudinal image database of normal adult age-progression[C]//7th International Conference on Automatic Face and Gesture Recognition. IEEE, 2006: 341－345.

[49] KONG S G, HEO J, ABIDI B R, et al. Recent advances in visual and infrared face recognition—a review[J]. Computer Vision and Image Understanding, 2005, 97(1): 103－135.

[50] CAO Z C, SCHMID N A, BOURLAI T. Composite multi-lobe descriptors for cross-spectral recognition of full and partial face[J]. Optical Engineering, 2016, 55(8): 083107.

[51] BLANZ V, VETTER T. Face recognition based on fitting a 3D morphable model[J]. IEEE Transactions on Pattern Analysis and Machine Intelligence, 2003, 25

(9): 1063－1074.

[52] CHANG K I, BOWYER K W, FLYNN P J. Face recognition using 2D and 3D facial data[C]//Workshop in Multimodal User Authentication, 2003:25－32.

[53] BRONSTEIN A M, BRONSTEIN M M, KIMMEL R. Expression-invariant 3D face recognition[C]//International Conference on Audio-and Video-Based Biometric Person Authentication. Berlin, Heidelberg: Springer, 2003: 62－70.

[54] BUDDHARAJU P, PAVLIDIS I T, TSIAMYRTZIS P, et al. Physiology-based face recognition in the thermal infrared spectrum[J]. IEEE Transactions on Pattern Analysis and Machine Intelligence, 2007, 29(4): 613－626.

[55] CAO Z C, SCHMID N A. Matching heterogeneous periocular regions: short and long standoff distances [C]//2014 IEEE International Conference on Image Processing, 2014: 4967－4971.

[56] CAO Z C, SCHMID N A. Fusion of operators for heterogeneous periocular recognition at varying ranges[J]. Pattern Recognition Letters, 2016, 82: 170－180.

[57] FLOM L, SAFIR A. Iris recognition system: US Patent 4641349 [P]. 1987.

[58] DAUGMAN J G. High confidence visual recognition of persons by a test of statistical independence[J]. IEEE Transactions on Pattern Analysis and Machine Intelligence, 1993, 15(11): 1148－1161.

[59] WILDES R P, ASMUTH J C, GREEN G L, et al. A machine-vision system for iris recognition[J]. Machine Vision and Applications, 1996, 9: 1－8.

[60] WILDES R P. Iris recognition: an emerging biometric technology[J]. Proceedings of the IEEE, 1997, 85(9): 1348－1363.

[61] DAUGMAN J. New methods in iris recognition [J]. IEEE Transactions on Systems, Man, and Cybernetics, Part B (Cybernetics), 2007, 37(5): 1167－1175.

[62] NG R Y F, TAY Y H, MOK K M. A review of iris recognition algorithms[C]//2008 International Symposium on Information Technology. IEEE, 2008, 2: 1－7.

[63] PRUZANSKY S. Pattern-matching procedure for automatic talker recognition[J]. The Journal of the Acoustical Society of America, 1963, 35(3): 354－358.

[64] DODDINGTON G R. Speaker recognition—identifying people by their voices[J]. Proceedings of the IEEE, 1985, 73(11): 1651－1664.

[65] CAMPBELL J P. Speaker recognition: a tutorial[J]. Proceedings of the IEEE, 1997, 85(9): 1437－1462.

[66] FURUI S. Recent advances in speaker recognition[J]. Pattern Recognition Letters, 1997, 18(9): 859－872.

[67] MARTINEZ J, PEREZ H, ESCAMILLA E, et al. Speaker recognition using mel frequency cepstral coefficients (MFCC) and vector quantization (VQ) techniques [C]//22nd International Conference on Electrical Communications and Computers, 2012: 248－251.

[68] BREGLER C. Learning and recognizing human dynamics in video sequences[C]//

IEEE Conference on Computer Vision and Pattern Recognition, 1997: 568 - 574.

[69] JAIN A K, BOLLE R, PANKANTI S. Biometrics: personal identification in networked society[M]. New York: Springer, 1999.

[70] WANG L, TAN N T, NING H Z, et al. Silhouette analysis-based gait recognition for human identification[J]. IEEE Trans. on PAMI, 2003, 25(12): 1505 - 1518.

[71] SARKAR S, PHILLIPS P J, LIU Z, et al. The humanID gait challenge problem: data sets, performance, and analysis[J]. IEEE Trans. on PAMI, 2005, 27(2): 162 - 177.

[72] HAN J, BHANU B. Individual recognition using gait energy image[J]. IEEE Transactions on Pattern Analysis and Machine Intelligence, 2005, 28(2):316 - 322.

[73] CHEN C H, LIANG J M, ZHAO H, et al. Frame difference energy image for gait recognition with incomplete silhouettes[J]. Pattern Recognition Letters, 2009, 30(11):977 - 984.

[74] BOULGOURIS N V, PLATANIOTIS K N, HATZINAKOS D. Gait recognition using dynamic time warping[C]//IEEE 6th Workshop on Multimedia Signal Processing, 2004: 263 - 266.

[75] TAO D, LI X, WU X, et al. General Tensor Discriminant Analysis and Gabor Features for Gait Recognition[J]. IEEE Trans. on PAMI, 2007, 29(10):1700 - 1715.

[76] TOMKO G J, SOUTAR C, SCHMIDT G J. Fingerprint controlled public key cryptographic system: U. S. Patent 5541994[P]. 1996 - 7 - 30.

[77] TUYLS P, AKKERMANS A H M, KEVENAAR T A M, et al. Practical biometric authentication with template protection[C]//Audio-and Video-Based Biometric Person Authentication: 5th International Conference, 2005: 436 - 446.

[78] JUELS A, WATTENBERG M. A fuzzy commitment scheme[C]//Proceedings of the 6th ACM Conference on Computer and Communications Security. 1999: 28 - 36.

[79] JUELS A, SUDAN M. A fuzzy vault scheme[J]. Designs, Codes and Cryptography, 2006, 38: 237 - 257.

[80] LEE Y J, BAE K, LEE S J, et al. Biometric key binding: fuzzy vault based on iris images[C]//International Conference on Biometrics, 2007: 800 - 808.

[81] JAIN A K, NANDAKUMAR K, NAGAR A. Biometric template security[J]. EURASIP Journal on Advances in Signal Processing, 2008(1): 1 - 17.

[82] DODIS Y, REYZIN L, SMITH A D. Fuzzy extractors: how to generate strong keys from biometrics and other noisy data[C]//EUROCRYPT 2004: Advances in Cryptology. 2004:523 - 540.

[83] GOLIC J D, BALTATU M. Entropy analysis and new constructions of biometric key generation systems[J]. IEEE Transactions on Information Theory, 2008, 54(5): 2026 - 2040.

[84] JIN A T B, LING D N C, GOH A. Biohashing: two factor authentication featuring

fingerprint data and tokenised random number[J]. Pattern Recognition, 2004, 37 (11):2245 - 2255.

[85] RATHA N K, CHIKKERUR S, CONNELL J H, et al. Generating Cancelable Fingerprint Templates [J]. IEEE Trans. on Pattern Analysis and Machine Intelligence, 2007, 29(4):561 - 572.

[86] HAO F, ANDERSON R, DAUGMAN J. Combining crypto with biometrics effectively[J]. IEEE Transactions on Computers, 2006, 55(9): 1081 - 1088.

[87] NANDAKUMAR K, JAIN A K, PANKANTI S. Fingerprint-based fuzzy vault: implementation and performance[J]. IEEE Trans. on Information Forensics and Security, 2007, 2(4): 744 - 757.

[88] PAVLIDIS I, SYMOSEK P. The imaging issue in an automatic face/disguise detection system[C]//IEEE Workshop on Computer Vision Beyond the Visible Spectrum: Methods and Applications, 2000: 15 - 24.

[89] LI J, WANG Y, TAN T, et al. Live face detection based on the analysis of Fourier spectra [C]//Biometric Technology for Human Identification, 2004, 5404: 296 - 303.

[90] PAN G, SUN L, WU Z, et al. Eyeblink-based anti-spoofing in face recognition from a generic webcamera[C]//IEEE 11th International Conference on Computer Vision, 2007: 1 - 8.

[91] KOLLREIDER K, FRONTHALER H, FARAJ M I, et al. Real-time face detection and motion analysis with application in “liveness” assessment[J]. IEEE Transactions on Information Forensics and Security, 2007, 2(3):548 - 558.

[92] ANJOS A, MARCEL S. Counter-measures to photo attacks in face recognition: a public database and a baseline[C]//International Joint Conference on Biometrics, 2011:1 - 7.

[93] MAATTA J, HADID A, PIETIKAINEN M. Face spoofing detection from single images using texture and local shape analysis[J]. IET Biometrics, 2012, 1(1): 3 - 10.

[94] ERDOGMUS N AND MARCEL S. Spoofing face recognition with 3D masks[J]. IEEE Transactions on Information Forensics and Security, 2014, 9(7): 1084 - 1097.

[95] YAN J, ZHANG Z, LEI Z, et al. Face liveness detection by exploring multiple scenic clues [C]//International Conference on Control Automation Robotics & Vision, 2012: 188 - 193.

[96] KOMULAINEN J, HADID A, PIETIKAINEN M. Context based face anti-spoofing[C]//International Conference on Biometrics: Theory, Applications and Systems, 2013:1 - 8.

[97] RAGHAVENDRA R, RAJA K B, BUSCH C. Presentation attack detection for face recognition using light field camera [J]. IEEE Transactions on Image Processing, 2015, 24(3): 1060 - 1075.

[98] ROSENBLATT F. The perceptron, a perceiving and recognizing automaton Project Para[M]. New York: Cornell Aeronautical Laboratory, 1957.

[99] MINSKY M, PAPERT S. Perceptrons: an introduction to computational geometry [M]. Cambrige: MIT Press, 1969.

[100] BISHOP C M. Neural networks for pattern recognition[M]. Oxford: Oxford University Press, 1995, 2: 223 - 228.

[101] RUMELHART D E, HINTON G E, WILLIAMS R J. Learning representations by back-propagating errors[J]. Nature, 1986, 323(6088): 533 - 536.

[102] LECUN Y, BOSER B E, DENKER J S, et al. Backpropagation applied to handwritten zip code recognition[J]. Neural Computation, 1989, 1(4): 541 - 551.

[103] KRIZHEVSKY A, SUTSKEVER I, HINTON G E. ImageNet classification with deep convolutional neural networks [J]. Advances in Neural Information Processing Systems, 2012, 25: 1097 - 1105.

[104] SIMONYAN K, ZISSERMAN A. Very deep convolutional networks for large-scale image recognition[J]. arXiv, 2014, 1409.1556.

[105] SZEGEDY C, LIU W, JIA Y, et al. Going deeper with convolutions[C]// Proceedings of the IEEE Conference on Computer Vision and Pattern Recognition, 2015: 1 - 9.

[106] HE K, ZHANG X, REN S, et al. Deep residual learning for image recognition [C]//IEEE Conference on Computer Vision and Pattern Recognition. 2016: 770 - 778.

[107] WILLIAMS R J, ZIPSER D. A learning algorithm for continually running fully recurrent neural networks[J]. Neural Computation, 1989, 1(2): 270 - 280.

[108] TANG Y, GAO F, FENG J, et al. FingerNet: an unified deep network for fingerprint minutiae extraction[C]//International Joint Conference on Biometrics. 2017: 108 - 116.

[109] SCHROFF F, KALENICHENKO D, PHILBIN J. FaceNet: a unified embedding for face recognition and clustering[C]//Proceedings of the IEEE Conference on Computer Vision and Pattern Recognition, 2015: 815 - 823.

[110] DENG J K, GUO J, XUE N N, et al. Arcface: additive angular margin loss for deep face recognition[C]//IEEE Conference on Computer Vision and Pattern Recognition, 2019: 4690 - 4699.

[111] CAO Z C, SCHMID N A, CAO S F, et al. GMLM-CNN: a hybrid solution to SWIR-VIS face verification with limited imagery [J]. Sensors, 2022, 22 (23): 9500.

[112] TAIGMAN Y, YANG M, RANZATO M A, et al. Deepface: closing the gap to human-level performance in face verification[C]//IEEE Conference on Computer Vision and Pattern Recognition, 2014: 1701 - 1708.

[113] HOWARD A G, ZHU M, CHEN B, et al. MobileNets: efficient convolutional

neural networks for mobile vision applications[J]. arXiv, 2017:1704.04861.

[114] SNYDER D, GARCIA-ROMEO D, SELL G, et al. X-vectors: robust DNN embeddings for speaker recognition [C]//IEEE International Conference on Acoustics, Speech and Signal Processing, 2018: 5329-5333.

[115] CAO Z C, LI W L, ZHAO H, et al. YoloMask: an enhanced yolo model for detection of face mask wearing normality, irregularity and spoofing[C]//Chinese Conference on Biometric Recognition. Cham: Springer Switzerland, 2022: 205-213.

[116] ZHANG D, KONG W K, YOU J, et al. Online palmprint identification[J]. IEEE Transactions on Pattern Analysis and Machine Intelligence, 2003, 25(9), 1041-1050.

[117] FEI L K, LU G M, JIA W, et al. Feature extraction methods for palmprint recognition: a survey and evaluation[J]. IEEE Transactions on Systems, Man, and Cybernetics: Systems, 2018, 49(2), 346-363.

[118] AYKUT M, EKINCI M. Developing a contactless palmprint authentication system by introducing a novel ROI extraction method[J]. Image and Vision Computing, 2015, 40: 65-74.

[119] POON C, WONG D C M, SHEN H C. A new method in locating and segmenting palmprint into region-of-interest[C]//. Proceedings of the 17th International Conference on Pattern Recognition, 2004, 533-536.

[120] LU G M, ZHANG D, WANG K Q. Palmprint recognition using eigenpalms features[J]. Pattern Recognition Letters, 2003, 24(9): 1463-1467.

[121] LIAMBAS C, TSOUROS C. An algorithm for detecting hand orientation and palmprint location from a highly noisy image[C]//. Proceedings of IEEE International Symposium on Intelligent Signal Processing, 2007, 1-6.

[122] ZHANG D, LU G M, LI W L, et al. Palmprint recognition using 3-D information [J]. IEEE Transactions on Systems Man & Cybernetics Part C Applications & Reviews, 2009, 39(5): 505-519.

[123] KONG W K, ZHANG D. Competitive coding scheme for palmprint verification [C]//. Proceedings of IEEE International Conference on Pattern Recognition, 2004, 520-523.

[124] JIA W, HUANG D S, ZHANG D. Palmprint verification based on robust line orientation code[J]. Pattern Recognition, 2008, 41(5): 1504-1513.

[125] LI W L, CHE D X, PANG L J, et al. A Feasibility study on infrared imaging-based face antispoofing [C]//3rd International Conference on Electronic Information Engineering and Computer. IEEE, 2023: 150-155.

[126] ATOUM Y, LIU Y J, JOURABLOO A, et al. Face anti-spoofing using patch and depth-based CNNs[C]//The International Joint Conference on Biometrics, 2018: 319-328.

[127] TU X G, ZHANG H S, XIE M, et al. Enhance the motion cues for face anti-

spoofing using CNN-LSTM architecture[J]. arXiv, 2019, 1901.05635.

[128] XU Z Q, LI S, DENG W H. Learning temporal features using LSTM-CNN architecture for face anti-spoofing[C]// 3rd IAPR Asian Conference on Pattern Recognition, 2016: 141 - 145.

[129] LIU Y J, JOURABLOO A, LIU X M. Learning deep models for face anti-spoofing: binary or auxiliary supervision[C]// IEEE Conference on Computer Vision and Pattern Recognition, 2018: 389 - 398.

[130] LI W L, CHE D, PANG L, et al. A feasibility study on infrared imaging-based face antispoofing[C]// 3rd International Conference on Electronic Information Engineering and Computer (EIECT), 2023: 150 - 155.

[131] PATEL K, HAN H, JAIN A K. Secure face unlock: spoof detection on smartphones[J]. IEEE Transactions on Information Forensics and Security, 2016.

[132] TIRUNAGARI S, POH N, WINDRIDGE D, et al. Detection of face spoofing using visual dynamics[J]. IEEE Transactions on Information Forensics & Security, 2015, 10(4): 762 - 777.

[133] MENOTTI D, CHIACHIA G, PINTO A, et al. Deep representations for iris, face, and fingerprint spoofing detection[J]. IEEE Transactions on Information Forensics & Security, 2015, 10(4): 864 - 879.

[134] POULOS M, RANGOUSSI M, CHRISSIKOPOULOS V, et al. Person identification based on parametric processing of the EEG[C]// The 6th IEEE International Conference on Electronics, Circuits and Systems, 1999: 283 - 286.

[135] PALANIAPPAN R, MANDIC D P. Biometrics from brain electrical activity: a machine learning approach[J]. IEEE Transactions on Pattern Analysis and Machine Intelligence, 2007, 29(4): 738 - 742.

[136] DAS K, ZHANG S, GIESBRECHT B, et al. Using rapid visually evoked EEG activity for person identification[C]// International Conference of the IEEE Engineering in Medicine and Biology Society, 2009: 2490 - 2493.

[137] MARCEL S, MILLAN J D. Person authentication using brainwaves (EEG) and maximum a posteriori model adaptation[J]. IEEE Transactions on Pattern Analysis and Machine Intelligence, 2007, 29(4): 743 - 752.

[138] ABBAS S N, ABO-ZAHHAD M, AHMED S M. State-of-the-art methods and future perspectives for personal recognition based on electroencephalogram signals[J]. IET Biometrics, 2015, 4(3): 179 - 190.